JN183485

失われた北川湿地

なぜ奇跡の谷戸は埋められたのか?

三浦・三戸自然環境保全連絡会 編

サイエンティスト社

秋のお花畑　2009年10月　鈴木元和撮影

エビネ　2008年5月撮影

ハンゲショウ　2009年7月　矢部洋一撮影

植物 p. 20

ニホンアカガエル　2009年2月撮影

オオルリ　2004年5月撮影

ヒミズ　2009年4月撮影

ウラナミアカシジミ　2013年6月　芦澤一郎撮影

哺乳動物 p. 38　鳥類 p. 42
両生爬虫類 p. 48
魚類 p. 54　昆虫 p. 65

サラサヤンマ　1990年5月　辻 功撮影

ミナミメダカ（雄）　2006年5月撮影

最上部　2010年6月撮影

中間部　2009年4月撮影

ヤナギ林付近　2009年4月撮影

冬の北川湿地　2009年2月撮影

破壊された北川湿地　2010年6月撮影

本文 p. 193

在りし日の北川湿地　2007年5月撮影

エコパーク構想

本文 p. 121

はじめに

三浦半島南部、京急の三崎口駅から歩いて10分ほどのところに、神奈川県最大規模の低地性湿地「北川湿地」があった。そこでは初夏の夜、人知れず月明かりにハンゲショウの白い葉が浮かび上がり、無数のヘイケボタルがプラネタリウムのように幻想的な光の明滅を奏でていた。

この本は、北川湿地(三浦市初声町三戸)が40年以上も前の昭和の時代の開発計画によって、最近無惨にも残土処分場になり果てたことへのレクイエムであり、湿地の埋め立てを何とか防ぐことはできないかと活動した私たち市民の記録でもある。

北川湿地は、そもそもそのような名前として知られていた場所ではなかった。字は「丈しが久保」で、私たちは「北川の谷戸」と呼んでいた。この谷戸の北側には釜田と池ノ上という2つの谷戸があり、南側には浦ノ川流域の通称「小網代の森」がある。これらは三浦半島によく見られる深く複雑に入り組んだ谷戸地形で、丈しが久保にある北川の谷戸もそのひとつであった。

本書では、この北川流域の谷戸を「北川湿地」と呼ぶことにする。この谷戸では、外周の道路からは湿地面となっていた谷底を望むことができなかったし、湿地に入るための道路も、人がやっと歩くことができる程度のものが1本しかなかった。戦後しばらくは水田が営まれていたようだが、その後耕作は放棄さ

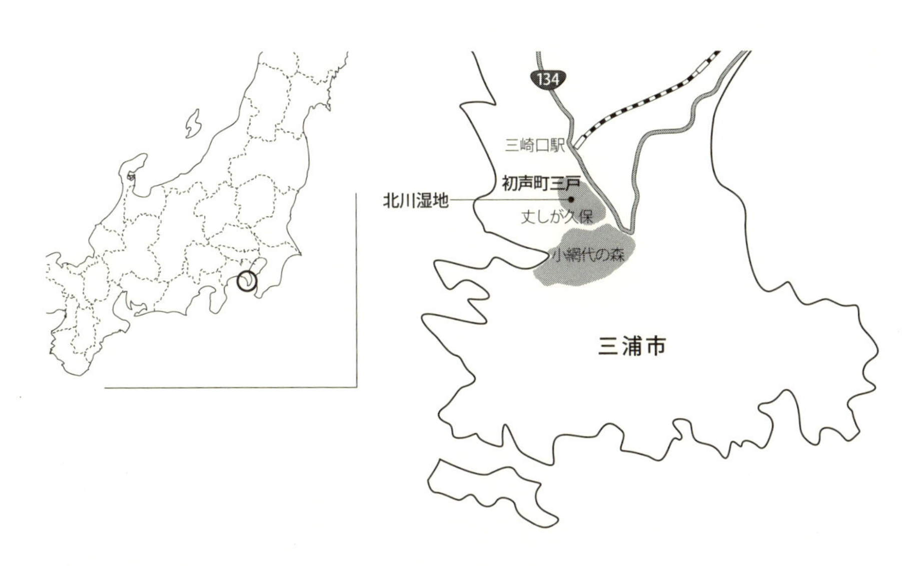

れそのまま放置された。ヨシやガマの生い茂る湿地となった後はずっとその景観が維持され、いわゆる湿性遷移*が進行しなかったのだ。湿地を取り囲むのは、歩くのもおそるおそるとなるような急な斜面のコナラ林だった。そこでは薪炭林(しんたんりん)**としての機能を失って木々は大木と化し、スダジイやアカガシなどの常緑樹を交え、鬱蒼とした森となっていた。

ここに湿地があったことを果たしてどれだけの市民が知っていただろうか。ごく一部の動植物の専門家や、自然を愛する市民が密かに調査をし、楽しみにしていた場所であった。しかし、それがあたりまえの環境として日常生活を送ってきた人々の中には、こんなところは貴重でもなんでもない、昔はただの田んぼだったんだというかもしれない。それは、生物多様性が急速に失われた時代にあって、放棄水田であっても多様な生きものたちの生息場所であり、首都圏の多くの市民にとってかけがえのない場所だという考えが及ばない、前時代的な不幸な価値観に基づくものであると思う。周囲を豊かな自然に囲まれて生活する人々は、かえって自然の豊かさや価値に気づかないことが多い。当たり前に豊かな自然があったからだ。都会の市民は、時間を割きお金を使い、自然を求めて来る。この谷戸底に降り立つと、自動車の音さえ薄らぎ、鳥の声、虫の音、ヨシの葉を揺らす風の音だけの世界となっていた。都市生活者にとってはおそらく別世界と思えただろうこの湿地は、地域の市民にとっても置き去りにされた昔の景観だったはずだ。たくさんの生きものが見られるものの、特別貴重な絶滅危惧種が多数生息するような場所ではなかったし、大面積の手つかずの湿地でもなかった。しかし、確かに貴重な湿地だったことは、本文をお読み頂ければお分かりになるだろう。

この谷戸の本来の姿は、私たちが活動をはじめた頃には既に失われかけていた。谷戸の下流の半分は、大規模な農地造成によって埋め立てられようとしていた。その後、残土処分場の計画が持ち上がったときには、下流部半分については、ほぼ埋め立てが完了していたのである。しかし、下流部半分を埋め立てられたとはいえ、特異な地形の湿地は、自然の河川でメダカが泳ぐという点で神奈川県内最後の場所であり、開発著しい本県にとって最大規模の低地性湿地となっていたのである。私たちは、保全活動をはじめるにあたって、この湿地に名前を付けることにした。それが「北川湿地」だった。また、北川湿地の存在

* 湖沼が浅くなり陸地化して草原となり、やがて森林となっていく植生の変遷。
** おもに薪や炭を得ることを目的として維持管理される雑木林などの二次林。

を知った弁護士たちは、ここを「首都圏の奇跡の谷戸」と呼んだ。

本題に入るに先立って、私たちは実に多くの方々のご支援を受けて活動したことをここに明らかにしておかなければならない。助成金として多大なご支援を頂いたコンサベーションアライアンスジャパン様、助成金に加え店頭での広報活動に便宜を図って頂いたパタゴニア鎌倉ストア様、シンポジウムやイベント会場で寄付金をくださった皆様、パンフレットを見て送金してくださった皆様、共に活動してくださった市民団体の皆様、手弁当で弁護団を引き受けて共に活動してくださった弁護団の先生方、共に裁判で戦ってくださった住民の皆様、署名にご協力頂いた数多くの皆様、貴重なご助言を頂いた日本湿地ネットワーク(JAWAN)およびラムサールネットワーク日本(ラムネットJ)の皆様、神奈川県自然保護協会様、ご助言を頂いた政治家の皆様ほか、たくさんの皆様にご支援頂いた。この場をお借りして心からお礼を申し上げたい。

また、この本は北川湿地の保全活動に参加した複数のメンバーが執筆を分担した。表現方法や背景となる考えが一人一人違っていたために、読者の皆様にとって読みにくい部分も多々あるかもしれないことをはじめにお断りしたい。「第1部　在りし日の北川湿地」では、執筆者の多くは自然科学の立場から内容を構成した。専門的な用語はなるべく使用せず、脚注などを活用し分かりやすい内容にしたつもりであるが、分かりにくい部分があった場合には、ご容赦頂きたい。また、「第2部　失うまでの日々」では、書き手の主観が含まれる部分が少なからずあると考えられる。また、テーマごとに書き進めたために時系列に前後があり、読みにくい部分があると思われる。さらに、北川湿地をめぐる様々な出来事や議論が展開された当連絡会のメーリングリストとブログから一部を引用した(ブログの書き込みは現在ウェブ上で閲覧することができない)。

本文中に出てくる事業者とは、北川湿地埋め立て事業(三戸地区発生土処分場建設事業)の事業者のことである。また、アセスの調査とは、事業者が環境アセスメント(アセス)に従って開発許可を得るにあたって行った環境調査のことである。

なお、本文中の敬称については、原則として省略させて頂くこととする。

著者を代表して
三浦・三戸自然環境保全連絡会
代表　横山一郎

失われた北川湿地 なぜ奇跡の谷戸は埋められたのか?

目　次

第1部

在りし日の北川湿地

第1章　北川湿地の地史と重要性

1. 失われた北川湿地とはどんなところであったか
～その地形地質学的意義～

蛯子貞二

はじめに

2008年4月4日、自然環境に対する価値観を共有してきた盟友故・岩橋宣隆弁護士と共に、埋め立て・宅地開発の危険にさらされていた三浦市三戸北川の低地性湿地を訪れた。この現地行きは、市民団体「三浦半島活断層調査会」が長年にわたって進めていた三浦半島全域の地質図作り作業としても大事なものであった。

三浦半島は、地球史45.5億年の世界からすれば、瞬きにも等しいごくごく最近の出来事を記した地質体ではあるが、ここには氷期・間氷期の造形である、海が削ってできた何段かの平坦な段丘や、新しい地質概念である付加体地質を知る好露出地がたくさんあること、さらに社会生活のかかわる地質現象として関心の高い活断層の存在など、貴重な地質現象が記録されている地域である。しかしながらこれらの貴重な自然遺産は、その自然史的価値が必ずしも日本の関係学会や地域社会の認知するところとはならず、景観の形状破壊や産廃物の埋め立てなどでその多くが失われていく痛みの地域でもあった。

当時、北川はすでに、流域の半分にあたる海岸に近い部分は埋め立てられて大根畑と化していたが、その奥地には箱形の特異な地形の谷底が原初のまま残され、外界から遮断された姿で湿性植物が謳歌し、湿地を囲む急崖は満開のヤマザクラを交えた落葉広葉樹の斜面植生が被う楽園を形成していた。

しかしながら、“この自然だけでも何とか…”の願いもむなしく、ここも目先の利益が優先されたのか、この尊い自然を後世に伝え残すことができなかった。

北川湿地を含む周辺にはどのような地学的な自然があったのか、その希少性とは何であったのか、それらのいくつかを、公表されてきた資料と周辺地質調査で得た知見を基に語っておきたい。

海成段丘に刻まれた断層活動など地学的イベントの履歴

地質年代でいう第四紀は、氷河の時代、また人類の時代とも呼ばれているが、第三紀の終わり(250万年前)の鮮新世から第四紀のはじまり更新世に入ると、地球全体が冷却化し、氷河期が始まった。氷期と氷期の間には、相対的に平均温度の高い間氷期があり、約1万年前以降現在に至る時代(完新世)は、その間氷期の中に位置づけられている。北川湿地のある三浦半島南部地域には、これら地球が経験してきた最近時の地学的なイベントが、3段の海成段丘とそれを穿つ谷底地形として残されている。

3段の段丘は、標高90 mの引橋台(「面」とも呼ぶ)、60 mの小原台(おばらだい)、30 mの三崎台と呼ばれ、それぞれ12万年前、10万年前、8万年前に起きた3回の間氷期、すなわち温暖期海進作用が造り上げた海蝕台地であり、また、それら台地を穿つ谷底地形が示す独特の方向性と形態は、地域の地質や、隆起・沈降、断層活動など、その地が経てきた地質構造の遍歴を刻み、それはそこに住む人間生活の知恵となる貴重な地質遺産でもあった(図1-1-1-1)。

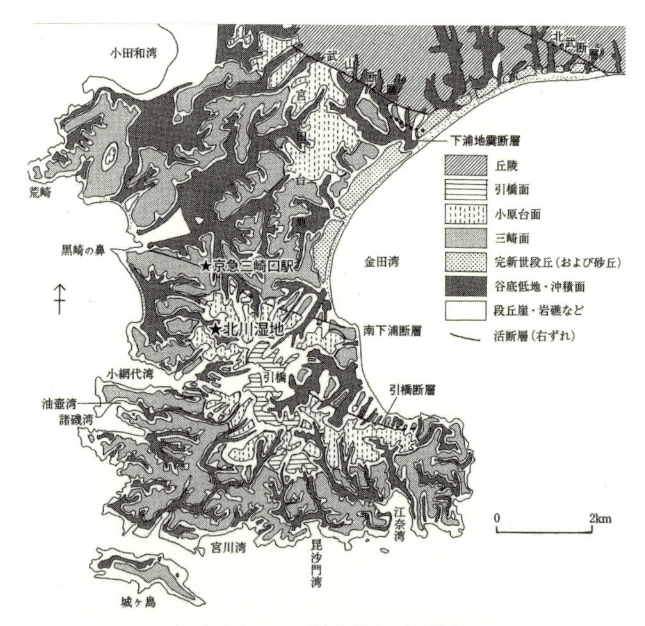

図 1-1-1-1　北川湿地周辺の地形

三浦半島南端部に発達する段丘面の分布を示す。出展：貝塚ほか(2000), 関東・伊豆小笠原. 東大出版会.

図 1-1-1-2　北川湿地の地形・地質俯瞰
北川湿地の地学的な生業を示す

地形は常に削剥、開析していくものであるが、北川湿地のある三戸ブロックは、原地形が比較的よく残され、北の低平な宮田ブロックや、南の開析の進んだ小網代ブロックと際だった違いを見せている。

引橋面に端を発する北川上流部は大きく改変され、小原台面から三崎面に至る明瞭な地形はすでに消滅してしまったが、ブロックの主要な部分は、三崎面とそれを穿つ河川からなり地形開析の初期を示す貴重な姿を残していた。標高30 mの三崎面と海水準に近い谷底地形面という立地が、三浦半島の他に例を見ない箱形の特異な地形を形成し、湿地を造る好条件となっていた。これはこのブロックが、台地形成後南の小網代ブロックより30 m程度沈降し、不透水層三崎層泥岩と透水層初声層砕屑岩（さいせつ）との境界面がちょうど海水準近くあった結果によるもので、その点においても貴重な地形であった(図1-1-1-2)。

台地に刻まれた水系は、標高75 mほどの引橋台地の一角に端を発し、まず北進し、西北西、北とくり返し、その後一気に方向を変え、西ないし西南西方向に転じて相模湾に注ぐ。

本ブロックの北は南下浦（みなみしたうら）断層に、また南は引橋断層の延長部に相当するが、この2つの代表的な活断層はいくつかの派生断層を伴い、それらは現在も活動していて、大正関東地震の際の上下動が海岸の汀線軌跡（ていせんきせき）として刻まれている。

これらの構造運動は、地域の海洋底に溜まった堆積物を載せた岩板(プレート)が陸地である日本列島の下に沈み込む際に生じた堆積物の付加接合破砕面(断層面)と、その後、今日にまで続く大陸側に生じた北〜北東の断層を伴う沈降(背弧海盆といわれる堆積盆地の形成)に関連した地質構造が絡み合ってできた流路で、それは三浦半島先端部相模湾側に特徴的な構造を反映したものであった。

三浦半島先端は陸上で見られる世界で最も新しい付加体

三浦半島南端部は、三浦層群三崎層という半遠洋性の泥岩と海底火山の産物である黒い火山灰のスコリア質凝灰岩や火炎構造など、様々な地質模様を呈する白色ないし淡紅色の軽石質凝灰岩層からなる地質体と、それを覆う浅海性の堆積物からなる初声層とからなり、両者は地質的な時間差をもって重なり合う「不整合」の関係で接している。

三崎層地質体は陸上で見られる世界で最も新しい「付加体」として世界の注目を浴びるようになった。地球科学でいう付加には色々な現象があるが、ここでいう付加体とは、プレート沈み込み境界において見られる楔状物質の収斂物を指す。付加の現象は、たとえて言えば、ブルドーザーが地面を削り押しつけながら土石の山を築く感じに似ている。地球のダイナミズムと呼ばれる物質循環の現象のひとつに、海洋のプレートが陸のプレートの下に潜り込む現象があり、それをプレートテクトニクスと呼んでいるが、その際に、海洋プレート上に溜まった比重の軽い堆積物が陸のプレートの下に潜り込めずに陸側に押しつけられ、付加していく。大陸はこのようにして古い地質体の脇に新しい地質体が付加しながら成長してきたと説明され、それは日本列島においても同様で、古い地質体である飛騨山地の周りに新しい地質体が次々に付加し、今日の日本列島を造っていったとされている。

付加体三崎層は1千万年から5百万年前にかけて海洋プレート上に溜まった泥岩や海底火山噴出物であるが、この地質体は、1つ前の古い付加体である葉山層と呼ばれる三浦半島では東西に最も広く分布し二子山・大楠山・武山などの山地を造っている2千万年前前後の出自の複雑な地質体に、4.8百万年前頃付加した新しい地質体である。この付加は陸地に乗り上げるようにして(この現象を衝上断層＝スラストという)次々と重なっていったが、その後、付加体は沈降して浅い海となり、特にその付加接合弱面に発達した堆積盆地に粗い砕屑性物質である初声層で覆われた。

1万年前に終わった最終氷期以降、これらの地質体は何度かの地殻変動を受け、その都度平定な海蝕台を隆起させて今に至った強者、この地の得がたい大事な語り部であると言えよう。

おわりに

北川湿地の谷底は付加体三崎層泥岩からなる。この泥岩は緻密で不透水性であることと、その上面が海水面に近い標高域にあったため、それ以上削剥が進行していかなかった。一方その上位にある透水性の初声層は脆弱であったため削剥が進み、急傾斜の段丘崖と幅広い流域を造り上げた。この三崎層泥岩と初声層の微妙な位置関係が他の地域に類例のない希有な湿地地形を造り上げた。

付加体三崎層の代表的地質体は、城ヶ島や三浦半島南端部の海蝕台に好露出地が今も様々な危機的環境におかれているとはいえ存在するが、上部を覆う初声層との関連で造る湿地地形は、北川湿地のある三戸ブロックをおいて他には見られない。その意味で、この地の地形発達史の貴重な財産を失ってしまったことは、重ね重ね、残念なことであった。

参考文献

- 貝塚爽平, 1998. 発達史地形学, pp. 207-217. 東京大学出版会, 東京.
- 貝塚爽平ほか, 2000. 日本の地形4　関東・伊豆小笠原, pp. 142-149. 東京大学出版会, 東京.
- 小川勇二郎ほか, 2005. 付加体地質学, pp. 92-103. 共立出版, 東京.

2. 保全生物学的にみた北川湿地の重要性

金田正人

太古、氷期と間氷期がくり返された長い時間の中に三浦半島は存在しなかった。
現在よりも100 m以上も海表面が後退した時期には、後に三浦半島が位置する場所は、大陸と一続きの広大な陸地であり、“半島”ではなかったと考えられている。大陸から歩いてやってきたと考えられる大型の草食獣、有名な「ナウマンゾウ」は、三浦半島横須賀で最初の化石が発見された。この化石はナウマンによって研究されたことや、学名にナウマンの名前が献じられたために、後年、「ナウマンゾウ」と呼ばれるようになった。もちろん、現在の三浦半島にナウマンゾウは分布していない。ゾウがやって来たと考えられている20万年前の氷期が終わり、間氷期になって温暖化がすすむと、平野部の草原は海に沈み、ゾウたちは北へと移動していったのだろう。

三浦半島が陸になったのは、ヒトがまだ地球上に出現するよりも前、今からおよそ50万年程前と考えられている。陸にはなったものの、気候変動、火山活動や地殻変動によって海面は上昇と後退をくり返し、生物たちは都度、その分布域を変えて暮らしてきていた。最終的に現在の三浦半島の形になったのは、最終氷期の後、今からおよそ1万年前と考えられている。

人々は遅くとも今から2万5千年前には暮らし始めていたことが分っている。その頃には、ナウマンゾウに遅れをとってまだ居残っていたシカやイノシシが三浦半島にも生息していた。半島各地で発見された遺跡には、人々がそれらの獣を狩り、トチやドングリを採集し、また丸太舟を造って魚やクジラを捕って暮らしていた跡が残っている。

自然観察史が残されるようになって以降、シカもイノシシも観察記録はない。しかし、幕末から明治時代にかけて農作物を食害から守るためにシカやイノシシを捕獲したという記録は残っているし、シカやイノシシが三浦半島に“普通に”生息していたという証拠に、遺跡からシカやイノシシの骨が出土している。

今日、シカやイノシシは、各地で「山から下りてきて里を荒らす」害獣として問題になっている。農地を守るために駆除されるシカやイノシシの捕獲数は年々増え、推定生息数は記録が残されるようになってから最高の数字を更新し続けている。農地に留まらず神奈川県でも丹沢などで、自然の植生に食害を及ぼし、時に絶滅危惧の植物をさらに絶滅に追いやっている。しかし、シカやイノシシが「山から下りてきて」、という認識はおそらく間違っている。シカやイノシシは元々、平地に生息する哺乳類である。ヒトの暮らしが拡大するにつれて本来の生息域を奪われ、人里から里山へ、里山から奥山へと追われて細々と暮らしていたに過ぎない。江戸時代、領地の猟場には相当数のシカやイノシシが生息したと考える。その頃には、奥山には天敵のオオカミも生息していたであろうし、冬季の冷え込みや積雪ははるかに厳しく、自然と個体数の調整がなされていたと考えられる。いずれにしても、彼らは奥山の生き物ではない。

最終氷期以降に三浦半島から絶滅した(または絶滅した可能性が高い)と考えられる主な生物(特に鳥獣)を挙げてみる。

キクガシラコウモリやモモジロコウモリなどの多くの森林性コウモリ類、ニホンリス、ムササビなどの樹上性リス類、カヤネズミ他のネズミの仲間(アカネズミなどは現存)、キツネ、オオカミ、カワウソなどの中型食肉目、イノシシ、ニホンジカなどの大型草食獣、アシカの仲間、ツチクジラなどの沿岸性クジラ類、コウノトリやトキ、ヘラサギなどのコウノトリ類、猛禽類のサシバや草地性のウズラなど。ただし、多くの種については、自然観察史に残っているわけではないので、あくまで推測である。ただ、これまでに述べてきたような、地球規模の環境の変化に伴って生息域を移動し絶滅したと考えられるのは、ナウマンゾウのような大型草食獣くらいで、他は人為によるなんらかの影響によって絶滅に至ったようだ。

人為による最初の影響は、沿岸域に現れていると考えられる。以前は、三浦半島の多くの人里は漁村として賑わっていた。クジラ漁の記録はわずかにしか残っていない一方で、久里浜沖にアシカ岩と名付けられた岩礁がある。そこには魚を食べられてしまうことに困った猟師がアシカを撃った記録も残っている。江戸時代にはアシカ猟の監視に幕府の役人が三浦半島に来ていたという記録もある。猟によってアシカやクジラ類は近代には沿岸から姿を消していったのであろう。

陸域の人為による環境改変は、近代的な農耕と治水に端を発する。三浦半島は、丘の頂部だけが海面から飛び出して陸地になっているために、源流域から河口までの河川の流程は極端に短い。小河川しかない場所であっても、河川は今日の姿と元々の姿とはだいぶ異なっていた。河川は常に安定して同じ場所を流れるのではなく、氾濫し、そのたびに水たまりができてはまた失われ、しょっちゅう流れを変えることでヨシ原ができてはまた失われ、草地ができてはまた失われ…ということをくり返していた。カワウソやイタチ、トキやサギやカモの仲間、カエルやトンボなどの水辺を主たる生息地とする生き物たちは、水辺の形成と消失のたびに局所的に絶滅し、一部は別の生息適地までの移動に成功してきた。ただし、それらの絶滅も移動も、今日、私たちの暮らしの中で想像するよりもはるかに長い時間をかけて。

三浦半島は平地部が狭いため、川を治め灌漑(かんがい)をし、水田を開く。氾濫しなくなった小河川の周辺に民家が建つ。水田にせず畑として農作物を作った場所もあったであろう。湿地は徐々に狭められたが、湿地に生息する鳥類のなかでも大型のトキ等や魚食性のカワウソにとって、生息環境となる広域の水辺がなくなり致命的となったのは、明治時代から昭和の初期にかけてだろうか。横須賀市博物館には昭和2年(1927年)に城ヶ島で捕獲されたニホンカワウソの毛皮が収蔵されている。僕が、三浦半島に住むようになって間もなく(1995年頃)、葉山町に子どもの頃(大正時代?)から住んでいるお婆さんが、葉山町内を流れる川で子どもの頃に観たという獣の話をしてくれた。それは、まぎれもなくカワウソと思われる観察事例であった。

陸域面積が狭く限られている半島では、もともと樹林地は貧弱であったと考えられる。したがって、クマやオオカミ等の広い樹林を利用して生息する動物にとっては、生息の中心域にはなっていなかったかもしれない。他方で、1905年を最期に日本から姿を消したニホンオオカミは、標本そのものは福島県産、岩手県産のものがそれぞれ国立科学博物館、東京大学総合研究博物館に残されている一方で、頭骨などは神奈川県の丹沢の民家などで私的に受け継がれたものが見つかっている。したがって、オオカミが三浦半島までを生息域の一部としていた可能性は高い。三浦半島のように、比較的、規模の小さな樹林でも確実に生息していたと考えられるのは、樹上性リス類やコウモリ類、樹林から人里まで広く環境を利用するキツネ類たちである。狭い樹林は人が利用していたため､半島の丘陵頂部まで土壌も貧弱で昭和時代までマツ林だった。斜面林は、温暖な気候に適したシイ・カシの照葉樹林だった。マツやシイ・カシは、薪炭や堆肥に利用されていた。マツ林ではハルゼミが鳴き、照葉樹林にコウモリ類やキツネが生息していた。大戦前後から内需拡大のための木材林としてスギ植林は拡大し、他方でエネルギー革命に合わせて樹林の薪炭利用はなくなった。堆肥や焚き付けの松葉をとらなくなった森は遷移が進んでマツが姿を消すと、三浦半島の春にハルゼミの声を聞くことはなくなった。それでも、樹林と合わせて人里も生息環境として利用していたムササビやキツネは、戦後までその姿を三浦半島で観ることが可能であったが1970～80年代に姿を消している。

元々、平地の少ない三浦半島に草地環境は少ない。それでも斜面林を伐いて、屋根を葺くための萱場が拓かれていたり、低地の水田や畑の間の休耕地などには、かつての氾濫原の名残りのようなヨシ原が広がっていた。ウズラ等の草地性の鳥類や、ネズミ類の中でも特に草地を好むものはそうした環境に依存していたが、自動車道が整備され、宅地開発等が急速に進んだ20世紀末には、三浦半島に見られなくなってしまった。

水田は、多くの生物にとっての重要な生息域であると評されることが多い。狭い谷底部の流れを利用して拓かれた小規模な谷戸田（やとだ）と呼ばれる水田は、三浦半島を代表する自然環境である「谷戸環境」の重要な構成要素である。灌漑を必要とする平地の水田よりも歴史的に古くから水稲耕作が営まれ、より原始からの水稲作であったと評されることもある。

わずか2万年程度のヒトの歴史が、多くの生物の生息を支えているとすれば、水田耕作が始まる以前には、それらはどのように暮らしていたのであろうか。アジアモンスーン地帯では、平地のほとんどが常に湿地になり得る気候であったと考えられる。特に日本では、河川が氾濫し形成される「水たまり」が水辺に生息する生物たちの生息域となり、乾燥化が進んでいく中で、再び別の場所に形成される湿地へと移動しながら生き長らえてきた。したがって、治水によって氾濫が抑制され水田やため池がつくられると、「水たまり」に生息していた動植物はそこを代わりの生息域とするようになった。以降、1万年あまり、ヒトと水辺を利用する生き物たちは極めてうまいバランスをとって互いに生きてきた、共存してきたといって差し支えないだろう。2006年オランダ・ハーグで開催された第6回生物多様性条約締約国会議の中でも、水田および周辺林などを利用した人の暮らしは持続可能な利用の好例として話題となっている。もっとも、あくまで意地の悪い言い方をすれば、多くの生物が生息する可能性がある場所を奪った人類が、代償として担保したわずかばかりの土地が水田であるに過ぎない。

全球的に観ると、日本列島そのものに大規模な淡水性の湿地は少ない。北アメリカ大陸フロリダ半島のエバーグレース湿原は、国立公園として保護されているのは本来の20%に満たないが、本来の湿原の広さはおよそ30万km^2、日本列島全体の8割ほどの広さであった（現在では、6000 km^{2}が国立公園として指定され保護されている)。南アメリカ大陸のパンタナール湿原は約19万km^2もの広さがある。日本最大の釧路湿原は、アフリカのイシマンガリソ湿地公園(約3300 km^2)、ヨーロッパのドニャーナ国立公園(約540 km^2)などと比較してもわずか約180 km^2に過ぎず、広い湿地とはとてもいえない。

他方で、日本は列島そのものが南北に伸び、横断勾配はきつく、河川は長いところでも300 kmに満たない距離で源流から海へ到達する。土地も狭く、河川の流程は極めて短い。にもかかわらず、水(淡水)が極めて豊富であることは日本の特徴である。地球規模では小さいながらも、あちこちに湿地や川が存し、それらを利用した水田が各地に拓かれていたことによる。

地球の表面積の7割が水であることは多くの人が知っているであろう。地球上にある水の98%以上が海水で、淡水は0.1%に満たない(0.037%;1.65%は大陸氷である)ことを、知識ではなく実感として持っている日本人はほとんどいないのではないだろうか。日本では、水は「湯水のように」あふれている存在であり、夏季、渇水のテレビニュースをコンビニエンスストアで求めたボトル入りの飲料水を片手に眺めているのが現実であろう。日本のすべての河川が急流河川といえ、低地では洪水(氾濫)を起こすのが当然であるがために、水鳥や水辺を好む生物にとっては依存環境として、日本人にとっては意識や文化を形成した場所として、淡水の湿地が機能してきたと考えられる。陸域にすむほとんどの生物は淡水がなければ生きられないし、当たり前だが現在の両生類(動物界脊椎動物門両生綱)に海水で生きられるものはいない。日本は、狭い国土ゆえに常に水が氾濫し、そのことが陸域の生物を支え、海辺から陸へ、水辺から森へと生き物たちの生活圏を作りだしているのであろう。いわば、列島全体が水中から陸域、大陸から島嶼(とうしょ)、北から南、南から北へと生物にとっての推移帯であったとはいえないだろうか。

ヒトという種の生息域の拡大に伴って、地球上の多くの湿地生態系は危機的な状況にある。例えば、先に挙げたフロリダのエバーグレースは多くのマングローブ林が埋め立てられ、道路が整備され摩天楼が聳え立った。結果、パンサーやアリゲーター、クロコダイルは多くの地域で絶滅し、種としても絶滅が危惧されている。

そして、水田も現在、急速に姿を消している。神奈川では、早くから近代化が進み、水田を擁していた地域の多くが市街化している。平塚、茅ヶ崎などの湘南地区には、とても狭いながらも平地性の水田が残っている。平地がほとんどな

図 1-1-2-1　北川湿地周辺の航空写真

中央の右手の森林が北川湿地、その南には小網代の森が続く。中央の左手には大規模な造成地が広がる。Google Earth　2007年5月2日アクセス。©2007 Europa Technologies; Image © 2007 Digital Earth Technology; ©2007 ZENRIN

い三浦半島では、東京湾に面した東海岸が早くから開発され、1970年代に田中角栄が「日本列島改造論」を打ち出すと、ほぼ全域からまとまった水田はなくなった。西海岸および半島南端では、東海岸よりは開発による水田の消失は遅れていたが、比較的開けた水田を生息環境として選好するトウキョウダルマガエルが1980年代中頃葉山町上山口寺前谷戸の記録を最後に半島から姿を消している。比較的開けた水田として最後まで残っていたのは、三浦市南下浦地区に広がっていた水田であった(図1-1-2-1)。しかし、1997年に着工した農地改良によって4年間で水田からキャベツやスイカの畑に変わり、平地性の開けた湿地であった水田は三浦半島からなくなった。同時にタゲリは三浦半島に飛来することはなくなってしまった。

三浦半島の場合､谷戸田の多くは用地転用しにくい地形だったこともあって、平地性の水田よりも多く残っている。それでも、決して安泰なわけではなく、残されている谷戸田も多くは荒廃草地になっている。せっかく開発の爪を免れ得ても、水田耕作を営む担い手がいなくなってしまったのである。逗子駅から横浜まで30分、東京まで60分、都市部に近い三浦半島では、農業従事者も兼業が圧倒的に多い。狭い谷の奥で道路も整備されておらず、また谷戸田は大型の農耕機械を入れにくい。条件が良くないために農家の後継ぎは少なく高齢化が進み、減反政策が離農を加速させた。結果、開発もなされないかわりに水田(水域)として整備されなくなった谷戸では、水田は遷移によって草地となり、水路は伏流してしまう。こうしてわずかばかりに残っていた湿地であった谷戸田も、半島内のすべての現況を把握するのに苦労しないほどに減ってしまった。それに伴って、谷戸を繁殖環境として選好していたサシバは三浦半島で繁殖が確認されなくなってしまっている。

こうした中で、「三戸北川湿地」は奇跡的にといって差し支えないほどに、良好な状態で、かつ比較的まとまった規模(約25 ha)で残されていた自然湿地である。かつては湿地内で水田耕作が営まれていたこともあるが、先に述べた三浦半島における農業事業の例外ではなく、耕作放棄されて30〜40年程が経過しているだろうか。しかし多くの谷戸田に比べ草地化への遷移は極めてゆっくりとしており、乾燥化もそれほど進んでおらず湿潤な谷底を有していた(図1-1-2-2)。

神奈川県下に、三戸北川湿地と同規模の湿地はもう存在していない。それだけの広さの未開発地が公園や保護区といった特別な注目もあびずにいたことも、耕作放棄をなされても乾燥した草地にならずに湿潤な谷戸底部が維持され

図 1-1-2-2　北川湿地の源流域の景観

る地象条件・水象条件がそろっていたことも、奇跡的であるといえよう。

良好な状態というのは、すなわち「普通の状態」である。河川の氾濫等によって湿地の出現・消失がくり返された頃の状態、あるいは、人間による営みによって水田として湿地が維持されていた状態が、半島における低地の「普通の状態」である。普通の状態にある湿地には、普通に見られる生物が生息する。里山・里地と呼ばれる普通の身近な場所で普通に見られる生物たちの様子は、童謡にさえ歌われた“メダカの学校”であったり、“ウサギ追いしかの山”であったりするのであろう。

ところが、メダカ(現在ではミナミメダカとキタノメダカの2種に分類)は、1992年に環境庁(当時)が発表した「絶滅のおそれのある野生動植物種のリスト」(レッドリスト)で絶滅危惧II類(VU：絶滅の危険が増大している種)に指定された。野生のメダカが見られる水辺は極端に減少し、子どもたちにメダカの絵を描かせると、その体を黄色く着色する。メダカの体色は、本来、灰色である。体の黄色いメダカは、金魚屋などで売られている(そして教材用として多く流通している)ヒメダカという品種(変異型)であり、いわばフナに対する金魚のようなものである。つまり、身近な普通の場所で普通に見られたはずのメダカはいなくなり、水槽の中や金魚屋などの特別な場所で特別に飼育されているメダカの方が身近になってしまっているということである。

自然をどう感じるか…自然から得る精神的な利益は生物多様性が持つ生態系サービスのひとつといえる。生態系サービスとは、人類が生物多様性から得る多くの資源や利益のことである。文化的サービスの他にも、湿地では調整サービス(気候調整、廃棄物の分解等)や、基盤サービス(栄養循環、土壌形成)などがあげられる。ただし、生態系サービスの研究そのものは途上であり、谷戸の湿地の生態系サービスについても、まだ十分に解明されているとはいえない。ごく一部の経済価値だけではなく、多くの価値が明らかになってくるのは、これからなのであろう。

こうした普通の生物たちの暮らしが脅かされ、普通ではない状態になってしまっている所ばかりの全国の里山・里地の中で、三戸北川ではメダカの生息が確認されていた。他にも、中型哺乳類のイタチや、オオタカやフクロウ等の猛禽類、オオルリやキビタキ等の小鳥、ニホンアカガエル等の両生類、サラサヤンマなどのトンボ類、ヘイケボタルやシマゲンゴロウなどの昆虫類、キンラン等の植物が生息・生育していた。いずれも普通に見られたはずの生き物だが、今日では絶滅が危惧されるようになってしまった。

ニホンアカガエルは、神奈川県のレッドデータ調査報告書で絶滅危惧種にリストアップされているものの、藤沢や茅ヶ崎のように、ニホンアカガエルが最も普通に見られるアカガエル類であるという場所も少なくない。ヤマアカガエルよりも、やや広がりのある湿地を好む本種は、三浦半島では葉山町の上山口、横須賀市の佐島、長坂、野比などでは普通に見られていたが、この20年の間に姿を消してしまったカエルである。同じ谷戸田でも、より低地性でひろがりのある水田が減ってしまっていることによる。

普通であったはずの種が、見られなくなって絶滅危惧種になっていく。これまでに起きた自然破壊の結果としてではなく、現在もなおその影響は進行していて、ある地域では普通に見られる種が、別の地域では減少、激減し、いつのまにか全体としては絶滅が危惧されるようになっていく。

ニホンアカガエルは、三浦半島内では、三戸北川の他には小網代、南下浦の一部など、限られた数ヵ所で見ることができる。

イタチやフクロウは、神奈川県全体ではかなり減少してしまったものの、三浦半島ではまだ健在で、三戸北川以外にも生息が見られる場所はある。一方で、先に示したサシバも、まだ比較的健在で、繁殖しているであろうと考えられた場所も幾ヵ所かあった。ところが、気づけば春秋の渡りの時期に半島を通過していく個体は観察され続けているものの、繁殖している可能性を示唆する情報は、この数年、三浦半島内では全く得られていない。神奈川県下全体では、2009年に1ヵ所で繁殖が確認されただけで、以降2ヵ年は未確認である。

生物が地域で絶滅していくメカニズムというのは、明確になっていないことが多い。繁殖に適した環境がゆっくりと悪化していったり、餌資源となる生物が少しずつ減少していったり、生息密度が低下したことによって繁殖相手が見つからなくなっていったりする過程のどのタイミングで、どのような機序で、その地域から生物が姿を消してしまうのかはよく分からない。ゆえに、絶滅が危惧される種が指定されていくというのは、自然破壊が進んでいっているという厳しい状況であるが、他方で絶滅が危惧されるという事態に気づくことができた喜ばしい状況といえるのかもしれない。多くの場合、絶滅が危惧されるまで減少していることに気づかれないままに、地域から姿を消してしまうのだから。

そうした意味からも、絶滅が危惧されていると気づくことができた種について、その保護に努める、絶滅させないという責務は、現代人にとって最優先すべき課題のひとつである、と僕は思う。絶滅のおそれのある野生動物植物のリスト(レッドデータブック)に記載したものの、現実には「他地域にもまだいるから」「減少が指摘されているもののまだ見かけるから」と、なんの保護策も講じられないままに、減少から地域絶滅への一途を辿る生物も少なくない。

そうした意味からも、普通の自然が特別な自然となってしまっている今、この三戸北川の自然を守る意味は大きい。

約25 haの湿地というのが、神奈川県下で最大級であることは先に述べた。

湿地が、本来的に脆弱な環境でありながら、元々、土地(低地)の広くを占めており、ヒトの暮らしのなかで埋められ、そして保全される必然があったこと(治水による湿性地の限定と、水田耕作)も先に述べた。湿地という環境が生物たちの生息域として重要な環境であることは、そこに“普通の”生き物たちが多く観られたことでも明らかであり、かつそれらの多くが“絶滅を危惧される”生き物たちになっていることについても述べた。湿地がなければ生きていけない生物の代表ともいえるカエルたち両生類は、全世界でみると種の95%がIUCN(国際自然保護連合)のレッドリストに記載され、国内でも種の34%が環境省のレッドリストに記載されている。

それでも、三戸北川で生息が認められていた絶滅が危惧される生物のほとんどは、別の場所に赴けば同じ種を観察することがかろうじて叶う生き物である。例えば同じように湿地に生息する動物でもアベサンショウウオやイトウのように、“もはや、そこにしかいない”という状態にまでは至っていない。ゆえに、軽視されてしまうということが起きている。普通の種が、絶滅が危惧されるようになった経過を顧みれば、決してそのような心持ちに至ることはないのであろうが、絶滅が危惧されるようになってはじめて注目された(あるいは、注目されるようになった時にはすでに絶滅が危惧されるようになっていた)種は、「まだまだ別の場所にいるから」と、軽視され、結局、“気づけばそこにいなくなっている”ということが起きている。ニホンアカガエルが、三浦半島の中でもまだ「数ヵ所で見ることができる」と記した。否、“数ヵ所でしか見ることができない”のである。

ニホンアカガエルについて言及するならば、果たして別の場所にニホンアカガエルがいるから、三戸北川のニホンアカガエルはいなくなってしまっていいのだろうか。三戸北川の南に隣接する小網代の森には、今も、ニホンアカガエルは健在である。したがって、三戸北川のニホンアカガエルが生き残ることができなかったとしても大丈夫といえるだろうか。そもそも、三浦半島におけるニホンアカガエルの生息数についての正確な情報はない。しかし少なくとも、半島からの絶滅を危惧されるくらいに減少している点で、三戸北川においても保護していくべきであろうという事は分かる。加えて三戸北川と小網代とが、これまでの歴史のなかで異なる素性を持ちながら、今日に至っていることに注目すべきである。

谷戸の湿地は、氾濫と乾燥化、治水や灌漑、耕作による湛水といった環境の変化を経て今日に至っていることは述べた。それぞれの場所で、その時期や条件は異なる。近い場所に存在していても、一見すると同様の湿地であっても、地象や水象は異なる。それは、長い時間をかけてそれぞれの地域の特性に合わせて暮らしてきたニホンアカガエルにとって、とても大きな違いである可能性が高い。その意味で、ニホンアカガエルという生物種は、現在、“暫定的に”その種であるにすぎないといえるかもしれない。というのは、長い歴史の中で、その環境に合わせて暮らしぶりや生き様を“適応”させたり、環境に“選択”されてきた結果(というより過程で)、今日の姿を「ニホンアカガエル」は持っているが、異なる環境に長い時間置かれれば、別の生き様や暮らしぶり、つまり生理的特徴や生態的特徴をそれぞれに獲得していく可能性があるからだ。三戸北川でも生息が認められているゲンジボタルは、宮城県から鹿児島県まで広く分布しているが、糸魚川～静岡を境に東日本型と西日本型に別れており、発光のパターンや繁殖生態に違いが観られることは有名である。これらは、現在は1種だが、将来的には異なる2つの種類になる可能性があることを意味する。もっともニホンアカガエルが、隣接する三戸北川と小網代で、この先にも別の進化の過程をたどり、種として分かれていくとは考えにくい。そうした生息環境の違いがでてくれば、より生息しやすい方へ移動するなどして、生息しにくい方の個体数は減っていくと考える方が現実的である。

メダカは、三戸北川で生息が認められているが、小網代にはいない。小網代と三戸北川とを比較すると、小網代は樹林地の広がりは大きいものの、谷戸の勾配が強く、谷戸底部は狭くて暗く、遷移とともに乾燥化が比較的進んでいる。

また、谷底部は主に礫質(れきしつ)である。三戸北川は、樹林は乾燥しているものの、谷戸底部が広くかつ湿潤で、底質は泥が中心であるために流れのまわりには抽水植物*が繁茂している。これが、メダカが北川だけに生息している理由のひとつと考えられる。

また、サラサヤンマに注目すると、かつて小網代はこの種が多く生息する場所とされ、トンボ好きのナチュラリストが観察を目的に訪れるほどであった。しかし、遷移が進み乾燥化してきた今、小網代のサラサヤンマは急激に減少してきており、乾燥化のスピードが遅く湿潤な谷戸底をいまだ擁している三戸北川の方が多産する場所となっていた。

こうしたことからも、三戸北川の自然を守ることは、ひいては小網代の、三浦半島の、神奈川の、そして地球全体の生物多様性を保全していくことになる。逆に言えば、地球上の生物多様性を保全していく上で、三戸北川を守っていくことは重要な意味があるといえよう。

都市が生態系を破壊し尽くしてしまい、改めて公園などでの緑化・生態系機能の保全に意味を見いだせるようになりつつある昨今、整備・保全されていく半自然地が本来の姿に少しずつ近づいていくことに期待するのであれば、三戸北川のように、古くからの自然の姿や生物の多様性を現在に継いできた場所が、移動や分布拡大によって再侵入していく生物の供給元になっていくのであろう。

特別ではない「普通の」自然が都市近郊に保全されることが、普通になること。それが、この先に私たち人間が自然と共存していくために求められることであろう。

参考文献

- 神奈川県立生命の星・地球博物館編，2004．企画展ワークテキスト：＋2℃の世界－縄文時代にみる地球温暖化－．46 pp. 神奈川県立生命の星・地球博物館，小田原．
- 環境省編，2012．新生物多様性国家戦略－自然の保全と再生のための基本計画－．vi+315 pp. 環境省，東京．
- 高桑正敏・勝山輝男・木場英久編，2006．神奈川県レッドデータ生物調査報告書2006. 442 pp. 神奈川県立生命の星・地球博物館，小田原．
- 樽 創編，2007．読みものナウマンゾウがいた！67 pp. 神奈川県立生命の星・地球博物館，小田原．

* 根は水底にあるが、茎や葉は水面上に出ている水生植物。

第2章　植物からみた特徴

1. 北川湿地と斜面林の植生

横山一郎

本稿は、三浦の自然を学ぶ会がまとめた『「ミニ尾瀬」自然環境調査中間報告書』(2008年，自費出版)に書いたものに加筆修正をしたものである。

コナラの巨木やスダジイ、シロダモ、マテバシイなどの常緑広葉樹が鬱蒼と茂る急な細道をおそるおそる下りていくと湿地があった。冬から早春にかけて、湿地はヨシの立ち枯れた茎が一面に広がり、水際の地表にはセリなどが萌え出でる緑を見せて明るい太陽の日差しに輝いていた。春から夏、多くの植物は一斉に空へ向かって伸長をはじめ、夏には背丈ほどのヨシやガマ、オギなどが視界をさえぎるほどになった。しかし、上を見上げると空は青く、ここが明るく開放的な湿地であることが確認できた。水路際や踏み分け道の周りに、ハンゲショウが茎を伸ばし、白くなった葉と瑞々しい黄緑色の葉のコントラストが美しく、歩くと芳香が漂った。秋、台風でも来ればヨシはなぎ倒されたが、膝から腰の高さに成長したタデ科の草本たちが、質素ながらもお花畑と呼ぶにふさわしい草原を形作っていた。かつての北川湿地の植生は、そんなふうに季節をくり返していた。

北川湿地と斜面林の植生を理解するためには、まず土地利用の変遷を押さえておかなくてはならない。のちに北川湿地と呼ばれるようになった谷戸底において、いつ頃から水田耕作がはじまりいつ頃まで続いていたのか、これは農家の記憶を辿ることになる。2008年2月、三浦の自然を学ぶ会(以下、「学ぶ会」)の中垣善彦が三戸地区在住の専業農家で元地権者(当時51歳)から聞き取り調査を行った概要は次のとおりであった。「本地域の水田耕作は、戦後の食糧難の時代に政府の命令で作ることになった水田であり、すべて人力に頼って行っていたので、耕作は長く続かず、開墾後も耕作を放棄する人がほとんどだった。それを京急(京浜急行電鉄)が線路用地として購入した。自分の家の水田は現区画整理事業地区内の溜池のそばにあったが、今から46年前頃に自分の父が京

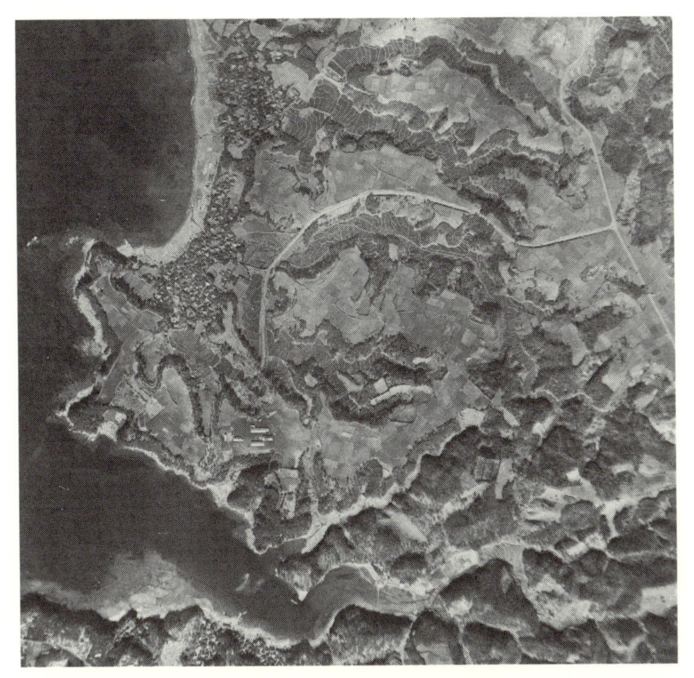

図 1-2-1-1　1947 年頃の北川流域

中央に弧を描く道路の下が北川流域。鹿の角のような形で、河口部は集落を通り三戸浜(砂浜)となる。尾根部の畑地を挟んで、蟹田沢の元の形がわかる。写真上部に池ノ上・釜田の谷戸、写真下部に小網代の森となる谷戸が見える。どの谷戸底にも水田の畔(白っぽい線)と思われる形が見られる。谷戸の斜面林の樹冠は薄く、薪炭林として利用されていたと思われる。
出典：国土地理院空中写真223(USA-M46-A-7-2-223)を一部改変

急に売却し、今住んでいる家を建てた。奥の方で水田を作っていた人は、それ以前に売ってしまっていた。父が売却したのは最後の方だ。」1947年撮影の航空写真(図1-2-1-1)にはよく見ると畦の形を見ることができ、この話の一部を裏付けるものと考えられた。湿地だった部分は、1940年代後半(昭和20年頃)から水田耕作がはじまり、その後耕作が放棄されたと考えられた。水田耕作開始以前の土地利用は明らかではないが、水田耕作放棄後50〜60年が経過した北川湿地は、典型的な水田耕作放棄地であり二次的自然であった。

図1-1-2-1は北川湿地の下流側半分が農地造成(県営ほ場整備事業)として埋め立て完了間際の2007年当時の航空写真である。2枚の航空写真の比較から、水田耕作がされていた頃は斜面林においても人的利用の影響は強いと考えられた。斜面林は薪炭林として利用され、その後二次林となって数十年が経過した

と考えられた。

北川湿地に自由に入ることができていた頃の植生の観察記録を見てみよう。学ぶ会では観察にあたって当地を大きく5区分に分けた。湿地部分については、丸太のあった市道472号線から上流側(A地区)と下に分け、下流側をさらに湿潤な湿地部分(B地区)とやや乾燥した湿地部分(C地区)の3つに区分した。斜面林については、小網代側(南側)の北向き斜面(D地区)と、丈しが久保側(北側)南向き斜面(E地区)の2つに分け、それぞれに見られる特徴ある植物を次のように記している。

A地区

シュンラン　リュウノヒゲ　セキショウ　ウラシマソウ　ヨシ　ドクダミ
タネツケバナ　ワレモコウ　ヒメウズ　ツリガネニンジン
ニオイタチツボスミレ　ヤマユリ　ミツバアケビ　スギナ(ツクシ)
ゴヨウアケビ　セイタカアワダチソウ　ノイバラ　サルトリイバラ
メダケ　アズマネザサ　フジ　ニョイスミレ　ヨモギ　ムラサキケマン

B地区

ハンゲショウ　ニョイスミレ　ミツバ　スギナ　セリ　アオツヅラフジ
ウマノアシガタ　マルバウツギ　ヤナギ　ドクダミ　サルトリイバラ

C地区

ハンゲショウ　ガマ　ヨシ　ヤブタビラコ　ノイバラ　セイタカアワダチソウ
ヨモギ　ドクダミ　ミツバ　セリ

D地区

マテバシイ　カクレミノ　キブシ　ヤマグワ　クリ　クヌギ　シロダモ
アオキ

E地区

クヌギ　スギ　シロダモ　アオキ　シュロ　スダジイ　ヤブツバキ
センリョウ　ヤツデ

この記録から推測すると、A地区はセキショウが見られ、畦の跡がまだ残っていたことから、水田が放棄された後にササ類の侵入が見られるものの、まだ開放的な空間の広がる明るい湿地だった。B地区は狭小な地形でありこの地区に特徴的な種は見出せないが、ゲンジボタルが多数生息していた地域であった。C地区はヨシやガマなどによる高茎草本群落とハンゲショウやセリのような低茎草本群落がモザイク状に分布する地域であった。ハンゲショウ群落の広がりは、この地区が比較的開けた明るい湿地であり、かつ、水分量が潤沢であったことを示していた。

D地区は北向き斜面で、この記録にはないがアカガシが多く見られる特徴があった。また、キンランとエビネが見られたのもここであった。E地区は南向き斜面であるもののマテバシイやスダジイの鬱蒼とした林で、マヤランやナギランが見られた。両地区とも、シロダモとアオキが特徴的な代表的な二次林であったし、クヌギが見られることからも薪炭林として利用されていた(優占種としてのコナラは特徴ある植物とされていない)。

図1-2-1-2　クロムヨウランの花
(2009年7月31日撮影)

また、ここには記録されていないが、どちらの斜面にもたくさんのクロムヨウランが見られた。クロムヨウランは腐生ランで緑色の葉を持たず、黒ずんだ茎に果実をつけているのをよく目にすることができた。筆者が一度だけ花を見たことがあったのは、D地区の尾根筋であった(図1-2-1-2)。

学ぶ会の鈴木美恵子は当地に限らず三浦半島の植物に精通し、神奈川県植物誌調査会の一員であった。鈴木は北川湿地における注目すべき植物として次のようにまとめている(「ミニ尾瀬」自然環境調査中間報告書－中間のまとめと提言－から一部改変して転載)。

湿地と下部谷壁斜面(次に述べる植物社会学的植生調査実施区分を外れた部分を含む)で確認された植物の中で、注目すべき種名をあげ、その理由を記した。記述中、(K)は「神奈川県植物誌2001」からの引用または要約であり、(R)は「神奈川県レッドデータ生物調査報告書2006」からの引用または要約である。

シダ植物

リョウメンシダ(オシダ科)

A・B地区のそれぞれかなりの広さに群生。市内の自生地は数ヵ所あるが、それぞれの自生地は小網代を除くと量的にはそんなに多くはない。ここの量は小網代を凌ぐのではないか。リョウメンシダは、葉の表裏共に同じような淡緑色なので、両面シダ、すなわちリバーシブルなシダの意。産地の谷間や斜面の湿った所を好んで群生する、常緑性で大型の美しいシダである。

被子植物

単子葉植物

キンラン（ラン科）

D地区（湿地南側斜面上部）、長年人の手が入っていない、アズマネザサが占領しつつある比較的明るい斜面に点々と。手入れが行き届いた雑木林や林縁を好んで生えるが、その環境が損なわれ、減少している（K）。絶滅危惧Ⅱ類（R）。環境省レッドデータブックにおいても絶滅危惧Ⅱ類である。キンランはギンラン、ササバギンランとともに雑木林や林縁に生えるが、上記のように年々放棄され、わずかな自生地も園芸用に根ごと持ち帰られる例も多く、数を減らしている。学ぶ会発足当時に自生を確認した場所のほとんどで、今は見ることができなくなっている。

クロムヨウラン（ラン科）

キンランと同じ地区。これは、アズマネザサの密集した根元のあちこちに点々とある。クロムヨウランは川崎・三浦・横須賀で確認されているが少ない（K）。絶滅危惧Ⅱ類（R）。植物仲間によると2007年はクロムヨウラン、クロヤツシロランの当たり年だそうで、県内あちこちで開花を見たとの情報があったとのこと。季節と時間が限られた中での今回の調査では、ラン科のこの仲間はクロムヨウラン以外に確認できなかったが、斜面林の植生から推測して、以下のような種が見つかる可能性があると考えられる。アキザキヤツシロラン、クロヤツシロラン（杉林・竹林など）、タシロラン（常緑広葉樹林内）、オオハクウンラン（常緑広葉樹と落葉広葉樹の混交林）。

エビネ（ラン科）

D地区斜面林下で数株。減少種（R）。また、同じラン科のシュンランは林（りん）床（しょう）に多数散在。これも、山野草愛好家に掘り取られることが多く、市内の自生も減少した。

双子葉植物

離弁花類

ハンゲショウ（ドクダミ科）

A・B・C地区（湿地のほとんど全域）。かつて水田の用水だまりや水路、湿地に普通に見られたが、現在市内の大きな群生地は小網代と当地のみとなった。こちらは、小網代を遙かに凌ぐ量と思われる。2007年9月以降に本格的に調査を始めた時には、既に長く伸びた地上部は枯れて地面にびっしり横たわり、その上をミゾソバ・シロバナサクラタデ・アキノウナギツカミなどが覆っている状態だった。地上部が立ち上がっている時季は湿地を埋める大群落であっただろう。そして、花穂が伸びて葉の下半分がいっせいに緑色から鮮やかな白色に変わる夏場のこの湿地はすばらしい情景になる。ハンゲショウは同じ仲間のドクダミと違って全草が芳香を放つ。芽立ちの頃、同行の誰かが触れたり踏んだりすると、離れていても香りが漂ってくる。まして、今回の調査のように地上部が枯れていない夏の時期にこの湿地の草をかき分けて進めば、辺り一面によい香りが満ちるのである。一度姿を見て匂いをかいだら忘れられない植物である。ハンゲショウ(別名カタシログサ)は、花期に花穂の下の葉の下半分が白色に変わるので、半化粧、カタシログサは片白草との説がある。夏至から11日目を半夏と呼び、その頃葉が白くなるので、半夏生と呼ぶという説もある。

シロバナサクラタデ(タデ科)・ミゾソバ(タデ科)・アキノウナギツカミ(タデ科)

これらの3種は、どこにでも見られる種であるが、9月から10月にかけてこれだけの広さを填め尽くして咲く「お花畑」は圧巻である(口絵写真参照)。シロバナサクラタデはこれだけ集まって一斉に咲くと、かなり離れた所にいても花の香りが漂ってくる。この香りはチョウ類などの昆虫も引き寄せるだろう。

合弁花類

イチヤクソウ(イチヤクソウ科)

A地区斜面林に点在。腐葉土の多い樹林内に生える。県内でも丘陵から山地にかけての樹林内にみられるが少ない(K)とある。確認した日は11月初めの寒い日だったが、そこの落ち葉の上に腰をおろしたら、思いの外ぽっかり暖かかった。そこは腐葉土の多い、やや乾いた林下だった。

ヤマツツジ(ツツジ科)

全域に見られる。湿地や水流に面した斜面林の下部にかなりの樹齢の大きな個体が普通に点在する。市内では4・5月頃斜面林の裾などに朱赤色の花がよく見られたが、近頃はあまり見られなくなった。

ヌマダイコン(キク科)

A・B・C湿地全域のやや日陰の流水路沿い、湿った日陰の林縁などにまとまって群生している。県内相模湾沿いに自生地がぱらぱらとあるが、少ない(K)。谷戸の日陰に群生しているので、秋口の花期には花の白さが際立って美しい。

この中間報告に記録された植物のうち、注目に値すると思われた種は以上11種である(筆者注：センリョウが中間報告時に記載されており12種とされていたが、今回削除したため11種とした)。今後の調査により、さらに増える可能性もある。開発計画を知ってから、限られた時間の中で、植生調査のために可能な限りの日程を組んだ。その日々は体力的にはハードであったが、調査が進んでいろいろな発見をし、いろいろな魅力を体感するにつれて、疲れも吹っ飛ぶほどの感動を覚えた。願わくは、当地の適切な保存につながって欲しいと考えている。

10年以上前から、何度か訪れて、誰いうとなく「ミニ尾瀬」の愛称で親しんできた谷戸の湿地だが、春秋にほんの木道周辺を観察するために樹林下の道を上り下りするだけだった。何故なら、丈高く生い茂った草を分けていくつにも分岐した湿地に分け入る勇気がなかったのと、それだけでもじゅうぶん楽しめたからである。今回はじめて正確な地図をもとに、まず湿地部分から注意深く観察し､種の記録をはじめたのが2007年の9月。湿地は一面のお花畑であった。たまたま風下から近づくとシロバナサクラタデの花とオギの花の重りが漂ってくる。9月、10月、11月と、月に2回ほど訪れるたびに植物の様子が変化し、谷戸の様相が変わるのに驚かされ、私たちは「ミニ尾瀬」の魅力にすっかりとりつかれてしまった。三浦半島で、周囲を常緑広葉樹と落葉広葉樹に囲まれ、これだけの広さと複雑な地形と水系を持った湿地帯はほかにはないのではないだろうか。耕作されないで放置されて20年以上経過した元谷戸田は、その間人の手が入らず、したがって地形も変わらないままであった。そして、水源から流れ出すかなりの量の水流が縦横に走り、この湿地を潤し続けていたものと思われる。湿地の保水量が多いためか、それだけの年数を経ても、湿地には草本が中心で、木本ではヤナギの仲間やノイバラ、ノダフジ、アケビの仲間などがまばらに丈低く生えているだけである。元は谷戸田であった小網代と比較すれば、現在はかなり木本が大きく生育しつつある。この違いは、推測の域を出ないが、ミニ尾瀬の湿地帯の方が周囲の斜面林の影響を受けないほど広々と開放的であるということか。このように、広々と開けた湿地帯の季節ごとの表情は訪れるごとに変わっていく。群落をなす草花の花時を見る目的で、月に2度のペースで訪れても、その時々で植物群落の織りなす花模様ははっきり違っている。これだけの広さを占める、これだけの量の湿地性植物群落の表情が移り変わる様は、なんと壮大でドラマチックなことであろうか。2008年からは、できれば前年調査できなかった3月から8月までの春夏の観察と記録をしてみたいと思っている。以上、ある世代にとっては周りに普通に存在した自然、また次の世代にとっては子どもの頃遊びまわった自然、その次の世代にとっては失われつつある自然、「ミニ尾瀬」はその自然の姿であると思う。次の次の世代まで残したいと切に願っている。

この手記を見て分かるとおり、鈴木を中心とした学ぶ会の植物調査では丹念に調査が行われたものの、年間を通した調査はできなかった。誠に残念なことであった。

また、学ぶ会の植物社会学的植生調査の目的は、当地が水田放棄後の遷移途上にある立地でありながらも、小網代の森の谷では遷移が徐々に進行しミズキやハンノキといった樹木の谷底面（こくていめん）への進出が見られたのに対し、当地においては湿地が保たれ大きな樹木の進出を見ず、散策や自然観察といった人的利用が比較的少ない特徴があったので、植物の種組成という観点から検討しようとしたものであった。秋から春にかけて約半年の調査で得られたデータから、「植生調査中間報告」としたが、植生調査としてはデータが少なかったため結論には至らなかった。

小網代の森と当地を含む小網代地区の植生は、山田ほか(1998)により群落単位の抽出と植生図が示されていた。この植生図によると北川流域の湿地の植生はヨシクラスであり、おもにガマ群落、ヨシ群落、カサスゲ群集、ハンゲショウ群落、セリ－クサヨシ群集、オギ群集、セリ－セイタカアワダチソウ群落の7つの下位単位に区分された。また、谷壁斜面の植生は、おもにオニシバリ－コナラ群集とアズマネザサ－ススキ群集として区分されていた。

2007年10月より同年12月までの学ぶ会の植生調査から、次のように考察した。湿地面の植生は、草本第1層にガマ、ヨシ、オギ、セイタカアワダチソウなどの高茎草本が優占し、草本第2層にほぼすべての調査区でミゾソバの高い被度（ひど）が見られた。草本第2層では、アキノウナギツカミが優占する区分、シロバナサクラタデが優占する区分、アキノウナギツカミとシロバナサクラタデが高被度で混在する区分があり、それらはモザイク状に分布していたことが観察されたが、種組成の違いによる区分はできなかった。谷壁斜面の植生では、どの地点においてもコナラ、スダジイ、マテバシイが優占し、林床にはアズマネザサが優占していた。今回、得られた植生データ数が少なく群落区分をまとめるには至らなかったが、これらの植生は山田ほか(1998)に示されたヤブコウジ－スダジイ群集やマテバシイ植林といった植生単位にまとめられることが予想された。

北川湿地においては、季節ごとに優占する種とその被度が変化することがこれまでの観察から分かっており、それに伴って種組成の変化も見られるのではないかと推察できた。しかし、本格的な調査のチャンスは訪れず、鈴木の手記にも見られる湿地の四季折々に変化を見せる群落の成立要因や、遷移の状況については結局分からなかった。

また、耕作が放棄されて少なくとも50年以上経過したと思われる水田跡地における木本種の進出は、わずかな被度を示すノダフジ、アケビ類、ノイバラ、アオツヅラフジの蔓性木本と、草本第2層に見られたエノキの芽生えがごくわずかにある程度であった(B地区のごく一部ではヒサカキとネズミモチの樹高2～3 mの幼木群生が見られた)。ほぼ同じ頃水田耕作が放棄された「小網代の森」の谷底面がミズキ、ハンノキ、ヤナギ類が大木となって見られることと比較すると、本調査地に木本が極めて少ないことは特筆すべきであり、きちんとした調査研究がなされなかったことが悔やまれた。

次に希少種について考えたい。

環境省レッドリスト(環境省, 2007)や神奈川県のレッドデータ生物調査報告書(神奈川県, 2006)と地域環境評価書(神奈川県, 1990)等を基準に、三浦・三戸自然環境保全連絡会でまとめた希少植物(藻類を含む)は、次の13種であった(詳細は第3部資料参照)。

環境影響予測評価書案記載種(事業実施区域内)：ヌマダイコン、マツバスゲ、エビネ、ナギラン、マヤラン、クロムヨウラン

上記以外で学ぶ会が新たに北川湿地で確認した種：キンラン、タコノアシ、ホシナシゴウソ、オオイタビ

最終的な環境影響評価書(京急, 2009)には、注目すべき植物種一覧と確認状況(p.233 表5-2-8-11)において、上記以外で学ぶ会が確認した種が加わることがなかった。また、事業実施区域内の注目すべき植物群落(p.234 表5-2-8-13)として、ヤブコウジ－スダジイ群集とハンゲショウ群落をあげた。

ヌマダイコンは、「ダイコン」と名が付いているがキク科の多年草で、北川の流路沿いに見られた種であった。横須賀市自然博物館には三浦市三戸産のヌマ

ダイコン標本が所蔵されているが、北川湿地産だったかどうかは不明である。マツバスゲ(カヤツリグサ科)は急速に生育地が減少している湿地性のスゲである。ラン科の4種のうち、盗掘などで激減しているエビネとナギランは常緑性で、マヤランとクロムヨウランは光合成を行わず、緑色の葉を持たない。春盛りの頃に黄色の可憐な花をつけるキンランは、南側斜面の明るいヤブの中に生育していることが、大森雄治をはじめとする三浦半島植物友の会の調査や学ぶ会の調査で確認された。これらラン科の植物は、大なり小なり菌根菌と共生している。菌根とは、植物の根と菌類(分かりやすくいえばキノコのなかま)が共生している状態をいい、菌根菌はこのような形で植物と共生する菌類である。菌類が腐食質や他の樹木などの根から栄養を得て、ランに養分を供給しているため、ラン類の移植は植物体だけの移植では成功しないことが多く、移植の難しさは、菌根菌への依存度と菌根菌をめぐるネットワークの複雑さによる。このしくみは、生態学や園芸、造園、環境保全など様々な分野で移植や栽培の研究が進められている。事業者によれば、これらラン科の種をビオトープあるいは小網代の森に移植するとされているが、成果を見届けたいものだ。

注目すべき群落としてのハンゲショウ群落は、移植そのものは容易かもしれないが、本来の生育立地である開放的で照度の高い空間を広い面積で確保することは難しいであろうから、大規模なハンゲショウ群落の維持はできないと考えられる。ヤブコウジ－スダジイ群集は当地における潜在自然植生のひとつであり、上部谷壁斜面や頂部平坦面で優占する群落である。一度失われたものが再生し、移植したものがもとの群落の姿・種組成を示すには、数百年ではできないほどの時間を必要とする。

また、北川湿地の消失を受けて、横須賀市自然・人文博物館と生命の星・地球博物館標本のうち採集地が「三戸」となっているものを調べてみたら、110の標本があることが分かった。このうち希少種については、先述のヌマダイコンの他に、オオアカウキクサ(県・絶滅危惧II類、環境省・絶滅危惧IB類)、ソクシンラン(県・絶滅危惧IA類)、マツバスゲ(県・絶滅危惧IB類)、ムラサキセンブリ(環境省・準絶滅危惧種、県・絶滅危惧IA類)があった。マツバスゲ標本は、2002年4月18日に鈴木美恵子が丈しが久保で採集とあるので(YCM-V42399)、おそらく北川湿地のものである。ミズワラビ(県・準絶滅危惧種)とミズオオバコ(環境省・絶滅危惧II類、県・絶滅危惧IB類)は三戸の神田での採集記録となっている。希少種としては扱われていないが、斜面林ではタシロラン(環境省・準絶滅危惧種)とイカリソウの採集記録があった。タシロランは、三浦半島では観音崎に多産する腐生ランである。また、イカリソウは、紫色の可憐な花をつけるメギ科の多年草で、明るい林床に見られる種である(大森, 2004)。この2種は山田ほか(1998)にも環境影響評価書(京急, 2009)にも記載がなく、ここでは少なくなった種と思われた。

なお、山田ほか(1998)には、農地造成で失われた北川流域下流半分の植生図も示されていた。北川下流域のように、水田放棄地を畑地に造成するなど農地を農地に変える場合、現状ではアセスの調査が実施されない。山田ほか(1998)では、かつての北川流域から蟹田沢（がんださわ）および小網代の浦ノ川流域までの現存植生図が描かれている。北川下流域が農地造成においてアセスの調査が実施されないまま埋め立てられ、さらに中上流域も今回埋め立てられてしまったことを考えると、たいへん貴重な資料となった。

謝辞

本稿を記すにあたり、「ミニ尾瀬」自然環境調査報告書からの鈴木美恵子氏の文章を転載させて頂き、三浦の自然を学ぶ会の調査結果を引用した。また、横須賀市自然・人文博物館学芸員の大森雄治氏には、標本の検索および資料提供を頂いた。さらに、生命の星・地球博物館学芸員の田中徳久氏には標本の検索のご助力を頂いた。心から感謝申し上げる。

参考文献

- 神奈川県環境部環境政策課, 1990. 地域環境評価書－三浦半島南部－. 140 pp. + 地域環境評価書(資料編), 125 pp. + 地域環境評価書添付図面集.
- 神奈川県植物誌調査会編, 2001. 神奈川県植物誌2001. 1582 pp. 神奈川県立生命の星・地球博物館.
- 環境省編, 2007. 植物Iのレッドリスト. 報道発表資料別添資料5. http://www.env.go.jp/press/8648.html
- 京浜急行電鉄株式会社, 2009. (仮称)三浦市三戸地区発生土処分場建設事業環境影響予測評価書. 475 pp.
- 三浦の自然を学ぶ会, 2008. 「ミニ尾瀬」自然環境調査中間報告書[自費出版]. 20 pp.
- 大森雄治, 2004. 三浦半島の野生植物. 199 pp. 横須賀市自然・人文博物館.
- 高桑正敏・勝山輝男・木場英久編, 2006. 神奈川県レッドデータ生物調査報告書2006. 442 pp. 神奈川県立生命の星・地球博物館.
- 山田麻子・大野啓一・奥田重俊, 1998. 三浦半島南部小網代地区周辺の植生. 生態環境研究, 5(1): 29-52.

Column

ミニ尾瀬　～なぜ私たちはこの湿地をミニ尾瀬と呼んだのか～

私たちのグループ三浦の自然を学ぶ会(以下、学ぶ会)が三浦半島で「ミニ尾瀬」と呼んでいた谷戸がある。一年中豊かな湧水が湿地全体を潤し、たくさんの生物が生存している自然の様子をミズバショウで知られる尾瀬ヶ原に見立ててそう名付けたのだ。はじめに、ミニ尾瀬と呼ぶようになった背景からお話ししたい。

この湿地は小網代の森との尾根を挟んで北側(京浜急行三崎口駅方面)に位置する。谷戸の湿地を潤す水源は標高約50～60 mの丘陵から浸透した雨水や湧水が1本の川(北川)となり、三戸集落を通って相模湾まで流れ出ていた。昭和30年代まではこの谷戸ではたくさんの水田が耕作され、今風にいえば里山の一角であったところだ。その後、海岸から三崎街道までのこの谷戸の半分にあたる水田を畑地にする埋め立てが開始されると、上流半分に水田を持っていた農家はほぼ一斉に水田耕作を断念し、その後は全く人の手が入らなくなってしまった。それから50年、この谷戸は見事な生きものの里に変幻していたのであった。水田跡には湿地性植物、両生類、爬虫類、斜面にはクヌギ、マテバシイ、ラン類などの群落、哺乳類、鳥類、昆虫類。小川には三浦メダカも見られた。この谷戸は、街灯や自動車などの人工の光は全く入らず、光といえば月と太陽の輝きだけであった。音も小川の流れと木の小枝がふれあい谷間を吹き抜ける風により自然が醸し出すもの以外は全く耳に入らない、神秘的な空間を作り出していた。学ぶ会会員の誰いうともなく、この谷戸をミニ尾瀬と呼びはじめたのであった。

ミニ尾瀬感動の記録がある。この空間にはじめて足を踏み入れたときの様子からミニ尾瀬と呼んでいた湿地を探索した様子を、会報「学ぶ会だより」に見ることができる(以下、学ぶ会だよりから一部を抜粋)。

1996年4月9日　三崎口→信時家お庭拝見→ミニ尾瀬→三戸台地→三戸海岸→三崎口。参加者、鈴木(美)、山下、鈴木(徳)、粕谷、信時、松岡の6名。ミニ尾瀬入り口にて、鈴木さんからヤマザクラとオオシマザクラの区別を聞く。ウグイスの美声の歓迎(？)を受けながら進む。斜面にニオイタチツボスミレ、湿地の流れの奥にはカワニナ多数、初夏にはゲンジボタルも(？)。フカフカの落ち葉の下にはセンボンヤリ、ヤブタバコの芽立ち、出口畑斜面にツチグリの成長過程を見せてもらう。アケビ類は花盛り。例年より遅いコナラの新芽銀色に美しい。台地の畑地には古代の土器の破片、塚山等、三浦の歴史の古さを感じる。(ゆき子)　No.191-1

2001年1月30日　小網代→ミニ尾瀬、学ぶ会　横山、粕谷、中山、蛭田、足立、宅間、鈴木(美)の7名。中央の谷・湿地・湾口。ハンノキ、ハゼノキ、オオハナワラビ(群生)。アカハラ、メジロ、シジュウカラ、ツグミ、ノスリ、アオサギ(幼鳥を含め27羽)、ハクセキレイ。北の尾根。アカマツ数本、オオバヤシャブシ(かなりの大木が数本)、イヌシデ(林のようにかたまって生えている)。ミニ尾瀬下り。右北斜面にアカガシの大木が多い。左右にコナラ、スダジイ、タブノキの若木、ツクバネウツギ。湿地を経て上り。マテバシイがほとんどで、アカガシ、スダジイが混じる。小網代についての研究論文をまとめられたばかりの横山さんが参加されて、水系次数による出現樹木の変化や斜面林の樹種の移り変わりなど、いつもと違う視点で観察することができて、新しい世界が開けたような気がして、とても充実した1日だった。鈴木(美)　No.237-4

2002年4月18日　「百花繚乱のミニ尾瀬から小網代へ」　宅間さん、蛭田さんを誘って、久しぶりにミニ尾瀬へ出かけた。三崎口から歩いていく途中、信時さんの車とすれ違う。ミニ尾瀬への降り口手前の畑の縁に、ナガミヒナゲシの朱色の花が群れている。これはやっかいな帰化植物だが、花そのものはなかなか美しい。近年急速に広がりつつある帰化種である。

マカラスムギ(ヘイオーツ)は、ノギがないのと長いノギがあるのと2種類見られたので、博物館で同定してもらうことにする。急な作業用の階段を下りきると、そこが目指すミニ尾瀬。湿地はかなり水が少なくて、気をつけて踏み込めば、いつもは行けないところまで入れる。しばらく三人三様に目を凝らして観察する。抜け目なくミツバとセリを摘みながら。新発見は、袋状の湿地の奥まで広がるハンゲショウの群落。そして、はじめて見る、ちょっと変わったスゲの仲間(1株だけ。後日、マツバスゲと判明、かなり珍しい)。視線をやや上げて山裾に転じると、木々の花が色とりどりに咲いている。カマツカの純白、ヤマツツジの赤、ツクバネウツギの黄白…マルバウツギはまだ蕾。さらに見上げると、新緑の葉をあふれんばかりにつけたミズキの長い枝に真っ白い毬状の集合花が無数に並んでいる。そして、遠く近くあちらにもこちらにも、濃淡のフジの花房が木という木を飾り立てている。スギの木までが藤波をまとっている。あまりの美しさに言葉を失う。ふと我に返り、木道の先の上り階段に取り付く。例年だとこの辺りはニオイタチツボスミレが見られるところだが、今年は残り花もない。この上りは左右にツクバネウツギが多い。急な登り道の左右の茂みにはシュンランが花をつけ、人が踏みつけそうなところにギンランが数本咲いている。オオバノトンボソウもなぜか好んで道の真ん中に葉を広げている。いくつも花をつけているオオバウマノスズクサがある。センボンヤリはとうとう見られなかった。畑への出口で、鉄塔への脇道を探索してから、畑の崩れそうな縁をじっくりと観察。フデリンドウの花1つみーっけ。ユウゲショウ、真っ昼間でも夕化粧とはこれいかに!ヒメハギ、コバノタツナミソウも。トカゲの子ども数匹、土手の穴を出たり入ったり(カナヘビではなく玉虫色のトカゲ。近年少なくなった。)(鈴木美)

No.248-3

(抜粋は以上)

こんな素晴らしいミニ尾瀬も開発事業の影響により埋め立てられることになった。私たちは、ミニ尾瀬に棲んでいた生きものの証を後世に残すために、2007年度にミニ尾瀬の自然環境調査を行った。これはミニ尾瀬で楽しませてもらった喜びのお返しと思っている。失われたミニ尾瀬の生きものたちに感謝してやまない。

(中垣善彦・中垣浩子)

2. チャイロカワモズク

横山一郎

カワモズク類は、湧水の多い水路や沼等の淡水域に生育する紅藻類で、多くの種類が通常は微細な糸状の胞子体で流れの石や岩に付着し無性生殖により生育しているが、有性生殖を行う時期にだけ食用褐藻の「もずく」状のぬるぬるした大きさ数cm程度の藻体になる。

北川で最初にカワモズク類の生育を発見したのは、おそらく2008年4月26日に横須賀市自然・人文博物館の大森雄治学芸員の一行が最初であった。県内の植物調査の一環としての調査中の折、北川中流域の石の上を漂うカワモズク類を見出し、その標本は横須賀市自然・人文博物館に収蔵された(図1-2-2-1)。同行していた三浦の自然を学ぶ会会員の依頼により、「学ぶ会だより」に大森の手記が紹介された。

北川にカワモズク類の生育が発見されたという知らせはすぐに伝えられた。絶滅が危惧されているたいへん貴重な生物で、聞くところによると淡水性の紅藻で同定が難しいこと、三浦半島からは報告がないらしいこと、もしカワモズク(種名)*Batrachospermum gelatinosum* L.であれば、環境省のレッドリストでは絶滅危惧Ⅱ類(VU)らしいということであった。しかも、藻類は事業者のアセス評価書(案)には記載がなく、見落とされてアセスが進行してしまう危険がある反面、見落としを指摘してアセスの不備を追求する好材料になるのではないかという期待もあり、にわかに私たちの中でクローズアップされてきた。そこで、このカワモズク類の生育状況を確認してその情報を発信するとともに、正確な同定をどうすればよいか検討することとなった。

図1-2-2-1　チャイロカワモズク標本
(大森雄治作成・鈴木元和写真)

アセス評価書(案)にカワモズク類の検討がなされていないことは、意見書の中で指摘された。事業者はこのことについてどう反応するか私たちの中では注目されるところであったが、意見書に対する見解書では、なんと、「植物は維管束植物を対象としたので調査項目になかった」「移植する」というそっけない回答であった。アセスで調査項目にない絶滅危惧種など存在するのか、移植の事例はあるのか、簡単に移植できるのかという強い憤りを感じながら、事業者および県のその後の対応を注視するしかなかった。その後、2008年11月のアセスの手続きにおける公聴会における信時知子(三浦の自然を学ぶ会会員・代理発表は筆者)、同年12月1日付の三浦市長宛要望書、12月8日付の神奈川県環境影響評価審査会長宛要望書に複数の団体の連名でカワモズク類の検討がなされていないことを指摘した(これらのときには正確な同定ができずにいた)。

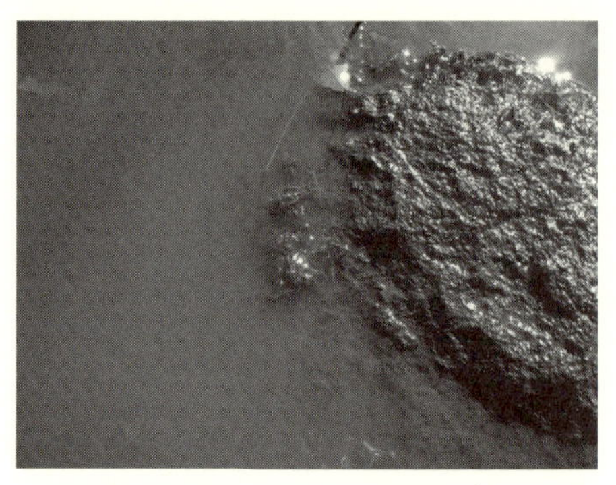

図 1-2-2-2　チャイロカワモズク
(2009年2月1日撮影)

筆者がはじめて北川でカワモズク類を観察したのは、翌2009年2月1日であった。北川が暗渠(あんきょ)(人工的に水面がふさがれている水路)となり造成された農地下へ入るための沈砂池(ちんさち)からわずかに上流の浅い流れの中に生育していた。生育状態は指の長さほどで石に付着しており、まさにモズクのようであった(図1-2-2-2)。周辺を探すとこのような石に付着した状況で生育しているカワモズク類が数ヵ所見られた。

生命の星・地球博物館の瀬能 宏学芸員から同定が可能な方を紹介できるかもしれないという知らせが届いたのは、2009年5月はじめのことだった。環境省RDBの委員で神戸親和女子大学の熊野 茂博士(元神戸大学)で、日本の淡水性紅藻の第一人者とのことだった。早速メールで連絡を取り、標本を送らせて頂くことにした。採集は2009年5月5日、小雨の降る中を北川へ入り、4ヵ所の異なる石から同定のための標本を採集した。なぜなら、淡水藻類は他にもあるので、話題としているカワモズク類以外の稀少種も見つかるかもしれないからであった。

熊野の同定の結果、4つの標本ともチャイロカワモズク *Batrachospermum arcuatum* Kylinであることが明らかとなった(図1-2-2-3〜5)。これらの写真は顕微鏡写真であり、精子嚢、雌株、造果器が鮮明に撮影されている。国の準絶

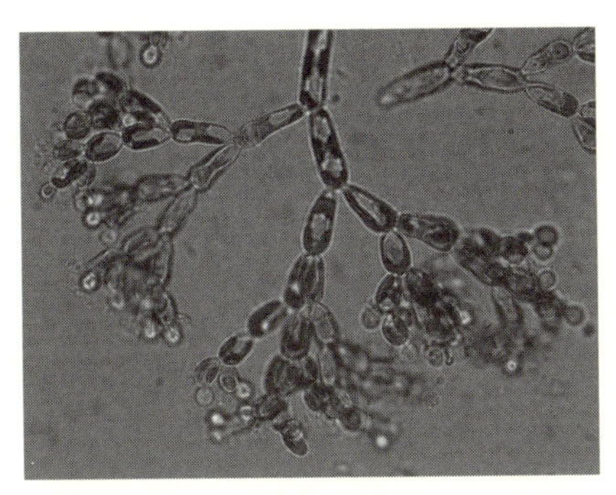

図 1-2-2-3　チャイロカワモズク精子嚢
（熊野 茂提供）

図 1-2-2-4　チャイロカワモズク雌株
（熊野 茂提供）

滅危惧種であること、チャイロカワモズクは神奈川県内には2ヵ所、日本には138ヵ所の産地が報告されていることなどのご教示を頂いた。また、5月5日にこのような状況で生育しているのは、おそらく水温が低いからではないかということであった。暖地の平地では5月に入ると藻体が消えるものも多いのではないかと思うと、滑り込みで標本を採集した感があり胸をなで下ろした。また、

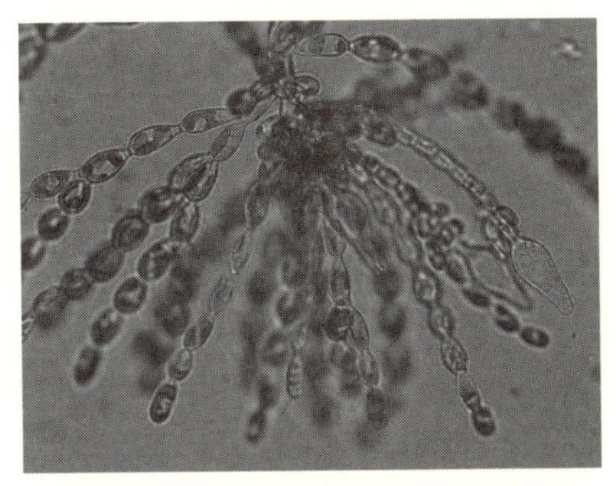

図 1-2-2-5　チャイロカワモズク造果器
（熊野 茂提供）

「北川湿地には、遺伝子撹乱を経ていないメダカをはじめ、確かに絶滅危惧種は多数生息していて、貴重な湿地ではありますが、その貴重性を『奇跡の湿地』などと過剰な記述で表現すると、足元を掬われる危険がありますので、科学的な冷静な記述をお願いします」というありがたいご助言まで頂いた。

日本に生育するカワモズク類は熊野ほか(2007)によれば20種とされているが、各種とも減少しているため、環境省版レッドリスト2007(環境省, 2007)ではこの全20種が掲載されている。このレッドリストではチャイロカワモズク(以前ナツノカワモズク *Batrachospermum anatinum* とされていたものも含む)は準絶滅危惧(NT)である。

神奈川県でのチャイロカワモズクの分布は、柾ほか(2003)、吉田ほか(2005)、福嶋ら(2005)、福嶋ら(2008)、洲澤ほか(2010)により県内の広い範囲に分布し

ていることが示されたが、三浦半島付近からの記録は欠けていた。三浦半島からの記録は今回がはじめてとなったが、このエリアも湧水の多い地域であり、以前は普通に見られていた可能性は高い。吉崎(1998)はチャイロカワモズク(原著ではナツノカワモズク)について近年まで谷戸の水田まわりなどに普通に見られた種であったが、ほ場整備等の水田をとりまく環境が変化したため減少したと述べており、三浦半島においても同様の変化が起きたため目に付くことがなくなったと考えられる。

北川での生育地が失われたチャイロカワモズクは、事業者が行う蟹田沢ビオトープに移植された。移植が成功となるかどうかは時間をかけて検証されていくであろう。チャイロカワモズクは本来少しでも湧水が出ている小さな場所でも本流横の小さな流れでも生育する普通の藻類だったはずだが、水田が姿を変え、川沿いが整備され、谷戸が改変されることで、まだ各地で見られるものの以前ほど見られなくなってきた。水路の維持管理の方法(周辺の住民の生活も)が変わったことも一因だと思われた。三浦半島では、探せば北川だけでなく見つかったかもしれないが、三浦半島唯一の生育地として北川で安定的に生育していた個体群が、このような開発事業のために消失したことは誠に残念でならない。北川のチャイロカワモズクは、大森による発見がなければ、話題にさえ上がることがなかった。アセスの項目からも漏れていた。三浦半島における生育地は、探さないと見つからないという状況になっているが、今ここであらためて「探すことの意義」を考えさせられた。

謝辞

本稿を記すにあたり、大森雄治氏にはチャイロカワモズク発見の情報と標本の提示を頂いた。また、熊野 茂氏には、標本の同定と写真提供を頂いた。ここに記して、心から感謝を申し上げたい。また、両氏をはじめとして幾人かの方々には、藻類について浅学の筆者にご助言頂いたことに、あらためて感謝申し上げる。

引用文献

- 福嶋　悟・樋口文夫・小市佳延・下村光一郎・神保健次・中村明世, 2008. 小雀公園の水域生態系－公園管理のための基礎資料－. 横浜市環境科学研究所報, (32): 73-78.
- 福嶋　悟・樋口文夫・小市佳延・下村光一郎・水尾寛己・赤池　繁, 2005. 瀬谷貉窪公園(横浜市)の水域生態系. 横浜市環境科学研究所報, (29): 20-29.

- 環境省，2007．哺乳類、汽水・淡水魚類、昆虫類、貝類、植物Ⅰ及び植物Ⅱのレッドリストの見直しについて．環境省: http: //www.env.go.jp/press/press.php?serial=8648. 2007年8月3日公表.
- 熊野 茂，2000．世界の淡水産紅藻．395 pp. 内田老鶴圃，東京.
- 熊野 茂・新井章吾・大谷修司・香村真徳・笠井文絵・佐藤祐司・洲澤 譲・田中次郎・千原光雄・中村 武・長谷井稔・比嘉 敦・吉崎 誠・吉田忠生・渡邊 信，2007．環境省「絶滅のおそれのある種のリスト」(RL)2007年度版（植物Ⅱ・藻類・淡水産紅藻）について．藻類，55: 207-217.
- 柾 一成・若山朝子・吉田謙一，2003．川崎市内の希少水生生物分布調査(2002)．川崎市公害研究所年報，(30): 106-112.
- 大森雄治，2008．カワモズク（絶滅危惧種）を発見．学ぶ会だより，(296): 1．三浦の自然を学ぶ会.
- 洲澤 譲・洲澤多美枝・福嶋 悟, 2010. 神奈川県および周辺のカワモズク属（淡水紅藻）の分布. 神奈川自然誌資料，(31): 1-7.
- 吉田謙一・岩淵美香・若山朝子・酒井 泰，2005．川崎市内の希少水生生物分布調査（2003～2004）－カワモズクの生息状況を中心に－．川崎市公害研究所年報，(32): 64-68.
- 吉崎 誠，1998．第4章千葉県の藻類の生態第2節陸水の藻類1河川の藻類(1)大型緑藻と紅藻類．千葉県史料研究財団（編）千葉県の自然誌本編4千葉県の植物1, pp. 242-245．千葉県.

第3章　動物からみた特徴

1. 哺乳動物

天白牧夫

三浦市には樹林地がほとんどない。緑の大根畑が段々になって広がり、その境界は樹林が取り囲む、自然豊かな三浦半島のイメージを持つ方は多い。だが、航空写真をみると樹林は薄っぺらな線状でしかなく、市域ほとんどが畑地と市街地である。地形図で見るとその樹林地は、畑にすることのできない急傾斜な土地なのである。急傾斜で幅の狭い樹林地は動物にとってもそれほど住みよい土地ではない。タヌキは農家の納屋の裏手にある茂みなどで細々と生きる姿を見るが、他の哺乳類はどうだろうか。

その三浦市で唯一まとまって残る緑地が、小網代から三戸にかけての地域なのである。北川湿地流域は50 haほどだが、隣接する小網代や神田川流域を含めれば150 haはある。タヌキがおよそ4 haの樹林で1頭生活できるとすると、これだけの面積があれば何とか集団を維持することもできるであろう。4 haの緑地が1つあっただけでは、個体群は維持できない。8 haでもダメ。数家族が負担なく繁殖して暮らせる土地でなければ、いずれその集団は衰退する。

哺乳類の最も簡易な調査は、足跡や糞や食痕などその痕跡を探すことである。痕跡の出現頻度で、多い少ないを判断するのだ。北川湿地は、それが突出していた。文字通り足の踏み場のないほど、毎回地面一帯にタヌキとアカネズミの足跡がついていた。希にイタチの足跡もあった。アカネズミやヒミズの死体もよく見た（図1-3-1-1）。そして上空や斜面林にはノスリやフクロウのような猛禽類が、こちらも突出

図1-3-1-1　アカネズミ

して出現していた。フクロウやノスリは、アカネズミやヒミズを主な餌にしているのだ。

なぜこんなに高密度に出現するのか。三浦市にまとまった樹林地が少ないので生息が集中するかというと、そうではないと考える。この地域の動物の行動圏はある程度オーバーラップする。質の高い緑地が、神田川、北川、小網代と3つが隣接していることで、1＋1＋1＞3となっているのだろう。中間に位置する北川がなくなれば、その連続性による効果は失われ、1＋0＋1＜2となるだろう。

アカネズミは、ふつう林内の野ねずみと思われている。それが北川湿地では、不思議と湿地面にも足跡が一面に付いている。北川湿地は荒いリター（落ち葉などの層）が地面に堆積している。おそらくその中をくぐるように歩き回り、イネ科植物の種などを食べているのだろう。体を濡らさずに、湿地へ降りられるのだ。また、このリターは生存にも有利に働いている。ヨシなどの茎がジャングルジムのようになっていて、人間も容易に手を入れることはできない。タカなどに狙われても、ネズミがいる地面付近までタカの足が届かないのだ。樹林の落ち葉は、承知のとおりジャングルジムのようにはならない。落ち葉ごとつかまえて、飛び去ることもできるのだ。

ヒミズはあまり有名な動物ではないが、小型のモグラの仲間だ。実は三浦半島にはジネズミというもっと小さなモグラの仲間がいたのだが、これは環境の悪化で地域絶滅してしまったそうだ。ヒミズも、本来は樹林の地面とリターの間を掘って、ミミズなどを食べて生活している。しかし北川湿地では、これもアカネズミと同じように湿地面で観察できるのだ。湿地には、湿地特有の昆虫が多い。歩いていると湿地性のゴミムシが靴の下からいくらでも出てきて、逃げ回るのだ。樹林内を歩いても、こんな密度で昆虫に遭遇することはない。この生産性の高さと、安全性の高さが、北川湿地でヒミズやアカネズミを増やすのだろう。

事業者が行ったアセスの調査では、こうした貴重な小型哺乳類が多く生息していることなど全くふれられていなかった。そのため環境保全対策も、哺乳類への配慮はなく、「生息地が消失すれば自然に移動する」との記述をする始末だった。確かにタヌキがブルドーザーで生き埋めになるとは思わないが、リター層の中で身を潜めて生きている何千何百というアカネズミやヒミズは、さっと逃げて幹線道路を渡り、安全な横須賀の武山（たけやま）や大楠山（おおぐすやま）まで移動することはできないだろう。残念ながら、事業者にそのことをイメージすることはできなかった。

イタチは、三浦半島で激減している捕食者だ。キツネとカワウソは既に地域絶滅しており、タヌキを除いては唯一の肉食の哺乳類である。おそらく北川湿地の高密度なアカネズミやヒミズが、イタチの絶滅を阻止していたのだろう。行動範囲はおそらくものすごく広く、1個体で神田川、北川、小網代を包括した行動範囲であっても不思議ではない。しかしその実態を知ることは極めて困難で、特にメスを見ることはまずできない。警戒心が強く、毎日訪れる場所であっても1回人間がセンサーカメラを仕掛けただけで二度と来なくなる始末である。我々の調査でもアセスの調査でも、北川湿地が健全に残っていたころに生息状況を詳しく知ることができなかったことを、残念に思う。野生生物は、常に極限状態で生きているものである。環境資源が豊富にあれば1個体あたりの取り分が増えるのではなく、個体数が増えて1個体あたりが得られる資源は変わらない(資源が足りなかった個体はそこで死ぬ)。自らの一族を少しでも増やしておきたいとする本能から、そうなのである。つまり、北川湿地が生み出す資源が減ったからといって他地域に移動してそのまま生き続けるとした事業者の見解は、基本的な動物の生態を知ってさえいれば、まず出てこない発想なのである。三浦半島でこのわずか半世紀の間に開発が進みイタチが激減したことも、それを物語っている。

Column

環境アセスメントの限界

環境アセスメント(環境影響予測評価)は、「アワスメント」「アワセメント」などと揶揄されることもしばしばである。

環境アセスメント(以下、アセス)とは、大規模な開発事業を実施するに際し、予め、その開発事業が環境に及ぼす影響について、環境の自然的構成要素の良好な状態の保持(大気汚染、水質汚濁、土壌汚染、騒音、振動、悪臭等)、生物多様性の確保および自然環境の体系的保全(植物、動物および生態系)、人と自然との豊かなふれあい(景観、ふれあい活動)、環境への負荷(廃棄物、温室効果ガス)などの項目について、事業実施以前に調査し、その影響を予測して評価し、住民や専門家から意見を出し合う手続きのことをいう。国では1997年に「環境影響評価法」が制定され、一定以上の規模の開発を行う場合には環境アセスメントが義務づけられている。神奈川県は国に先んじて1981年に「神奈川県環境影響評価条例」を定めている。

一般的に、アセスは、開発事業計画が実施される前に、法や条例で定められている義務に基づいて、その手続きが進められる「事業アセスメント」と呼ばれるものと、開発計画の有無にかかわらず、または計画の政策決定の時点で実施する「戦略的アセスメント」と呼ばれるものがある。いずれも、計画が環境への影響が大きいと認められた場合には、計画の見直し(修正)が求められ、中止、規模縮小、代替地での実施などといった対策がとられる、というのが建前である。

実際には、評価の結果に対して市民や専門家から異論が出た場合にも、事業中止に至るケースは極めて少なく、規模縮小もほとんどない。代替地への計画変更などについては、代替地の候補すら事前に検討していないことも少なくない。「○×だから、環境への影響は大きいと思う、計画を中止してほしい」といった意見には「○×だから、環境への影響は小さいと思われます。」と回答され事業は着手されていく。同じ調査結果に対して、評価が異なってしまうのである。

根本的な部分では、アセスの手続きを誰がやるか、という部分で既に問題を孕んでいる。事業アセスメントである場合、計画の段階で開発事業主はすでに大金を支出している。開発計画に見合う土地の広さや地質なのか、という基礎調査を終えた段階で、自然環境などの調査が実施され、結果に基づいて開発事業主が影響を評価する。アセスの手続きに入った時点で、開発事業主はすでに多額な支出を事業計画に費やしている。それ故に、結果は同じなのに評価が異なるという「アワスメント」が行われてしまうのである。

また評価について、市民や専門家からの意見が出た場合(=環境影響評価書(案)に対しての意見書の提出がなされた場合)、事業主は回答をしなければならないという責務がある一方で意見書の意見について、すべての意見(要望)に応えたり、意見者が納得いくまで話し合ったりする責任はない。これは、冷やかしの意見が出た場合に混乱する、ということを避けるためであろう。

事業アセスメントではなく、戦略アセスメントであっても状況は変わらないことが一般的で、事前の調査、評価に基づくゾーニングなども有効に活用されている例は少ない。

「初めに開発計画ありき」である状況からの脱却を成し遂げない限り、環境アセスメントが機能することには限界があり、期待できないのが実情である。

(金田正人)

2. 鳥類

小田谷嘉弥・宮脇佳郎・鈴木茂也

(1) 三浦半島における陸域の鳥類相の特徴と保全上の課題

三浦半島の鳥相の概略

鳥類にとって、三浦半島の主要な環境は低山林と農地および海岸林で、1900年からこれまでに300種ほどの種類が記録されている。そのうち繁殖が記録されているのは50種ほどで、越冬する種と通過する種の割合が高いのが特徴である。

繁殖鳥ではメジロ・ヤマガラ・フクロウ・ハシブトガラスなど森林性の種の割合が多いが、草地・湿地性の繁殖種はオオヨシキリ・セッカ・ヒバリなどに限られ、その個体数もあまり多くない。オオヨシキリは近年定期的な繁殖地がなくなっており、通過個体が観察されるのみとなっている。大型の猛禽類ではトビの個体数が多く、かなり高密度に繁殖していることが当地域の特徴である。

湿地性鳥類の危機

湿地性の鳥類は全国的に分布域や個体数が減少しているが、三浦半島をはじめとする神奈川県では特にその状況が顕著だ。

タマシギ・サシバなど、主に水田環境を利用して繁殖を行う鳥類は、1990年代を最後に三浦半島での繁殖記録が途絶えている。また、イカルチドリ・タゲリなど越冬期に水田を利用していた鳥類も、同時期に越冬のための渡来がなくなっている。

三浦半島では、ため池等が主な生息地であったバン・カイツブリは、繁殖環境の減少により個体数が著しく減っている。2000年代後半から定期的な繁殖地が消滅しており、地域的な絶滅が危惧されている。同様な環境で越冬していたコガモ・タシギ・クイナも現在は分布が極めて限られている。

以上のような現状からは、鳥類多様性の視点からみて、三浦半島で最も欠乏している環境要素は湿地および草地であり、そうした環境を積極的に保全していく必要性が高まっているといえるだろう。

(2) 北川湿地の越冬期の鳥たち

北川湿地はヨシ・ヒメガマ等の植生に覆われており、当地域で越冬する鳥類

図 1-3-2-1　カシラダカ
（2009年2月撮影）

図 1-3-2-2　ノスリ
（2010年1月撮影）

の重要な生息場所を提供していた。

カシラダカは、ホオジロ科の冬鳥だが、全国的に個体数が減っている。三浦半島でも前述のように生息地である広い面積の農地が減少したため、群れが見られる場所は極めて限られている。北川湿地では、2009年当時、三浦半島で唯一数十羽の群れが越冬していた（図1-3-2-1）。アオジ・クロジ・ホオジロ等、他のホオジロ科の小鳥も三浦半島内の他の地域に比べ多く見られた。

シロハラ・アカハラなどの大型のツグミ類の個体数が多く、神奈川県では比較的数の少ないトラツグミも複数回観察された。これらの種は地表のミミズ等を冬季の主な餌とするため、コナラの斜面林の明るい林床は彼らにとって餌の豊富な採食場所となっていただろう。

越冬する小鳥の数が多いため、ノスリ・オオタカなどの猛禽類も見られ、特にノスリは越冬期間を通じて谷戸内への滞在期間が長く（図1-3-2-2）、食物のほとんどを北川湿地で採食していると考えられた。環境アセスメントの評価では、これらの猛禽類について、「繁殖地ではないため、個体群の存続に大きな影響はない」という記述がくり返しみられた。しかし、一般的に餌が少ない越冬期は死亡率が最も高い。神奈川県のように周辺に代替生息地となる環境がなければ、好適な餌場の消失が与える影響は大きいだろう。

(3) 特徴的な鳥類

北川湿地のフクロウ

フクロウ *Strix uralensis* はユーラシア大陸に広く分布する大型のフクロウ類で、国内において地理的変異が大きく、4亜種が知られている。そのうち、エ

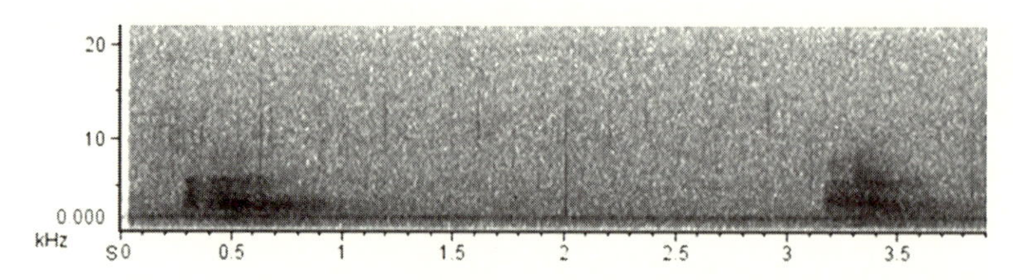

図 1-3-2-3　2009 年 4 月に北川湿地で録音されたフクロウ鳴き声のスペクトログラム
（おそらく雌の警戒声）

ゾフクロウ*S. u. japonica*は北海道に分布する亜種で、サイズが小さく大陸に分布する亜種に形態的に近い。本州に分布するフクロウ*S. u. hondoensis*、モミヤマフクロウ*S. u. momiyamae*、キュウシュウフクロウ*S. u. fuscescens*の3亜種は北海道のものよりも体色が暗色かつ大型で、亜種キュウシュウフクロウでは体色が最も濃く、顔盤が特に黒っぽい暗色型と普通型の2型があるとされる。この亜種の分布は少々興味深い。山階(1941)では、南西日本だけでなく、伊豆半島と房総半島にも分布するとされる。それでは、その中間に位置する三浦半島ではどうなのだろうか。筆者らの観察では、三浦半島で観察されるフクロウには、かなり体色が暗色なものがおり、これらは亜種キュウシュウフクロウの普通型といってもよいレベルであると考えられる。本亜種の分布は日本鳥類目録改訂第7版では見直しが必要とされているが、三浦半島のフクロウは生物地理学的な重要性が高いといえるだろう。

北川湿地にも、フクロウが生息していた。アセスの調査でも、フクロウは出現していたのだが、北川湿地そのものは、「生活圏外であると考えられ、影響はない」と評価された。その判断は果たして妥当だったのだろうか。

筆者らは2009年に複数回の夜間調査を実施し、北川湿地においてフクロウを観察した。フクロウは常に谷底面の上部または斜面林で確認され、2～3月には頻繁に囀（さえず）りが確認された。2009年4月5日には、ヒナの声と考えられる声が聞かれた。直後に、雌と考えられる個体が警戒声を発しながら筆者の頭上を飛翔した(図1-3-2-3)。以上の記録により、北川湿地がフクロウの生息域内であったことは確実であり、繁殖期である4月に侵入者への警戒行動が見られたこと、ヒナの声の確認から繁殖していた可能性が高いといえる。

北川湿地は三浦半島内でも有数の、条件の良い生息地であったと考えられるので、営巣場所の斜面林と採食場所の湿地面が失われたことは、周辺個体群の存続に大きな影響を与えたことは間違いない。アセスの調査では、フクロウはキャベツ畑で鳴いていたことになっている。フクロウが行動圏の一部としてキャベツ畑を利用することはありうるが、一般的にそうであるように、繁殖や休息は樹林を利用するはずだ。筆者らの調査ではフクロウは北川の施工予定域内でのみ確認され、域外では一切確認されなかった。今回のアセスメントは、充分な夜間調査を行ったとは考えられず、フクロウにとっての北川湿地の価値を著しく過小評価したものである。

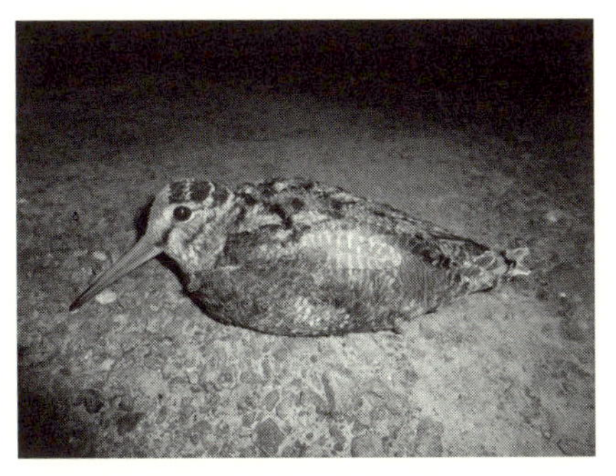

図 1-3-2-4　ヤマシギ
（茨城県、2013年1月）

北川湿地のヤマシギ

ヤマシギ*Scolopax rusticola*は中型のシギの仲間で、他のシギ科鳥類とは異なり森林にも生息する（図1-3-2-4）。神奈川県東部では冬鳥で、夜行性のため見られる機会は多くないが、昼間にも谷津田や休耕田で見られることがある。

2010年1月の現地踏査で、ヤマシギ1羽が確認された。日中に谷戸の林縁で休息していたものが飛び立ったものと思われた。谷に猟犬を連れて入っていたハンターへの聞き取りにより、北川湿地ではヤマシギが毎年複数個体越冬していたことも分かった。

本種は狩猟対象種であるが、おそらく生息環境の変化による個体数の減少に伴って、その捕獲数は年々減少している。神奈川県においても減少しており、県レッドデータブックでは非繁殖期・希少種に指定されている。北川湿地は湿った休耕田が広い面積にわたって残っていたため、ミミズや地上徘徊性の昆虫を採食する本種にとっては重要な生息地だっただろう。

神田川に生息するオオセッカ

オオセッカ*Locustella pryeri*はセンニュウ科の小鳥で、湿地の抽水植物群落に生息する。繁殖期になると「チュクチュクチュクチュク…」と鳴きながらディスプレイフライトを行う。一方、非繁殖期にはいたって地味で、ほとんど草の中から出てこないため、姿を見るのは至難の業だ。2亜種が知られていて、そのうち亜種*pryeri*の繁殖分布は局地的で、現在の繁殖地は青森県、茨城県、千葉県などから知られるのみである。越冬地はあまり知られておらず、神奈川

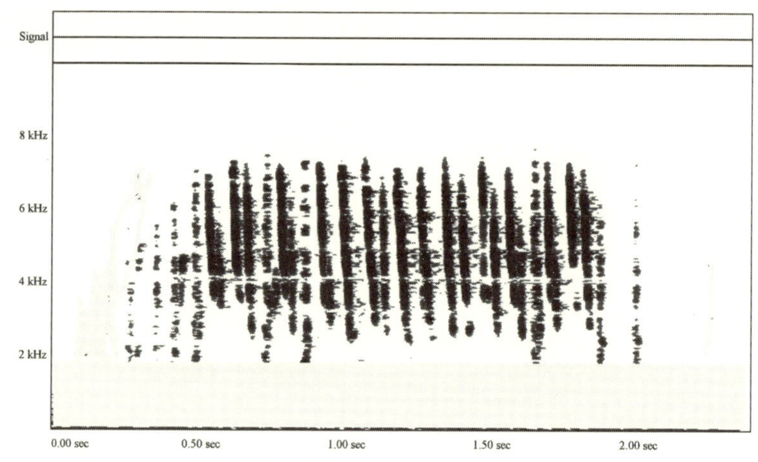

図 1-3-2-5　神田川湿地で録音されたオオセッカのスペクトログラム
（2004年3月）

県では横浜で1880年代に採集されてから100年以上記録がなかったが、著者の1人である宮脇によって北川の隣の谷戸、神田川において生息が確認された（図1-3-2-5）（宮脇, 2009）。これは春の渡りの時期の確認記録だったが、小田谷ら（2012）によって捕獲による確実な記録が得られ、越冬期を通じて生息していることが明らかになった（図1-3-2-6）。

図 1-3-2-6　神田川湿地で捕獲されたオオセッカ
（2010年3月：田仲謙介撮影）

オオセッカは、環境のより好みの激しい鳥といわれる。単純なヨシ原は好まず、下層にスゲやクサヨシなどの、より丈の低い草本が生えていること、地面が少し湿っていることなどが生息の条件のようだ。こうしたいくつかの条件を満たす湿地は多くない。特に湿地面積の少ない神奈川県ならばなおさらだ。神田川の湿地でも、倒れたヒメガマやクサヨシの間をネズミのように歩き回る様子が観察されていて、生息が確認された面積はとても狭い。越冬期間中はほとんど移動せず、植生の中に潜んでいるようだ。

北川湿地は2段階にわたって埋め立てられた。最初に埋め立てられた下流部分の調査は、私たちは詳細に行うことができなかったが、クイナやコガモの生息が確認されており、現在の神田川の湿地に類似したものであった。そこにオオセッカが渡来していた可能性はかなり高いと思われるが、今となっては知る由もない。

本稿を執筆中の2014年1月にも小田谷により神田川の湿地で越冬個体が観察されており、同地はオオセッカによって10年以上継続的に越冬地として使われているといえよう。残念ながら神田川の湿地も地権者による埋め立て計画があり、いつ着工してもおかしくない状況になっている。北川湿地を失った今、三浦にかろうじて残った湿地性鳥類の生息地を保全する必要性は、以前にも増して高まっているのではないだろうか。

引用文献

- 宮脇佳郎, 2009. 三浦市三戸におけるオオセッカの越冬生態. *Binos*, 16: 2-6.
- 小田谷嘉弥・田仲謙介・清水武彦・宮脇佳郎, 2012. 神奈川県におけるオオセッカの初標識記録と越冬個体数. *Binos*, 19: 1-4.
- 山階芳麿, 1980. 復刻版日本の鳥類と其の生態第二巻. 1080 pp. 出版科学総合研究所, 東京.

3. 両生爬虫類

天白牧夫

北川湿地で最も個体数が多い両生類は、シュレーゲルアオガエルだ(図1-3-3-1)。春先、草が芽吹いて少したったころ、谷戸の中はコロロロロ…の大合唱に包まれる。コロロロロ…というよりは、ワーーーー！！！という感じだ。何千というシュレーゲルアオガエルが、泥の中に潜って鳴いている。カエルの姿はほとんど見られず、声は足下から聞こえるのだ。それはまさに湿地の息吹の音そのもののような感覚に捉われる。そしてそれに聞き入っていても、一歩足音を立てるとその音はぴたっと止まる。湿地1 m^2の地面をひっくり返すと、だいたい2～3個体のこのカエルを見つけることができる。湿地全体の面積は少なく見積もっても3000 m^2であるから、6000～9000個体のこのカエルが北川湿地にいることになる。それが、初夏を過ぎるとほとんど見られなくなる。実はこのカエル、繁殖期以外は樹林内にいるのだ。林内でこのカエルを見つけるのは非常に難しい。湿地に集中していたときよりも密度は1/10くらいになっているし、木の高いところにいたり倒木の下にいたり、様々だ。散策していると希にアオキの大きな葉の裏にへばりついていたりするのを偶然見つける程度になる。カエルは非常に無防備な動物で、捕食者に捕まったときに切って捨てるしっぽもなければ、立ち向かうための爪や牙もない。捕まったらまず間違いなく、食われる運命なのだ。だから捕まらないように、見つからないように、忍者のように散って隠れるのである。なぜ彼らが繁殖期にわざわざ地中で鳴くのかも、このためである。そして地中で出会ったオスとメスは、白い泡状のものに包まれた卵の塊を地中に残す。オタマジャクシが孵化してから雨などが降ると、その泡が溶けてオタマジャクシごと水域に流れ出る。オタマジャクシはすぐ泳いで可能な限り分散する。もし卵塊が外にむき出しになっていたら一度に全部食べられてしまうかもしれないが、

図1-3-3-1　シュレーゲルアオガエル

卵塊は隠しておいてオタマジャクシが散り散りになれば、数匹は食われても一度に全部やられることは干ばつでもない限り考えられない。こうして有史以前から湿地の環境を巧みに活用して反映してきた種類なのだ。これが、人が水田を営むようになってからも脈々と受け継がれることになる。田んぼの畦の中に身を潜めて卵を産み、水田に水が満々と張られる時期にそれが田んぼの中に流れ出るようになっているのだ。

最近三浦半島で見なくなったカエルに、ニホンアカガエルがいる。三浦半島に残る谷戸のほとんどが丘陵地性で、そうしたところにはヤマアカガエルがたくさん生息している。ニホンアカガエルは台地性の谷戸を好み、台地性の谷戸は三浦半島では横須賀市長井と三浦市にしか本来的に存在しない。ところが横須賀市長井と三浦市はほとんどの谷戸が埋め立てられ、こうしたニホンアカガエルの生息環境はほとんど残っていないのだ。北川湿地では、そのニホンアカガエルとアズマヒキガエルも、湿地にできた水たまりにたくさん卵を産みに集まってくる。彼らの繁殖期は厳冬期から少し水が緩むころ、まさに啓蟄のころに産卵する。どちらも茶色い地味なカエルで、繁殖期には多くのカエルがひとつの水辺に集まり、メスを取り合って団子状になっている。最初にメスに抱きついたオスは、別のオスが来ると足を使って押しのけたり、他のオスは手で別のオスを剥がそうとしたり、まさに相撲を取っているようだ。この光景は昔から蛙合戦として春先の風物詩として親しまれてきた。この蛙合戦を見られる水辺が、三浦半島にはほとんど残っていない。あっても、10個体いるかいないかの小さな合戦で、顔ぶれはみんな老齢の大きな個体だ。いかにも後継者不足で尻すぼみな感じがする。ところが北川湿地では、何十という個体が、クククク…と笑うような声を発しながら、四方八方から水たまりに集まり、蛙合戦が始まる（図1-3-3-2）。顔ぶれを見ると、三浦半島の他で見るよりも明らかに体の小さい

図 1-3-3-2　アズマヒキガエル蛙合戦

若い個体ばかりだ。そう、ここでは後継者がたくさんいる。そこで産卵された子が、ちゃんと大人になって合戦をしに帰ってくるのだ。蛙合戦が過ぎ去って3週間後、その水辺の水底が見えなくなるほどのオタマジャクシで埋め尽くされる。そして1ヵ月後、岸辺は足の踏み場のないほどの子ガエルで埋め尽くされる。オタマジャクシでおなかをぱんぱんにふくらませたヒバカリというヘビが、何匹も水際に横たわって休んでいる。上空では、もう三浦半島を離れて繁殖地へ移動しようかというノスリが、長旅の精力をつけようかと狙っている。

三浦半島では、ほとんどの水田がこの半世紀ほどで消失し、埋め立てられて市街地になったり植生遷移がすすんで樹林地になったりしてしまった。ところが水田が放棄されてから樹林へと遷移することなく、元の湿地帯へと先祖返りしていた北川の谷戸では、カエルたちの営みも人が水田を築く以前の姿へと戻っていたのだ。

こうした両生類たちは、本当に多くの動物を支えている。イタチやノスリ、ヘビにとって、他にはない好適な餌になるのだ。教科書や図鑑で生態系のピラミッドの絵を見た方は多いだろうが、実はあのようなかたちではない。例えば1個体のタカを養うのには、餌として年間1000個体以上のカエルがいるとする。そのカエルは年間1000個体以上の仲間を食われても個体群が衰退しないよう、何万という個体数がいる。何万というカエルを養うには昆虫が何百万、それを支える緑は何十ha…生態系のピラミッドを忠実に図にしようとすると、ものすごくぺったんこな三角形になるはずなのだ。つまり、種としてこの地域にカエルが残っていても意味はない。事業者がするようにビオトープに「移設」してわずか数百個体が生き延びていたとしても、それは生態系の保全ではなくペットの飼育となんら変わらない程度の意味しか持たない。何万というカエルが問題なく生き続けていたことが、なによりもかけがえのないことなのだ。

爬虫類については、アセスの評価書ではほとんど記載がない。ヘビ類やカメ類は北川湿地周辺でも観察例が多いが、評価書では「生息圏ではない」と断定された種がいくつかいる。また、それに反して多くが「周辺に広く分布する」とされていた。北川湿地には生息していないか、いても他地域にも生息しているから影響は少ない、というような表現は、予測評価の文言として客観性を欠き受け入れがたいものだった。

弁護するわけではないが、爬虫類は、カエルのように集団で産卵することもなければ、鳥類のように定点観測で把握できるものでもないし、哺乳類のように誘引捕獲もできないのである。まさに神出鬼没な生物種群で、そのために人知れず地域絶滅している種も多い。その最たるものはニホンイシガメである。ニホンイシガメは、筆者による調査ですでに三浦半島での自然繁殖が困難な状況となっていることが分かったが、それまでは一度も調査が行われたことがないのである。人々の間で、イシガメをかつてどの田んぼでも見たという記憶だけが残り、いなくなっていることに誰も気づかなかったのである。それが、北川湿地周辺には生息していた。北東に隣接する「池ノ上」という谷戸には小さい水たまりがあり、アセスの調査が行われたのと同時期に筆者が生息確認している。この種類はかなり広い生息圏を必要とする。成体のメスであれば、水域を中心に樹林や水田などを含む5 ha程度の緑地を日々歩き回って生活しているのである。つまり北川湿地は当然潜在的な生息域になり、北川湿地消失により当然その生息環境は減少するのである。

ヘビ類についても、同じことが言える。人々に認識されているのは、アオダイショウ、マムシ(図1-3-3-3)くらいだろうか。シロマダラ、タカチホヘビ、ヒバカリ、ヤマカガシなど、その名を知らない人も多く、ひとまとめにヘビと認識されている。筆者が知る限り、シロマダラ、ヤマカガシ、ジムグリ、シマヘビ、マムシは三浦半島では健全に繁殖できる状況にない。北川湿地では、アセスの調査でシマヘビ、マムシ、ジムグリが注目すべき種として生息確認されている。しかし、これだけ現地に足繁くかよっていた筆者でさえ、ジムグリとシマヘビは現地で観察できていないことからも、観察が「運頼み」であると痛感させられる。アオダイショウ、ヒバカリ、ヤマカガシについては逆に、筆者は観察しているものの、アセスの調査では確認されなかった。爬虫類は、生息しているのだが、自然環境の減少により個体群が脆弱となっている種が多い。それを、人知れず未来永劫失おうとしている。そしてその罪を将来の社会から追及されはしても、その罪を償う手段はないのである。

図1-3-3-3 ニホンマムシ

また、ヘビ類はその野生下での生

活スタイルがあまり分かっていない。いつ、どこで、どうやって繁殖をするのか、何をいつ食べるのか、そのような基本的な情報もない中では保全計画の立てようがない。おそらくアカネズミとシュレーゲルアオガエル、地上徘徊昆虫の豊富な北川湿地であるから、こうした生物に支えられて成り立っている高次捕食者であることは確かだ。神奈川県内でこれらのヘビ類が減少している理由として、最たるものはこれら豊富な餌資源を養える緑が減っていることにある。北川湿地のもつ資源量そのものが、多様なヘビ類やニホンイシガメの生息の要なのである。

これまでも我が国は、ニホンカワウソ、トキ、ニホンアシカを失い、三浦半島でもシマキジ、スナメリ、カラスバトを失ってきた。その歴史から学ぶことなく、北川湿地で何種の生物を失うことになるのか、考えるといたたまれない気持ちである。

Column

アメリカザリガニが増えない謎

アメリカザリガニは、北米原産の淡水性の大型甲殻類である。日本への導入は、1927年に神奈川県鎌倉市にウシガエル養殖の餌として持ち込まれたのが起源である。その後、食糧やペットにするために日本各地へ移殖され、現在では日本全国に分布するようになり、水辺の外来生物としては最も身近な存在になった。

本種は雑食性であり、水辺のあらゆる生き物を食べる。特に水生植物に対する捕食圧が高く、水生植物が生える池や湖にアメリカザリガニが侵入したことで、水生植物が壊滅した事例が国内外で報告されている。アメリカザリガニによる生態系への被害を防ぐために、各地で防除活動が行われているが、侵入初期の場合を除いて、根絶に成功した事例はない。本種の防除が困難な要因には、本種の生態的特性が関係している。本種の生息場所は、湖沼やため池、水田、用排水路、湿地など、あらゆる水辺に及ぶ。水域間の移動も活発で、鰓が湿っていれば陸上を移動することもできる。また、巣穴を掘って長期間乾燥に耐えられるため、池の水を抜いても根絶できない。メスは卵や孵化した稚エビを腹に抱えて保護するため、繁殖力が強い。成長が早く、1年程度で成体になるため、侵入してから数年間で爆発的に増加する。このような生態的特性を持つアメリカザリガニに対して、効果的な防除方法が確立されていない現状では、本種がひとたび蔓延すると、根絶することは困難だと言わざるを得ない。

アメリカザリガニが侵入すると、一般的には短期間で個体数を増やし、生物の多様性を大きく低下させるが、北川湿地についてはこれに当てはまらなかった。北川湿地は、アメリカザリガニが好む泥質の環境であり、一年を通して水が涸れることはなく、餌も多い。そのため、アメリカザリガニにとっては格好の生息場所と思われたが、実際には少数のアメリカザリガニが生息しているものの、増加することはなく、メダカや水生昆虫類など水生生物の多様性が高かった。北川湿地でアメリカザリガニが増加しないのはなぜだろうか？北川湿地がなくなった今となっては調べる手段がないが、いくつか要因が予想される。ひとつは、アメリカザリガニが侵入してから時間がたっていない可能性である。これについては、北川水系にいつアメリカザリガニが侵入したのか不明であるが、三浦メダカの会が調査を行った2003～2008年の少なくとも6年間では、アメリカザリガニが生息していたが増加しなかった。他の要因としては、競合種や天敵の存在が挙げられる。競合種としては、テナガエビの生息が確認されている。やや陸側では、アカテガニやベンケイガニのなかまがおり、斜面の近くにはサワガニが生息していた。これらの甲殻類が餌や生息場所をめぐって競合していた可能性がある。天敵については、北川にはクロヨシノボリが多数生息していた。体長は大きいもので7 cm程度であるが、子供のザリガニならば食べることができる。陸上の捕食者としては、カワセミやサギなどの鳥類や、タヌキ、イタチ、アライグマなどの哺乳類が挙げられる。さらに、北川湿地は雨が降ると川の水があふれ、川幅が大きく変化する。アメリカザリガニは水際に巣穴を掘る習性があるため、水位の変動による水際線の変化が巣穴の掘削を阻害していた可能性がある。また、水際線に合わせて移動する際に天敵に襲われやすくなるといった、複合的な要因も考えられる。これらの仮説を検証することで、世界中で問題になっているアメリカザリガニの防除に貢献する知識が得られた可能性があるが、そのような場所がなくなったことは、外来生物防除の観点からも大きな損失であったと言えるだろう。

（芦澤　淳）

4. 北川湿地に生息していたミナミメダカのルーツを探る

瀬能　宏

“メダカ”が2種に！

“メダカ”は日本人には最も馴染みのある淡水魚で、本州から四国、九州、沖縄島までの琉球列島にかけてのほぼ全域に分布するとされてきた。ところが2012年1月、日本の“メダカ”の分類学的研究に大きな動きがあった。青森県から兵庫県にかけての日本海沿岸地方に分布する“メダカ”（従来の北日本集団やハイブリッド集団）が、それ以外の地域に分布するもの（従来の南日本集団）とは別種であるとする論文が発表されたのである。この研究によって前者は新種*Oryzias sakaizumii*として記載され、後者の学名には*O. latipes*が適用された。同時に、多くの日本の研究者が同一種とみなしていた中国や台湾、朝鮮半島に分布する“メダカ”（従来の中国－西韓集団と東韓集団）が日本産の2種とは別の種であることも指摘された。

このように日本の“メダカ”は2種に分類されたため、それぞれを和名で呼び分ける必要がでてきた。そこで2013年2月、*O. sakaizumii*にはキタノメダカ、*O. latipes*にはミナミメダカという新しい標準和名が与えられた。今後、“メダカ”という和名は、*O. latipes*とそれに近縁の複数（中国や朝鮮半島の種を含めて現在のところ4種）の総称を意味することになる。神奈川県の“メダカ”は分類学的にはミナミメダカに同定されるので、本稿では以後この名称を使用する。

絶滅に瀕する神奈川県のミナミメダカ

さて、神奈川県のミナミメダカは、かつては県内の平野部を中心に広く分布していたと思われる。しかし、1960年代以降の高度経済成長期の開発により、主要な生息場所だった水田環境が失われ、残った水田もほ場整備が進められた。また、河川やその支流も河川改修や水質悪化が進んで生息に適さなくなった。生息環境を奪われたミナミメダカは激減し、1995年には県版レッドデータブックにおいて絶滅危惧種F（かつては広く分布していたが、存続が危ぶまれるまでに分布地が狭まったもの）と判定され、さらに2006年に改訂されたレッドデータブックでは、絶滅危惧IA類（ごく近い将来における絶滅の危険性が極

図1-3-4-1　ミナミメダカ

左：雄、KPM-NI 17087；右：雌、KPM-NI 17928；いずれも瀬能 宏撮影。メダカ科メダカ属。北川湿地のミナミメダカは東日本型に分類され、埋め立てにより野生絶滅したが、個人宅を含む複数箇所で"三浦めだか"として系統保存されている。

図1-3-4-2　ドジョウ

雌：KPM-NI 18971；瀬能 宏撮影。ドジョウ科ドジョウ属。河川や湖沼、水田とそれに続く用水路などの泥底に生息する。三浦半島全域に分布しており、南部では障子川水系や鈴ノ川から記録されている。ミナミメダカに類似する分布パターンを持つ。

めて高い種)に指定されてしまった。この時点で、神奈川県のミナミメダカの主要生息地は、酒匂川(さかわがわ)水系の農業用水路と三浦市北川の2ヵ所のみとなってしまった。この北川とは本書の北川湿地のことであり、そこに生息するミナミメダカこそいわゆる"三浦めだか"である(図1-3-4-1)。

北川湿地の魚類相

北川湿地に生息するミナミメダカについて論じる前に、同地に生息する淡水魚類について簡単に紹介しておこう。2006年から2007年にかけて筆者が行った調査において、ミナミメダカ以外に記録された淡水魚類は、ドジョウ *Misgurnus anguillicaudatus*(図1-3-4-2)とクロヨシノボリ *Rhinogobius brunneus*(図1-3-4-3)の2種のみであった。また、神奈川県水産技術センターによる2003年から2004年にかけて実施された調査では、上記3種以外に国外外来種のカダヤシ *Gambusia affinis* が採集されている。他にもニホンウナギ *Anguilla japonica* が分布するとの情報があるが、同定を検証できる標本に基づく記録はないと思われる。

このように、北川湿地の淡水魚類相は、ごく少数の種によって構成されていることが分かる。しかも生活史のすべてを淡水域で過ごす純淡水魚は、ミナミ

図 1-3-4-3　クロヨシノボリ

左：雄、KPM-NI 18972; 右：KPM-NI 17973；いずれも瀬能 宏撮影。ハゼ科ヨシノボリ属。雄は河川の石の下に作った巣に雌を誘い込んで産卵させ、ふ化まで卵を保護する。ふ化仔魚は直ちに降海し、稚魚期に再び河川へ溯上してくる両側回遊魚。神奈川県では本種の繁殖に適した河川環境が減少しており、準絶滅危惧に選定されている。河川の中・上流域の淵に生息し、流程の短い小河川を好む。

メダカとドジョウだけである。三浦半島では1970年代から1980年代にかけて、北川湿地に隣接する小網代の森を流れる浦ノ川も含めて広汎な淡水魚類相の調査が行われた。この時、北川水系での調査は行われなかったため、谷戸の大半が埋め立てられる以前の北川にどのような魚類が生息していたのかは不明であるが、後述する三浦半島南部の地史との関連で、もともと分布していた淡水魚類はごく限られたものであったと推定される。

北川湿地のミナミメダカの素性を探る

神奈川県のミナミメダカが絶滅危惧種に指定された理由には、生息環境の消失や悪化以外に、外来ミナミメダカの遺棄・放逐による遺伝子汚染の危機にさらされていることがあげられる。現在、神奈川県の各地でミナミメダカが見つかっているが、それらは飼育品種のヒメダカか、遺伝的に異なる他地域のミナミメダカであることが分かっている。県内のほとんどの地域でミナミメダカは一度姿を消し、酒匂川水系の保護地以外で見つかるミナミメダカのほとんどは、最近になって導入された国内外来種と考えてよさそうだ。では、北川湿地のミナミメダカは在来なのだろうか？100%の回答を求めることは難しいが、遺伝子を調べることである程度のことは判断できる。ミナミメダカは遺伝子の違いによって9つの地域型が知られており、北川湿地の個体群はその地理的位置から東日本型に分類されるはずだからだ。

最初に分析に用いたのは、2003年から2004年にかけて神奈川県水産技術センターによって行われた調査で採集されたミナミメダカで、同センターにおいて系統保存されているストックから任意に抜き出した5個体である。ミトコンドリアDNAのシトクローム*b*遺伝子の全塩基配列を分析したところ、5個体中

1個体に在来と考えられる遺伝子(ハプロタイプ)が見つかった。残り4個体は琵琶湖周辺から報告されている遺伝子を持っていた。これは何を意味しているのであろうか？関東地方からは見つからないはずの遺伝子が高頻度で見つかったことで、北川湿地のミナミメダカは、外来の(東日本型以外の)ミナミメダカとの交雑が過去にあったことを示唆している。

ここでは詳細を述べることはできないが、個人宅にストックされている北川由来の系統保存個体や、北川の少し北に位置する障子川(しょうじがわ)水系の系統保存個体についても同じ方法で遺伝子が分析された。その結果、北川産のストックのいくつかから在来と判定される遺伝子以外に外来の遺伝子が見つかった。また、一部のストックには遺伝子汚染のマーカーとなるヒメダカの発生が見られることも聞き取り調査から判明した。北川と、小松ヶ池を含む障子川水系のミナミメダカのいずれもから、関東地方の東日本型のミナミメダカに普通に見られる2種類の遺伝子が見つかっており、両水系のミナミメダカは少なくともミトコンドリアDNAレベルでは同一であるとみてよく、それらは鎌倉や藤沢、小田原といった近隣地域の系統保存個体の遺伝子とも共通のものだった。

北川水系にはミナミメダカが1970年代以前から生息していたことは間違いない。個人宅に系統保存されている最古のストックは、1972年に採集されたものだからだ。このことと、ほとんど人が入り得ない湿地に生きながらえていた事実(生息に適さなければ放流しても短期間に絶滅する可能性が高い)を考慮すると、北川湿地のミナミメダカは在来であり、過去にヒメダカ等が放流され、交雑したことで遺伝的な汚染が検出されると解釈するのが妥当であろう。個人宅に系統保存されているストックに純粋な北川産ミナミメダカが残されているかどうかは、ミトコンドリアDNAの解析だけでは分からない。しかし、たとえ遺伝的に問題があったとしても、在来の遺伝子を受け継ぐ個体は保全対象として重要であることに変わりはない。

北川湿地のミナミメダカのルーツ

北川湿地のミナミメダカは、実は三浦半島南部の淡水生物の生物地理を考える上でたいへん興味深い存在である。なぜなら、12.5万年前にピークを迎えた下末吉海進(しもすえよしかいしん)により、大楠山から横須賀市の富士山に向かう武山断層よりも南側の三浦半島南部は水没していたことが分かっているからだ。ミナミメダカに含まれる各地域型の起源は50〜230万年と推定されているので、北川湿地を含むこの地域のミナミメダカは、陸化した後にどこからか分布を広げてきたことになる。
では、一般に海や陸を渡ることができない淡水魚は、どうやって分布を広げるのであろうか？いくつか代表的な方法を紹介しよう。まずは下流部での洪水による河川の連結があげられる。人が治水を行う以前の自然状態の河川では、下流域には湿地的環境が広がり、洪水のたびに水系間を魚類が往来したと考えられる。ひとつの平野内での各河川における魚類相が似ているのはそのためだ。では上流域ではどうか？山間部を流れる2つの河川のうち、浸食が早い河川の流路が少しずつ移動し、ついには隣の河川の一部につながってしまい、浸食の遅い河川の上流部が浸食の早い河川へと流れの向きを変えてしまうことがある。これは河川争奪と呼ばれており、上流部の魚はこれによって隣の河川へ移動することがある。
洪水による河川の連結や、河川争奪による流路変更は、ある限られた地域の淡水魚の移動を説明するのに有効だが、それだけでは淡水魚の分布を説明することができない。そこで登場するのが海水準変動による水系間の連結モデルである。第四紀の地球の気候は何度も寒冷化(氷期)と温暖化(間氷期)をくり返し、氷期には海面が下がったことが分かっている。この時、陸地化した場所ではそれまで海で隔てられていた河川同士が連結し、2つの淡水魚類相がひとつにまとまる。一方、間氷期が訪れると海面が再び上昇し、1つだった河川は複数の河川に分断されるので、結果的に河川間で魚類の移動が生じたことになる。このモデルを使うと、浅く平坦な海底が広がっている場所では、相当大規模な移動も説明できる。例えば九州北部の淡水魚類相が中国や朝鮮半島のものと似ている理由は、このモデルで説明されているのである。なお、蛇足だが、水草に産み付けられた淡水魚の卵が水草ごと水鳥の脚にからまり、他の場所へ運ばれて分布を広げることがあると信じている人もいるが、都市伝説の類に過ぎないので注意が必要だ。もしそんなことが頻繁に起こるようであれば、現在の日本産メダカ属に見られるような地域分化は起こらなかっただろう。
さて、ミナミメダカは平野の池沼の他、河川下流部の流れが緩やかな場所に生息する魚で、神奈川県での自然分布地は標高30〜40 m以下の地域に限られる。三浦半島南部の河川はいずれも小規模なもので、標高40〜80 m程度の低山地を浸食した谷戸的な地形の中を流れており、相互に尾根で隔てられている。河川は急峻な源頭からはじまり、谷戸底部を流れ、谷戸から出るとわずかな距離で海に注いでいる。このような河川にミナミメダカが分布を広げるためには、河川の洪水時の連結や、上流域での河川争奪によるものではなく、氷期の海面低下時に現れる平野部での河川の連結が鍵を握っていることは明らかだ。ミナミメダカは海水中でも自然繁殖することが可能で、ごく近い河口間では大雨による増水の際に移動できる可能性は高い。だが、現在みられる三浦半島の河川は小規模で、河口間の距離はそれなりに離れているので、そのような場面を想定する必要はなさそうだ。

北川湿地のミナミメダカが氷期の海面低下時に分布を広げてきたとすれば、同時に考慮すべきは海底の地形である。幸いにして三浦半島沿岸を含む相模湾の海底地形は詳細に調べられているので、等深線に注目すれば、かなりの確度で海面低下時の地形を復元することが可能である。反対に、海進時にどこまで海になったかについては、古生物学や地学の研究者により当時の海岸線が復元されている。こうした情報をもとに、三浦半島南部の陸化が始まった12.5万年前の下末吉海進以降の地史と絡めながら、北川湿地のミナミメダカがどこからやってきたのかを推測してみよう。

気候の寒冷化と温暖化に合わせて海退と海進がくり返されていることは先に述べたが、12.5万年前に三浦半島南部が水没した後には、小規模な海進と海退をくり返し、およそ3万年前から特に大規模な海退が起こった。最寒冷期の2万年前には、現在の汀線から120 mも海面が低下したことが分かっている。三浦半島の沿岸部や東京湾は広く陸地化し、平野部が広がった。そして、現在の東京湾の位置には古東京川と呼ばれる川が流れていたとされる(図1-3-4-4)。この時、ミナミメダカは平野部を流れる河川や湿地を伝い、分布を広げたと考えられる。ただし、海底地形図をよく見ると、三浦半島の相模湾側では、小田和湾から西に向かって大きな半島(亀城海脚)が張り出し、そのすぐ南側には急深な海(三浦海底谷)が入り込み、平野が途切れていたことが分かる。このことから、北川を含む三浦半島南部のミナミメダカは、相模湾側からではなく、東京湾側(おそらくは古東京川の河口あたり)から分布を広げてきたとみるのが妥当である。今後、東京湾沿岸の河川に生息するミナミメダカとの遺伝的な比較が進めば、この仮説を検証できるかもしれない。

小網代の森にミナミメダカがなぜいない?

ところで北川水系とは尾根1つ挟んだ南側には、保全活動が盛んな“小網代の森”が広がり、浦ノ川が流れている。ここでは過去に魚類相調査が行われているが、ミナミメダカは記録されていない。東京湾からミナミメダカが分布を広げ

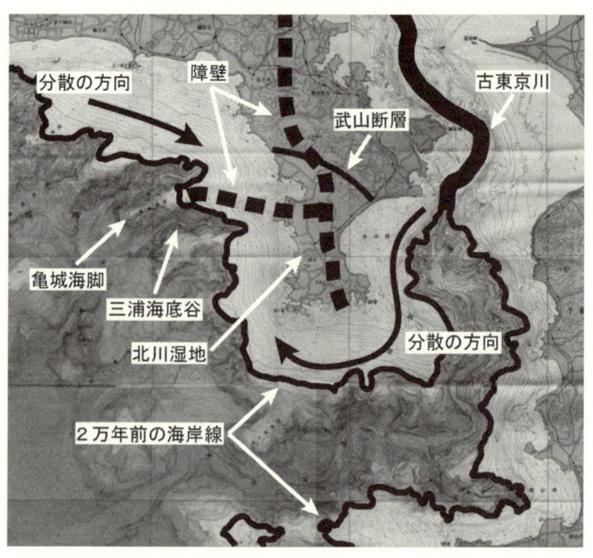

図 1-3-4-4　水深 120 m の等深線から推定した 2 万年前の三浦半島の海岸線
北川湿地のミナミメダカは古東京川の河口あたりから東京湾側の平野部を伝って分布を拡大（分散）してきたと考えられる。三浦半島の縦断は山地の尾根が、そして相模湾側からの分散は半島化した亀城海脚が障壁となって分散を妨げる。海上保安庁水路部による相模湾海底地形図を基に作図。

てきたとすれば、浦ノ川にも生息しているはずなのだが、なぜいないのだろうか？その答えは北川と浦ノ川との間にみられる河川形態の違いと、地史が関係しているようだ。まず流程であるが、北川の2 kmに対して浦ノ川は1.3 kmと短い上、後者の河川勾配は急である。さらに、北川では標高10 m付近と標高20 m付近に長い平坦面があるのに対して、浦ノ川の平坦面は3段になっており、それぞれは短い。つまり、ミナミメダカにとって住みやすい流れの緩やかな場所が浦ノ川では少ないことが分かる（図1-3-4-5）。すでに述べたように、2万年前に著しく低下した海面は、その後の気候の温暖化に伴って徐々に上昇し、6000年前の縄文時代にピークに達したことが分かっている。この海進は縄文海進と呼ばれており、この地域では現在の標高8～10 m（北川では8 m）まで海になったことが分かっている。もともとミナミメダカの生息地が少ない浦ノ川では、この時さらに生息範囲が上流側に狭められたと考えられる。狭められた生息地は気象や地象の影響を受けやすく、絶滅の可能性を高める。北川では標高20 mの平坦面が1 kmもあり、生き残ることができたと考えられるのである。

流程の違いと関連してもうひとつ考慮しなければならないのは地震による

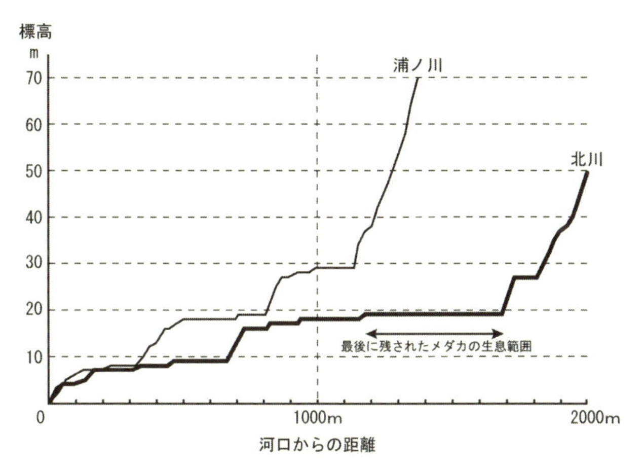

図 1-3-4-5　北川と浦ノ川との流程比較

北川は浦ノ川に比べて傾斜が緩やかで、ミナミメダカの生息地となり得る平坦面の距離が長い。6000年前の縄文海進時、北川では標高8mまで海だったことがボーリング調査によって分かっている。この時、北川のミナミメダカは標高20mの平坦面に避難していたと考えられる。河川勾配図は新井田秀一氏による。

津波の影響である。三浦半島沿岸では元禄関東地震(1703年)や大正関東地震(1923年)に代表されるように、巨大地震による大津波の影響をたびたび受けてきた。小網代湾では実際に元禄地震やそれ以前の地震(1293年の"永仁"関東地震)による津波堆積物が発見されている。津波の波高は溺れ谷的な地形では増大するため、河口が浅い内湾に開く浦ノ川では、開放的な湾に流れ出す北川よりも、内陸側まではるかに大きな影響を受けたと推測される。海進時に大津波に襲われれば、その影響はさらに内陸側まで及ぶだろう。上述の縄文海進による高い海面の状態は、およそ1000年間続いたことが分かっており、この間にも複数回の巨大地震による大津波が押し寄せたことは想像に難くない。下流部の平坦面が少ない浦ノ川では、ミナミメダカのような小魚は洗い流されてしまったのかもしれない。

失われた歴史の生き証人

以上、北川湿地のミナミメダカについて、最近の分類学的事情から推測されるルーツまでを概観してきた。筆者が北川湿地の保全対象としての重要性を指摘したのは2007年12月のことだった。その時点では北川湿地が神奈川県内では稀有な平地の湿地環境を残しており、ミナミメダカの県内に残された2番目の主要生息地であるということ以上の認識は持っていなかった。しかしその後のミナミメダカの遺伝子分析結果や、三浦半島を中心とする12.5万年前以降の詳細な地史を知ることにより、この場所が三浦半島南部の自然史の研究と、その成果を普及啓発するためのモデル地域になり得ると考えるようになった。このことは、魚類相が異なる小網代の森とセットで考えることでより重要な意味を持つことも認識させられた。上述のミナミメダカの生物地理学的な仮説はそうした視点から考察したものであるが、残土捨て場として埋め立てられてしまった現状では、検証するための材料は、生息域外で保全されているミナミメダカ以外にもはや残されていない。

最後に、本稿を取りまとめる上でお世話になった東京大学大気海洋研究所の馬渕浩司博士、東京大学三崎臨海実験所の近藤真理子博士、神奈川県水産技術センター(当時)の勝呂尚之博士、三浦・三戸自然環境保全連絡会(当時)の芦澤淳氏、神奈川県立生命の星・地球博物館の新井田秀一主任学芸員ならびに同館名誉館員の松島義章博士に対し、厚く御礼申し上げる。

北川湿地産魚類目録

KPM-NIは神奈川県立生命の星・地球博物館の魚類標本資料番号.

ドジョウ科

ドジョウ *Misgurnus anguillicaudatus* (Cantor, 1842)

KPM-NI 18971

メダカ科

ミナミメダカ *Oryzias latipes* (Temminck & Schlegel, 1846)

KPM-NI 17087-17089, 17925-17931, 18965, 18966, 18975, 19495-19499, 21355

カダヤシ科

カダヤシ *Gambusia affinis* (Baird & Girard, 1853)

勝呂他(2006)により報告された.

ハゼ科

クロヨシノボリ *Rhinogobius brunneus* (Temmicnk & Schlegel, 1845)

KPM-NI 17090, 17924, 18972-18974

参考文献

- Asai, T., H. Senou & K. Hosoya, 2012. *Oryzias sakaizumii*, a new ricefish from northern Japan (Teleostei: Adrianichthyidae). Ichthyol. Explor. Freshwaters, 22(4): 289-299.
- 林 公義, 1973. 三浦半島の淡水魚類(三浦半島淡水魚類調査報告書). 横須賀市博物館研究報告, (20): 18-40, pls. 9-20.
- 林 公義, 1976. 三浦半島の淡水魚類(三浦半島淡水魚類・II). 横須賀市博物館研究報告, (22): 29-38, pls. 4-6.
- 林 公義, 1981. 三浦半島淡水魚類調査追加記録と一考察. 神奈川自然誌資料, (2): 23-28.
- 神奈川県立生命の星・地球博物館編, 2004. 企画展ワークテキスト: +2℃の世界－縄文時代に見る地球温暖化. 46 pp. 神奈川県立生命の星・地球博物館, 小田原.
- 神奈川県立生命の星・地球博物館・横須賀市自然・人文博物館編, 1999. 特別展示解説書: 海から生まれた神奈川－伊豆・小笠原諸島の形成と活断層－. 98 pp. 神奈川県立生命の星・地球博物館, 小田原.
- 神奈川県立横須賀高等学校生物部, 1971. タップミンノーとメダカの分布. 横須賀市博物館雑報, (16): 10-24.
- 松島義章, 1976. 三浦半島南部の沖積層. 神奈川県立博物館研究報告(自然科学), (9): 87-162.
- 松島義章, 1999. 完新世海成堆積物からみた相模湾沿岸地域の地殻変動. 第四紀研究, 38(6): 503-514.
- 松島義章・平田大二, 1988. 神奈川県の地形と地質. 神奈川県植物誌調査会編, 神奈川県植物誌1988, 神奈川県立博物館, 横浜, pp. 1321-1331.
- 水野信彦・後藤 晃編, 1987. 日本の淡水魚類: その分布, 変異, 種分化をめぐって. ix+244+33 pp. 東海大学出版会, 東京.
- 太田陽子, 2000. 三浦半島: 断層地塊と海成段丘. 貝塚爽平・小池一之・遠藤邦彦・山崎晴雄・鈴木毅彦編, 日本の地形4: 関東・伊豆小笠原, 東京大学出版会, 東京, pp. 142-149.
- 瀬能 宏, 2007. 初声三戸地区の谷戸の重要性. 自然科学のとびら, 13(4): 26-27.
- 瀬能 宏, 2013. メダカ科. 中坊徹次編, 日本産魚類検索: 全種の同定, 東海大学出版会, 秦野, pp. 649-650. 1923-1927.
- Shimazaki, K., H. Y. Kim, T. Chiba & K. Satake, 2011. Geological evidence of recurrent great Kanto earthquakes at the Miura Peninsula, Japan. Journal of Geophysical Research, 116, B12408, doi: 10.1029/2011JB008639.
- 勝呂尚之・蓑宮 敦・中川 研, 2006. 神奈川県の希少淡水魚生息状況－III(平成11～16年度). 神奈川県水産技術センター研究報告, (1): 93-108.
- 勝呂尚之・瀬能 宏. 2006. 汽水・淡水魚類. 高桑正敏・勝山輝男・木場英久編, 神奈川県レッドデータ生物調査報告書, 神奈川県立生命の星・地球博物館, 小田原, pp. 275-298.

Column

メダカを追って

私が北川湿地の存在を知ったのは、横浜から三浦に移住した1994年頃(当時小学5年生)のことであった。当時は魚釣りや昆虫採集に夢中で、半島南部のあちこちを、釣り竿やタモ網を持って探検していた。海へ釣りに行く際に、北川湿地に沿った道路を通ることがあり、湿地の中からシュレーゲルアオガエルの「コココココ、コココココ」という鳴き声が聞こえてきたことを覚えているが、湿地の斜面にうっそうと茂る林に遮られて、湿地の中を覗くことはできず、また、当時の関心が海の方へ向いていたこともあり、北川湿地の中に入ることはなく、人知れず生き残っていたメダカの存在も知らなかった。

その後、中学、高校へと進むにつれ、海だけでなく川の生き物に対しても関心を持つようになった。このときの主なフィールドは北川湿地のひとつ北の水系である一番川であった。一番川水系も、北川湿地と同様に三浦半島南部の地形に典型的な、台地に囲まれた低地にあったが、北川湿地と大きく異なる点は、低地面の多くが畑として利用されており、川や水路のほとんどはコンクリートによる三面護岸が施されていることであった。コンクリート護岸された川や水路では、雨が降ると川に溜まったゴミなどは海まで一気に流される。そのため、コンクリート護岸された川や水路では、メダカのように遊泳力の小さい魚類が安定して生息することは困難であった。半島南部の川は、そのほとんどがコンクリートで護岸されていたため、当時はメダカが生息できる場所があるなどとは全く考えていなかった。

水産系の大学へ進んだ私は、知人の紹介で「三浦メダカの会」が行う調査に同行し、このときはじめて北川湿地に生息するメダカの存在を知った。三浦メダカをはじめて見たときの印象は、体が大きく、細長く、全身に赤みを帯びており、それまで水槽などで見てきたメダカとは異なる印象を受けた。さらに、メダカが生息していたこと以上に驚いたのは、メダカが生息できる環境が残されていたことであった。北川湿地は、かつては水田として利用されていた場所が、ヨシやガマが生える湿地に戻っており、湿地の間を北川が自由に流れていた。湿地の周りは斜面林で覆われているため、湿地から外の様子は見えず、まさに奇跡的に残された秘境のように感じた。三浦メダカの会の調査は、北川湿地が埋め立てられるまでの数年間行われたが、その中でもある雨が降った日の調査のことを覚えている。その日は朝から雨が降る中、北川の中流部あたりでメダカの生息状況調査を行っていた。すると、普段は1 mくらいしかない北川の川幅が、調査を行っている間にみるみる広がっていき、広いところでは5 mくらいになり、川と湿地の境がなくなっていった。このとき、流心部の流れは速くなったが、岸に近い浅瀬では水がほとんど流れていなかった。メダカのような遊泳力の小さい魚は、このような浅瀬に避難することで増水に耐えていることが予想された。こうして、北川湿地の存在を知ってから10年以上経ってから、ようやくその中に入ったことで、かつて半島南部の低地に普通にあったであろう、本来の湿地とそこに生息する生き物のくらしをはじめて知ることができた。

メダカをはじめ、北川湿地にくらす生き物たちは、かつては半島南部の低地に普通に見られたと考えられる。これらの湿地にくらす生き物たちは、私たち人間がくらすよりもずっと昔からこの地にすんでいた、いわば先住者である。この湿地にくらす先住者たちは、後からやってきた人間が、湿地をまったく別のものに作り変えてきたことで、その生息場所が奪われ続けてきた。そして、最後に残された北川湿地さえもなくなってしまった。私たち人間にとって、自然を壊すことは簡単である。しかしながら、一度壊した自然を元に戻すことはできない。私たちは、最後に残された北川湿地を失ったことで、三浦半島に昔からあった自然である湿地とそこにくらす生き物たちを、二度と見ることができなくなったという現実を直視しなければならないだろう。　(芦澤　淳)

5. 三浦・北川湿地の昆虫相

川島逸郎・高桑正敏

(1)三浦半島の昆虫相概観

三浦半島は神奈川県の南東端から南東方向に突き出た丘陵で、東京湾と相模湾とを隔てる。低標高ながらも(最標高は大楠山の242 m)、大部分は起伏に富んだ複雑な地形を示すが、武山(標高200 m)山群よりも先へは南へと向きを変えて平坦な台地が広がる。この台地はところどころで深く刻まれた谷あい(谷戸)を形成し、そのひとつが、ここに焦点を当てる「北川湿地」となっている。

この三浦半島一帯における昆虫類の分布調査は、県内の中でも早くから進められてきたが、とくに近年においては、三浦半島昆虫研究会による活発な活動が目立つ(同研究会誌「かまくらちょう」各号を参照)。ただし、チョウとトンボはかなりくわしく調査されているものの、その他の分類群では多かれ少なかれ調査不足の感は否めない。例えば、非常に種数の多いコウチュウ目では、カミキリムシ類などは分布記録が集積されているものの、小型種から成る多くのグループでは、分布状態は明らかにされているとは言い難い。調査者自体が少ないハチ目、ハエ目、チョウ目のうちガ類、カメムシ目、バッタ目なども、三浦半島全体の分布を概観できるほどには至っていない。

三浦半島の昆虫相を概観すれば、多摩丘陵とのなだらかなつながりが基盤となっているのは確かだが、そこからの分布が途切れてしまう種も少なくない。チョウ類を例にとると、大部分は横浜方面とは共通であるが、ミスジチョウやコムラサキなど、三浦半島に分布しない種がある。また、半島基部～北部までは到達しているが、それより南には記録がない種が、オオムラサキをはじめとしていくつもある(後述)。

それとは逆に、多摩丘陵方面での分布を欠くにもかかわらず、三浦半島に分布する種もかなり多く見受けられる。その中でまっさきに注目されるのは、西南日本からの分布の東限となっている「黒潮海流型」分布種の存在で、アヤムナビロタマムシやサタカミキリモドキ、コゲチャサビカミキリなどが挙げられるが、前2種に関しては自然分布ではない可能性もある。また、房総半島にも共通して分布する「準東限型」の種もかなり多い。さらに海流型でない種でも、例えばタカネトンボやルリツヤハダコメツキ、ミヤマクロハナカミキリなどのように、丹沢山地など県北西部から、多摩丘陵や相模原台地を飛び越して三浦半島に分布するものも稀でない(相模野欠如要素: 高桑, 1999 & 2004)。

多摩丘陵方面での分布を欠くチョウとしてはシルビアシジミがあるが、これは寄主植物が海浜環境や川原環境に多く生育するためであろう。海浜性の種の豊富さ(浅野ほか, 2012)も、この半島の海浜環境の多様性を示すものとして、三浦半島の昆虫相を特徴づけている。

このように、三浦半島はたいへんに興味深い地域固有の昆虫相を示している。しかし残念なことに、すでにこの地域からは絶滅してしまった種は相当な数にのぼる。チョウ類ならミヤマセセリ、シルビアシジミ、スミナガシ、オオムラサキなどであり(内舩ほか, 2013)、またゲンゴロウ類をはじめとした水生昆虫類ではとくに多い(苅部, 2006など)。トンボ目でも、すでにいくつかの絶滅種が生じているほか、イトトンボ科の大半やトンボ科のアカネ属などは、全国的な視点からみても際立った衰退ぶりを示している。この他にも、かつての「普通種」といった概念が今や通用しないほどに減少し、将来的な存続が危ぶまれる程の状況に陥った種も増えた。現在の三浦半島における水生昆虫の貧相ぶりはそのまま、陸域における水辺環境の劣化を如実に物語るものといえよう。また、海浜を主な生活場所とする昆虫類も、その微生息環境の劣化あるいは消失とともに、衰亡が著しい。すでにカワラハンミョウは半世紀前の記録を最後に絶滅し、キアシハナダカバチモドキも近年絶滅した可能性がある。砂地を好む種としては他にも、ヒョウタンゴミムシやニッポンハナダカバチなど、危機的なものが非常に多い。

一方で、分布域を東進あるいは拡大させている種の中には、近年になって三浦半島に到達し個体数を増加させている昆虫もある。そのような種として、ヒメクダマキモドキやヒロバネカンタン、クロメンガタスズメ、リュウキュウコオロギバチなどが挙げられるほか、最近、県内外での分布拡大を示しているホソミイトトンボなども半島北部で目撃されている(未公表)など、昆虫相は全体としては衰退の一途をたどりながらも、依然として変貌を遂げつつあることを示している。

三浦半島内における昆虫相の違い

三浦半島という狭い地域であっても、前項で少し触れたように、昆虫相は多くの分類群で基部〜北部と中部、南部とで多少とも異なる。それを端的に示しているひとつがチョウ類である。

チョウ類では、南部へ行くほど種数が減る傾向が認められる。前述したように、基部〜北部だけに分布する種としてはオオムラサキやコツバメ、ギンイチモンジセセリなどが、中部あたりまで記録があるものにはスミナガシやジャノメチョウ、ミヤマセセリなどが挙げられる。この理由のひとつとしては、南東方向に延びる半島の位置的特徴、つまり春〜秋の成虫活動期における南方向からの風による南下への逆風、加えて横浜など基部方面からの供給源の少なさが指摘されている(高桑, 1999)。

チョウ以外でも、例えばコウチュウ目のナミハンミョウは、半島北部では個体数およびその密度ともに高いが、中南部(例えば武山丘陵)ではすでにほとんど分布せず、南端の三浦市ではまずみられない種となっているほか、同丘陵には分布しないクロマドボタルといった種があるなど、狭い面積ながらも半島内における分布様式は一様でない。水生昆虫のひとつであるアミメカゲロウ目のヘビトンボ類を例に挙げると、横須賀市南部以南ではヤマトクロスジヘビトンボの1種のみとなり、少なくとも北部には生息するヘビトンボは未だ確認されていない。

一方、トンボ類にあっては、そのような傾向はチョウ類ほど顕著ではない。種によっては強大な飛翔力を持ち、分散能力(分布拡大能力)に長けていることもあり、チョウ類などと比べれば、風力などの気象条件に左右されにくい側面もあるだろう。ただ、幼虫の生活場所としての水系環境を抜きには生息し得ない一群であるため、種ごとに好適な水環境の有無によって、その分布が縛られ左右されるという面を、常に背中合わせとして持っている。例えば、半島中部以北にしか分布しないダビドサナエやミルンヤンマなどに代表されるように(後述)、この小さな半島にあって、飛翔力の大きなトンボ目でさえ興味深い分布様式を示す種が存在するということは、三浦半島の「水辺」が、単なる「流水」「湿地」あるいは「池沼」といった大枠の類型のみでは捉え切れない多様さ、すなわち「狭いながらも地域固有性がある(あった)」ということを、そこから読み取ることができよう。

北川湿地を含む三戸は三浦半島の南部に位置することから、チョウ類は基部方面〜中部と比較すると、種多様性はかなり低くなる。しかし、良好な湿地環境を保っていたため、後述するように、トンボでは希少種を含む湿地性のものや、本来であれば半島の細流に普遍的に生息していたはずの流水性の種が数多く生息し、最大級の流程をともなっていた谷戸景観とともに、三浦半島内でも特色のある、極めて貴重な水系環境であった。

環境的な昆虫相の違い

昆虫のほとんどの種は、生息する生物環境(微環境)が定まっており、なおかつ、幼虫期と成虫期とではそれが異なっている種も多く、それらが併存していなければ存続はできない。

三浦半島に最も優占的なのが森林環境であり、コナラを主体とした二次林(雑木林)から社寺林などに残る照葉樹林、人為的移入種マテバシイ林またはその萌芽林、スギやヒノキの針葉樹植栽林などがある。これらの中では二次林に生活する種が最も多く、次いで照葉樹林となる。チョウ類を例にとると、二次林では三浦半島における森林性の種すべてが生活しているが、照葉樹林ではアオスジアゲハやムラサキシジミなど少数となり、マテバシイ林と針葉樹林ではふつう、林内で一時的に生息あるいは休息する個体がみられるにすぎない。

草地をはじめ、湿地、池沼や耕作地など内陸の非森林環境は、チョウ類を例にとれば、キタテハやアカタテハなど明るく開放的な環境を好む種が生活する。しかし、三浦半島では耕作地を除けば孤立的かつ小面積であるため、非森林性昆虫は一般に種数に乏しい。それゆえに、とりわけ草地や湿地、池沼性の種の生息基盤は近年ますます脆弱となり、こうした微環境の消失や劣化によって、地域個体群が容易に失われることに直結しやすい。

非森林環境は海岸にも発達する。すなわち、砂浜、干潟、岩礁やそれに続く後背草地などがそれにあたる。ここでは「海浜性」と総称される、様々な分類群の昆虫が生活する(浅野ほか, 2012)。ただ、北川湿地との関連はほとんどないので、本稿では触れないでおく。

北川湿地は大部分が二次林に囲まれていたことから、三浦半島南部としては森林性昆虫の種多様性が高かったと推定される。一方、谷戸底は良好な湿地環境ではあったが、池沼といった止水域をほとんど欠いていたこともあり、非森林性昆虫の種数は必ずしも豊かとはいえなかった。また、海岸から離れた内陸に位置していたために、海浜性昆虫はみられない。

注目種

三浦半島における昆虫の固有種としては、地下性のミウラメクラチビゴミムシだけが知られる。成立が約50万年前と地史的にやや新しく、また大部分の時代は房総半島または多摩丘陵とつながっていたとされることから、独自の固有種は生じにくかったと推定される。

しかし、分布面から注目されるものとして、当地域を東限または準東限とする西南日本型分布の種、つまり黒潮海流型の種の存在、および多摩丘陵や相模原台地を飛び越えた種(相模野欠如要素)が存在する点についてはすでに強調、指摘した。それ以外では、伊豆諸島との関連を想起させるルイスナカボソタマムシ、ムネマダラトラカミキリやハチジョウシギゾウムシ、神奈川県東半部では記録のごく少ないカメノコテントウ(後述)、かつて城ヶ島で個体密度が極めて高かったクマゼミ、最近になって確認例が増加したミヤマカラスアゲハなどがある。

神奈川県内における絶滅危惧種など希少種として注目されるものは、非森林環境をハビタットとするものがほとんどである。とりわけ、湿地の中でも特異な微環境に生息するサラサヤンマ(後述)をはじめ、水たまりや池沼などに生息するシマゲンゴロウ(後述)やオオミズスマシといった水生昆虫類や、海浜の砂泥地(砂浜や干潟)を好んで生活の場とする種は重要である(例えば、苅部, 2006; 苅部ほか, 2006; 浅野ほか, 2012)。草地ではシルビアシジミが代表的だが、すでに地域絶滅してしまったと判定されている(中村・高桑, 2006)。

(2)北川湿地の昆虫相

北川は三崎台地北部の一角、行政的には三浦市初声町三戸の南東端を源流域とし、東南から北西方向に広がる北川湿地を北西に緩やかに下り、途中で西に向きを変え、そのまま相模湾に面した三戸海岸(三戸浜)へと向かう。しかし、1990年代にすでに中下流部は埋め立てられ細流は暗渠と化したばかりか、下流部はそれ以前から集落や農地が広がっており、本来の谷戸地形やその景観、自然環境はまったく面影をとどめていない。ただ、三戸海岸は、海浜性昆虫相からみた場合、三浦半島の砂浜としては比較的良好な自然環境を保っている。

北川湿地は斜面林を含めると、およそ40 haほどの緑地である。1990年当時の谷戸底には、下流域(最初に埋め立てが進んだ部分)では直前まで水田として利用されていた升目状の湿地、あぜ道や井堰、朽ちた稲木小屋といった形跡が残っており、そこに生えていたジャヤナギの木立はまだ樹高も低く、最も低いものでは3 m足らずしかなかったことなど、人が利用していた年代はそう古くはなかったことが窺えた(図1-3-5-1)。放棄水田の周囲には、かつて水田耕作に利用されていたらしいレンゲが群落となって残っていた。2010年頃には、谷戸底のほぼ大部分はヨシの優占する半湿地〜湿地となっており、ところどこ

図 1-3-5-1　1990 年ころの北川湿地
（辻 功撮影）

ろにガマあるいはハンゲショウの群落が発達していた。また、一部でジャヤナギが狭い高木林を形成し、その林床にはごく小さな止水域（水溜まりや滲出水）がみられた。斜面はコナラなどの夏緑樹を主体として、タブノキやマテバシイなどの照葉樹を交えた二次林が発達しており、その幹の太さから、おそらく50年以上は伐採されてこなかったと推察された。

この北川湿地を含む三戸の谷戸からは、昆虫に関する過去の記録はほとんど見あたらないことから、一般の昆虫調査者には、その存在は知られていなかったようである。この理由のひとつとしては、周りを覆った森林や木立が視界を遮り、周辺の道路からも谷戸底を望むことがほとんどできなかったために、その存在自体に気づき難かったことが挙げられよう。さらに、谷戸底に達するには、上流側では東京電力の送電線保守管理のための1本の狭い巡視路のみ、中下流側では、谷戸の段丘状となっていた北斜面を、三戸浜（みとはま）行きバス路線沿いから伝い降りる小径が付いていた以外に下る道がなかったことが、気づき難さに拍車を掛けていた。また、過去に目立った昆虫の記録もみられなかったことに加えて、当時の三浦半島としてはあまりにありふれた、何気ない土地景観であったことが、何らの調査もなされてこなかった遠因としてあるだろう。

筆者らの一人である川島は、1980年代の半ば以降は、とりわけトンボ類の生態に関心を持つようになり、郷土である三浦半島のトンボ相や、その生息状況解明のための資料収集を始めた。こうしたことから、同じくトンボ愛好家で、三浦市に生まれ育ち1970年代からこの界隈に知悉（ちしつ）した辻 功氏とともに、1986年頃から三戸の谷戸にも足を踏み入れることとなった。その成果のひとつとして、当時の小網代では上流部から多産していたサラサヤンマが、少数ではあったがこの谷あいにも産することを確認し、豊産していたヤマサナエ（図1-3-5-2）やシオヤトンボとともにはじめて記録した（川島，1993）。北川湿地を取り巻く尾根・斜面林に生息する昆虫の記録もほとんど見られない状況が続いたが、1995年以降、三浦市に在住となった芦澤一郎氏により、チョウ類を中心として精力的な調査がなされるようになった（芦澤，1995 & 1999など）。

図1-3-5-2　北川湿地に多かったヤマサナエ
（2007年5月18日撮影）

また、残土処分場計画が明らかになってからは、少数だが上記以外にも各方面の方々による調査が行われた。例えば、鈴木（2008）はカメムシ目25種などを、橋本（2008a）は特徴的なチョウ類4種を、佐野（2009a）はコシボソヤンマなど7種のトンボ類を記録している。このように、北川湿地とその周辺の昆虫相調査はごく最近になって本格化しつつあったが、2010年5月には事業者によって埋め立て工事がはじまり、少なくとも谷戸底と斜面林の調査は行えなくなってしまった。筆者らも当地における直近の昆虫相調査に加わったが、サンプリングされた標本やそのデータについては、現時点では公表できない事情があるので、ここでは、過去に確認された種名（和名）を挙げるにとどめておく。

以下、生息情報がかなりもたらされているトンボ類とチョウ類、一部甲虫類について、北川湿地とその周辺にみられた種のうち特徴的なものを解説する。

トンボ類

トンボ類は以下の16種が確認された*。

アジアイトトンボ、アサヒナカワトンボ、ヤマサナエ、サラサヤンマ、コシボソヤンマ、ヤブヤンマ、マルタンヤンマ、ギンヤンマ、オニヤンマ、アキアカネ、ノシメトンボ、ショウジョウトンボ、シオヤトンボ、シオカラトンボ、オオシ

* ただし、生息に適した生殖水域がないために、他からの飛来のみの種を含む。

オカラトンボ、ウスバキトンボ

これらのうち、三浦市三戸(北川湿地を含む)のトンボ相としては、以下に述べるような特徴がみられた。

1990年代初頭までは、開放的に広がっていた北川下流域には、かつて水田耕作がなされていたであろう湿地が広がっており、春季には膨大なシオヤトンボがみられたことが、止水性の種の中では最も特筆すべき点であった(図1-3-5-3)。半島の各地にまだ生息地が多く残る年代で、南隣の小網代でも上中流域の湿地状の部分に比較的多かったが、三戸での個体数の多さは、その生息地の面積とともに、当時としても半島では最大規模の生息地といってよいものであった。春の普通種であった本種も、現在では、やや個体密度の高い地点が北部に細々と残るにすぎないまでに陥っている。

図1-3-5-3　シオヤトンボ

湿地性の種の中でも特異な「水域」に生息するサラサヤンマ(口絵写真)は、神奈川県では絶滅危惧IB類にランクされ、南接する小網代とあわせて、県内では唯一の安定した生息地(多産地)として知られてきた。北川では、北川湿地から中流域にかけての樹陰下あるいは林縁部の湿地部分にみられたが、往年の小網代での個体密度の高さと比べれば格段に少なかった。これは、谷戸底のほとんどがヨシ原で占められるほか、周縁部の林床では下草の密度が高いことなど、雄成虫の占有に適した微環境(樹陰下となった湿土の露地部分)といった飛翔空間がほとんどなかったことも、その少なさの一因であったと思われた。交尾や産卵行動の観察や撮影はなされているが、幼虫や羽化は確認されていない。

ただし、小網代において、幼虫の生活水域や成虫の生殖行動に適した空間が減り続けるなど、その生活圏が最下流域へと追い詰められ激減しつつある中、三浦半島における本種の存続には、近年、北川湿地の重要性が一段と増すようになっていた。

一方で流水性の種は、その種数こそ少ないが、この土地の水系環境をよく反映しているような特徴があった。アサヒナカワトンボおよびヤマサナエは、その生息条件に適合した微環境の流程が、三浦半島の河川としては長かったこともあり、小網代と並んで個体数、密度ともに半島最大の生息地であったと見なされた。現在の三浦半島においては、これほどの規模を保った生息地はほぼ完全に失われたといって差し支えない。後者は三浦半島に生息するサナエトンボ科の優占種であったが、羽化最盛期の午前中に十数個体が一斉に並んで羽化するさまは、三浦半島ではすでにみられなくなった光景といえる。晩夏から初秋にかけて成熟成虫が現れるコシボソヤンマは、半島の南部ほどに根強い生息地が残り、その規模は、やはり小網代とともに半島で最大級といえた。この種は北部にも生息河川があるが、近年では他の流水種とともに激減しているほか、不思議なことに横須賀市域からはほとんど多産の記録がない。

こうした、よく繁栄していた種とは対照的に、三戸を含めた半島南部には分布しない流水種もある。横須賀市南部の武山丘陵を南限とし、それより以南にはまったく分布しないダビドサナエやミルンヤンマがそれに該当する(上述)。これは、地形あるいは地史的な要因による可能性もあるほかに、主には流れの底質が生息を左右している可能性も残される。これら2種の幼虫はともに砂泥質を好まず､礫あるいはその上に貯まった落葉質の間隙を好んで生活するほか、とりわけミルンヤンマは、沢の源頭部から源流域にかけてを幼虫の生活圏とする種である。三浦市の河川には、そうした落差、段差の大きな源流域がほとんどみられず、やや平瀬を呈した上流域から始まることが多いため、ミルンヤンマの生息に適した立地環境を欠くことが、分布を許さない要因のひとつになっていると思われた。逆に、武山丘陵以北の横須賀市域の河川では、地勢によっては、源流域からごくわずかの流程で海岸線に達してしまうため、ミルンヤンマは分布していてもコシボソヤンマが見られないような河川が多くあり、その点が後者の分布を欠く要因となっている可能性がある。なお、この2種が同所的に生息する半島北部(逗子市～葉山町)の森戸川では、幼虫はかなり明瞭にすみ分けており、前者は源流あるいは本流に注ぐ細流に限定され、本流においてはほぼ後者のみで占められる。このような意味から、たとえ生息するトンボの種数がわずかであっても、そのトンボ相は、三浦半島南部ならではの特徴や地域固有性をよく表していたと考えられる。

チョウ類

三浦市からは60種*の蝶が記録されている(岡部・橋本, 1988; 芦澤, 2000などを参照)。このうち、人為的分布種(＝外来種)や遠方からの明らかな偶産種

* 小網代における「クロヒカゲ」の記載(岸ほか, 1994)があるが、採集標本などのデータもなく、ヒカゲチョウ(ナミヒカゲ)の誤同定であろうと判断されるので、この種数には含めていない。

(一時的分散種)を除けば52種で、これが在来種数の上限であろう。このうち、北川湿地周辺には生息していなかったことが確実なのはシルビアシジミである(寄主植物であるミヤコグサの群落がなかったため)が、ミドリシジミも寄主植物であるハンノキが見られなかったことから、やはり生息していなかった可能性が高い。その他の種は、潜在的には生息できるものと判断されるが、ヒオドシチョウに代表されるように、近隣からの一時的飛来あるいは一時的発生(=正確には「偶産」)にとどまるものも少なくなかったと思われる。

谷戸底の湿地だけに生息する種は認められない。ただし、キアゲハはセリ科植物を寄主植物とすることから、湿地に多数生育するセリに依存していたと考えられる。イネ科やカヤツリグサ科を寄主植物とするヒメジャノメも、林縁から谷戸底の湿地にかけてが本来の生息環境であったと見なされる。そのほかの非森林性の種は、谷戸底でも見かけることはあったが、むしろ周囲の尾根の道沿いや畑地に多かった。

当地で最も注目すべきものは、やはりミドリシジミ類(ゼフィルス類)であったろう。三浦半島にはウラゴマダラシジミ、アカシジミ、ウラナミアカシジミ、ミズイロオナガシジミ、ミドリシジミ、オオミドリシジミのミドリシジミ族6種が分布し、ウラゴマダラシジミを除く5種が南部まで到達している。ただし、南部におけるこれらの分布はかなり局地的である(芦澤, 1995ほか)。そのうち、北川湿地周辺からはミドリシジミを除く4種が記録されており、橋本(2008a)はウラナミアカシジミの発生個体数が非常に多いことを指摘するとともに「三浦市最大のゼフィルス類の生息地に間違いないと思われる」と記している。

北川湿地周辺でのウラナミアカシジミ(口絵写真)の多数発生は、川島も1990年頃にはすでに確認していたが、ここからは、次のような極めて興味深い背景が窺える。本種は、一般的には里地(里山)を代表するチョウとして知られ、寄主植物はクヌギとされている。ところが、北川湿地周辺ではクヌギは数本が認められたに過ぎず、これだけで多数個体の発生を維持していたとはとうてい考えられない。そのため、当地では多数みられたコナラを主な寄主植物としていた可能性が極めて高い(本州の山地では、コナラを寄主植物とする例が知られている)。

岡部ほか(1987)は、三浦半島におけるそれまでのウラナミアカシジミの分布・生態記録をまとめたうえで、総合的に自然史面からの考察を加えた。その中で、三浦半島ではクヌギでしか幼虫が発見されていないものの、クヌギの生育が希薄あるいはまったくみられない場所でも成虫が確認されることから、コナラも寄主植物のひとつではないかと推定した。最近、武野(2011)により横浜市金沢自然公園のコナラから本種の4齢幼虫が発見されるに至って、岡部ほか(1987)の推定の正しさが証明された。

なお、コナラを寄主植物とすると推定されるウラナミアカシジミが、東京都心の明治神宮でも多数確認された(高桑・佐藤, 2013)例があるが、関東平野周辺ではコナラを寄主植物とする個体群の存在はほかに知られていないことから、三浦半島方面の個体群との関連も想起させる。ただし、都内における本種は、2010年版東京都レッドリストで区部の絶滅危惧I類に選定されるほど絶滅が危惧される状態であったにもかかわらず、ごく最近になって東京都内の緑地でも次々と発見されるようになった状況を鑑みて、放蝶行為も疑われている(高桑・佐藤, 2013)。

甲虫類

コウチュウ目は多数が確認されているが、まとまったリストなどは公表されておらず、愛好家の多いカミキリムシ類でも、芦澤(1999)などにわずかに記録されているにすぎない。こうした中で、注目される種としては次のようなものがある。

谷戸の流程の長さや谷戸底の広さを反映してか、ゲンジボタルとヘイケボタルの多数生息は特筆に値するものであった。三浦半島のゲンジボタルの生息環境は、横須賀市域での多くの水系にみられるように狭い谷戸地形を縫うような細流であることが大部分で、北川湿地のような開放空間の広い谷戸での生息は、同じ半島内ではありながらも、トンボ相と同様に、半島南部ならではの地域固有性が存在していたように思われる。またヘイケボタルに関しては、三浦半島全域から池沼などの止水、湿田や湿地に遷移しつつある休耕田、低湿地のあらかたが消滅した中にあって、一般的に各種保全活動の「目玉」ともなりやすく、流水において今現在でも各地に残るゲンジボタルよりもむしろ、将来への存続が危惧される状況にあると見なされる。そのような意味も含め、谷戸底の湿地面積の広大さを誇った三戸の谷戸を失ったことは、将来にわたる大きな禍根となっていくだろう。

神奈川県では絶滅危惧IB類に選定されているシマゲンゴロウ(図1-3-5-4)は、北川湿地においてアセスの調査により発見された。かつては三浦半島にも少なくなかった可能性があり、わずかながらも記録が残されている(金子・浜口, 1965; 鈴木, 1992など）。しかし、1980〜90年代においてはすでに半島全域から衰亡が著しかったようで、ゲンゴロウ科の他種を含めた水生甲虫類が豊富に生き残っていたような水域でも、本種はまったく確認できなかった。最近の記録としては、逗子市森戸川（佐野, 2009b）および三浦市初声町和田（芦澤, 2010）があるにすぎず、辻（1992）による城ヶ島岩礁地帯（潮上帯より上位）にある雨水の水たまりで得られた記録からも推察されるように、他所からの飛来個体に由来する可能性がある。ただし、たとえそのような背景や要因があったにせよ、本種の生息に適した止水域が残されていれば、現在でも新たな定着が期待できる証左ともなったという意味において、北川湿地での確認例は意義深いものといえた。

図 1-3-5-4　シマゲンゴロウ

図 1-3-5-5　カメノコテントウ

カメノコテントウ（図1-3-5-5）の生息確認もまた興味深い。神奈川県西部では広く分布するが、東部ではこれまで、ごくわずかな採集例しか見あたらない。また、県西部では主にクルミハムシの幼虫を捕食するためオニグルミから発見されることが多いが、北川湿地においては、ヤナギ類を寄主植物とするハムシ類を摂食していたものと推定（橋本, 2008b）されている*。三浦半島では、このほかにも最近の採集例が複数報告されているが、いずれも市街地で単発的に発見された状況から、人為的な移動（随伴）に伴うものと考えられる。

上記、シマゲンゴロウとカメノコテントウの2種は、小網代では生息情報がなく、1980年代から同地にしばしば足を運んできた川島もまったく確認していない。

本稿を記すにあたって、情報を頂いた中村進一、辻 功の両氏には記して厚くお礼を申し上げる。

* 県西部でも、ヤナギハムシの多くみられるヤナギ類から同所的に見つかるなど、クルミハムシ以外のハムシ科幼虫を摂食している可能性のある事例が観察されている（未公表）。

引用文献

- 浅野 真・川島逸郎・小野広樹，2012．三浦半島の海浜における昆虫類の記録，第1報．神奈川自然誌資料，(33): 65-74.
- 芦澤一郎，1995．三浦市の平地産ゼフィルスについて．神奈川虫報，(112): 16-18.
- 芦澤一郎，1999．三浦市の昆虫．かまくらちょう，(44): 1-5.
- 芦澤一郎，2000．三浦市の蝶．かまくらちょう，(46/47): 1-28.
- 芦澤一郎，2010．三浦市初声町で記録されたシマゲンゴロウ他の昆虫．かまくらちょう，(75): 43.
- 芦澤一郎，2012．三浦市の蝶(2010年12月～2011年12月)．相模の記録蝶，(26): 29-42.
- 橋本慎太郎, 2008a．三浦市初声町三戸のヒオドシチョウとゼフィルス類．かまくらちょう，(71): 43-44.
- 橋本慎太郎，2008b．三浦市初声町三戸のカメノコテントウとウスヒラタゴキブリ．かまくらちょう，(71): 45-46.
- 金子道夫・浜口哲一，1964．三浦半島の甲虫 (2)．Snoch(栄光学園生物研究部誌)，(5): 18-28.
- 苅部治紀，2006．水生甲虫．高桑正敏・勝山輝男・木場英久(編)，神奈川県レッドデータ生物調査報告書2006．pp. 385-392．神奈川県立生命の星・地球博物館，小田原.
- 苅部治紀・川島逸郎・岸 一弘，2006．トンボ類．高桑正敏・勝山輝男・木場英久(編)，神奈川県レッドデータ生物調査報告書2006．pp. 311-324．神奈川県立生命の星・地球博物館，小田原.
- 川島逸郎，1993．三浦半島のトンボ相．かまくらちょう，(30): 1-23.
- [川島逸郎]，1994．かまくらちょうNo. 30「三浦半島のトンボ相」正誤訂正及び修正．かまくらちょう，(32): 22.
- 岸 由二・深田晋一・柳瀬博一・丸 武志・入倉清次・小倉雅実・宮本美織・辻 功・田村敏夫・斉藤秀生・長岡[浩]子・大森雄治・小崎昭則・北川淑子・冨山清升，1994．小網代の生物相．慶應義塾大学日吉紀要・自然科学，(15): 99-116.
- 中村進一, 2010．昨今の三浦半島産チョウ類について －変動した種を検証－．かまくらちょう，(76): 1-10.
- 中村進一・高桑正敏，2006．チョウ類．高桑正敏・勝山輝男・木場英久(編)，神奈川県レッドデータ生物調査報告書2006．pp. 405-416．神奈川県立生命の星・地球博物館，小田原.
- 岡部洋一・橋本慎太郎，1988．三浦市城ヶ島の蝶(Ⅱ)．かまくらちょう，(19): 1-16.
- 岡部洋一・橋本慎太郎・鈴木 明，1987．三浦半島のウラナミアカシジミについて．かまくらちょう，(15): 5-26.
- 佐野真吾, 2009a．三浦市初声町三戸の北川谷戸で確認したトンボ類．かまくらちょう, (73): 30-31.
- 佐野真吾，2009b．三浦半島で確認された希少水生昆虫類．かまくらちょう，(73): 31-32.
- 鈴木 裕，1992．三浦半島産ゲンゴロウ類．かまくらちょう，(28): 1-4.
- 鈴木 裕，2008．三浦市初声町三戸・北川源流域の昆虫の記録．かまくらちょう，(72): 1-3.
- 鈴木 裕・川島逸郎，2001．三浦半島産膜翅目(有剣類)．神奈川虫報，(134): 1-26.
- 高桑正敏，1999．神奈川県東半部の昆虫相，とくに相模野欠如要素の存在について．Actinia(横浜国立大学教育人間科学部理科教育実習施設研究報告)，12: 61-86.
- 高桑正敏，2004．神奈川県の昆虫相と研究史，自然環境の概観．神奈川県昆虫誌，pp. 3-29．神奈川昆虫談話会，小田原.
- 高桑正敏・佐藤岳彦，2013．明治神宮の蝶．鎮座百年記念第二次明治神宮境内総合調査報告書，pp. 361-373．明治神宮社務所，東京.

- 武野貴一, 2011. ウラナミアカシジミの4齢幼虫をコナラ及びクヌギで採集. かまくらちょう, (79): 34.
- 辻 功, 1992. 城ヶ島でシマゲンゴロウ♀を採集. かまくらちょう, (28): 26.
- 内舩俊樹・芦澤一郎・鈴木 裕・中村進一・橋本慎太郎・柳本 茂, 2013. 三浦半島で記録された蝶とその動態. 横須賀市博研報(自然), (60): 1-14.

第2部

失うまでの日々

序章　三浦半島での自然観察会

天白牧夫

北川の谷戸を知る者は少なかった。三浦半島は、かつて水田耕作や薪炭林などでの営みが盛んであったが、高度経済成長期以降の里山での暮らしは変わり、人々は機械化、商業ベースの経済のなかで生きていくようになった。特に三浦半島は首都圏からほどよい距離にあったため、サラリーマンたちのベッドタウンとしても機能し、新しい住宅団地や市街地の開発が進み、緑は減少した。里山の暮らしは崩壊し、放置された里山はこれまで数十年間、人の管理が停止したことで荒れ放題だった。

そんな中、「自然観察会」という活動が1955年、三浦半島で始まった。これまでの里山を作ってきた人々ではなく、都会の人々が緑とのふれあいを欲したのである。三浦半島自然保護の会ができ、まもなくして横須賀市博物館ができ、三浦半島では全国でも類いまれな自然観察会活動の拠点になった－最近では自然観察会はごく当たり前の緑の楽しみ方になっているが、始めた当時はおよそ理解されない奇人の集いのように扱われていたそうだ－。この活動は、「自然観察会を通して地域の自然を保護しよう」というものだ。この活動の真意は、地域の自然（人々が数千年間形成してきた里山の自然）は、研究者や「保護区の制定」といった保護では守れない。地域の自然を楽しみ、素晴らしいと思える人を増やし、そしていつまでもその自然を楽しんでいられるようなまちを作る、ということだ。自然観察会をきっかけに、その人が第一線の専門家として活躍するもよし、緑を慈しめる専業主婦として生きていくもよし、そうして地域の自然保護の担い手になった人は多い。

このような機運で、三浦半島には様々な自然環境分野の専門家団体や、地域で自然観察を開催するグループなどが数多くできた。故・浜口哲一氏が提唱したトコロジストと呼ばれる、地域密着型のエコロジストもたいへん多く輩出された。三浦半島では、「緑が減っている」という声だけではなく、「どこの緑が」「どんなふうに」減っているのか市民レベルで共有できるようになってきた。それでも大規模開発は水面下で進められてきたし、行政の大勢を占めるのは開発側のグループである。ある山で産業廃棄物最終処分場の計画が持ち上がると、期成同盟を作ってその問題に対処し、例えば保全エリアや自然再生などを取りつけたり、ニュータウン開発が避けられない事態になれば、どうあっても残して欲しい部分を残してもらうよう働きかけを行ったりしてきた。こうした動きを自然観察会グループがしなければならない事態は、残念ながら少なくはなかった。そしてこうした運動は、早ければ早いほど計画に柔軟性があり、効果的だった。逆に開発者側は、環境保全と称して開発事業に余計な予算をつけたくないために、計画が定まるまでは開発の情報を漏らさぬよう強かであった。

私たちは、グループこそ違えど、三浦半島を共有する自然保護団体だ。緑の隅から隅まで歩き、生き物を調べたり、自然遊びを楽しんだりしていた。三浦市初声町三戸には2つの大きな谷戸があった。公園でも自然環境保全区域でもない、誰の土地かも分からない野山だ。三浦半島の緑の多くがそうした状況にあり、私たちはその緑をフィールドにしている。それは、どの緑もいつかは土地利用の問題が発生する可能性を有しているということである。ハイキングなどで有名な大楠山も武山も二子山も、法務局に問い合わせない限り誰が地主かも分からない民有地だ。三戸のこの2つの谷戸は、いくつかの市民団体が日常的に観察に訪れていた。三浦半島渡り鳥連絡会は、この地域に冬場に訪れるアリスイやオオセッカなどの珍しい鳥に注目していた。三浦半島自然保護の会は、ニホンイシガメがどこかに生き残っていないかとこのあたりも調査していた。三浦の自然を学ぶ会や三浦ホタルの会は、ハンゲショウの香る夕べにホタルの乱舞を楽しんでいた。三浦メダカの会は、三浦半島で残された唯一のメダカの自然分布地として調査を続けていた。博物館の調査でも、この地区の重要性は公表されていた。他にも、ハイカーやハンターなどが日常的に楽しむ緑になっていた。第一部にもあるように、この三戸の2つの谷戸には貴重な生態系が残っていた。もともとの三浦半島にはいくらでもあったような、典型的な谷戸の休耕田だ。しかし、開発が進んだ現状では相対的には貴重になっていることは、訪れた人なら誰もが認識していた。認識しつつも、大楠山と同じように誰かの表札のない大きな緑に、何か安心感を覚え、その存在を不思議に感じることはなかった。

ところで、都市計画区域には、市街化区域と市街化調整区域がある。前者は宅地や工場、商業地域などで、土地の価格も固定資産税も誰もが知るように高い金額である。市街化調整区域は農地や山林などが主体で、金額もゼロが1〜

3つほど少ないことが多い。事の発端は1970年、三戸を含む一体が市街化区域となったことである。1970年代の航空写真を見ると、この地域は魚のウロコのような形の水田や畑、斜面の樹林しかない。民家も数軒しかなく、そのほぼすべてが農家のようである。このような農村の場合は、住宅があっても市街化調整区域になることが多い。そんな地域を市街地にするのは、三浦市の市街地が三浦半島の離れ小島のように先端の三崎地区だけだったからだろう。横須賀側から市街地でつなぎ、まちを発展させたい、そんな思いで線引きしたであろうことは想像できた。それから15年、1985年に三戸・小網代地区に「5つの土地利用計画」が京急より発表された。内容は幹線道路建設、鉄道延伸、ゴルフ場建設、住宅造成、農地造成である。伝統的な地形はすべて平らに造成し、ウロコ状ではなく区画化された農地、住宅地が面的に広がり、まちの中央と両端を幹線道路や鉄道が縦断する、ゴルフ場のような娯楽施設が隣接する、まさに教科書通りのニュータウン計画だ。高度経済成長からのバブルで、三浦半島だけでなく日本中がそうであった。今では驚くほど「乱暴な」開発計画も、すんなり実行されていた時代である。

好景気のためか環境行政にも当時は多くの予算があったのだろう。1990年に神奈川県は、「地域環境評価書」というものを発行した。これは、県内の民地、公有地にかかわらずあらゆる緑地をピックアップし、環境の豊かさをランク付けして評価した資料であり、過去も現在もこうした総合調査資料はこれだけである。そこでは、三戸地区の緑を「小網代とも連担して谷戸を保全すべき」と記していた。小網代とは、後述するが当時自然保護団体が注目していた、5つの土地利用計画の中のゴルフ場建設予定地である。集水域の森林から河口の干潟まで、市街地や車道で寸断されることなく連続している貴重な環境である。三戸地区はそこに隣接する大規模な谷戸であったため、当時の評価では連続性が重視されていたのである。自然保護団体の大きな運動が功を奏し、1992年、京急はこのゴルフ場計画を中止した。しかしそれと時を同じくして、この地区で市街化区域内の農地が著しく増税されたのである。

1995年、三戸小網代地区の5つの土地利用計画が京急、神奈川県、三浦市で合意された。提案時とは異なり、小網代地区はゴルフ場区域から緑地保全区域となっていた。しかし三戸地区は、宅地造成区域および農地造成区域のままであった。そして2000年、農地造成が開始された。里山を愛する自然保護団体は、農地造成を否定することはできなかった。なぜなら、これまで里山を形成、維持してこられたのは、すべて農家の力だからだ。すべて農林業行為から形作られてきた環境だからだ。当時市街化区域内で農地の税金が上がり、地元の集落は早期に農地造成を完了し、生産性を高める必要に迫られていた。三浦半島では農地造成と称して残土を水田に流し込んでかさ上げし、現在の有名な三浦の大根、三浦のキャベツを生産する地域になり、農業者はこれを糧に生活を営んでいる。三戸地区でも同じことがなされ、それに疑問を訴えたり珍しく思ったりするものはいなかった。そして私たちは、小網代の開発計画がなくなったことを素直に喜び、三戸の谷戸が農業活性化のために農地造成されることを知り、鉄道延伸、道路建設、宅地開発が残っていることは知ることができなかった。そのまま何年も、この土地は誰の土地かも分からないまま、緑は変わらず残り続けた。なお、この農地造成事業は2009年に終了し、自然の起伏や湧水に左右されることのない、「良好な」農地ができあがった。ここにはもうあぜ道もないし、小川もない。樹木も1本も生えていない。害虫もいなければ益虫もいない。野鳥は、上空を舞うトビくらいである。集約的な農業に必要のないものはすべてなくなっていた。

第1章　残土処分場計画の勃発

横山一郎

埋没していたはずの住宅地開発

2006年11月7日、三浦市内の家庭に配達された新聞の折り込み広告に、「(仮称)三浦市三戸地区発生土地処分建設事業環境影響予測評価実施計画書」が挟まれているのが発見された。この小さな出来事が、神奈川県に残された最大の低地性湿地の喪失のはじまりであることを、誰が想像できただろうか。

三浦の自然を学ぶ会の代表を務める中垣善彦は、12月22日の第31回小網代の森保全対策協議会においてこのことを話題にあげると、会議に出席していた三浦市環境部環境総務課の担当者から「同アセスについて市民に公開したところ市民からの意見は全くなかった」との回答が寄せられた。「しまった！」という、電気にも似た感触が学ぶ会会員の中に広がっていった。なぜならこの計画書に示された地域は、学ぶ会会員にとって「ミニ尾瀬」と称して密かに春秋の花々を愛でる植物観察で親しんでいた場所だったからであった。貴重な場所なのでできれば残したい、そんな思いが広がっていったに違いない。

その思いは、無数のゲンジボタルとヘイケボタルが飛び交う光景の発見につながっていった。2007年6月6日、普段は立ち入ることのない夕暮れ以降の「ミニ尾瀬」に降り立った人々は、森の木立の中で舞う1匹のゲンジボタルを発見し、誘われるままに奥地に進むと、草むらから舞い上がるゲンジボタルと木立から舞い降りるゲンジボタルが身体に触れるように交差して無数に光る青白い光を目撃した。さらに、7月5日には、広く開けた湿地と流路の脇から、満天の星空のように無数ともいえるヘイケボタルの光を目撃した。この光景が見られる湿地を埋め立ててよいものだろうか。そんな思いが強くなっていったのは必然的なことだった。

何を残したいのかを明らかにするために、おもに植物観察とホタルの生息環境について活動していた学ぶ会では、この地の詳細な植生調査を行った。その結果は「ミニ尾瀬自然環境調査中間報告書」にまとめられ、三浦市へ報告された。

この時点では、どのように湿地を残す活動ができるか、まだ方向性さえ決められず、五里霧中であった。

ここであらためて、三戸小網代地域の歴史に触れることにする。

1985年(昭和60年)、三浦市が「5つの土地利用計画」を策定し、鉄道延伸、西海岸道路の建設、小網代地区のゴルフ場建設、三戸地区北川流域の西側半分は農地(市街化調整区域)、東側半分は宅地(市街化区域)と計画するも、1992年(平成4年)には、神奈川県知事の土地利用計画への表明によりゴルフ場計画が中止され、開発計画は「塩漬け」になったと思われた。しかし、同年に行われた農地法改正により市街化区域内の生産緑地を除く農地の増税が行われると、1999年には北川流域の西側(下流側)半分の農地造成へ向けて土地改良区が設立され、北川流域の西側半分が農地造成により埋め立てられることになった。一方、2005年に、北川湿地の南側の谷戸である小網代の森が「小網代近郊緑地保全区域」に指定されると、同年に京急の鉄道延伸計画の廃止と同社による発生土処分場建設計画が明らかとなった。これは、三浦市史の中でも重要な出来事だった。翌年、宅地化をめぐって三浦市議会経済対策特別委員会にて京急地域開発本部の担当部長が招聘され、「宅地化は大変厳しい」との発言があり、市の計画通りの宅地にはならないことが示された。そしてその翌年(2006年)、京急から知事に環境影響予測評価実施計画書が提出され、発生土処分場建設のアセスが開始されたのであった。「5つの土地利用計画」では宅地になるはずの地域が残土処分場になる事業計画で、冒頭の新聞広告の折り込みはこれを受けたものである。将来宅地になることがどこにも明記されないまま、残土処分場の計画が立ち上がったのだ(図2-1-1)。

昭和の右肩上がりの経済成長と土地神話が、バブルとともに崩壊し、価値観の転換を余儀なくされた平成に起こったこの動きは、すなわち、生物多様性が豊かとされる湿潤な水田跡地に、人口が増えて住宅が不足するという理由で行われる予定だった宅地開発計画だった。それを、人口が減り続ける三浦市における残土処分場建設にすり替えるように変更したことには、自然を愛する三浦市民だけでなく多くの良識ある市民、ナチュラリストや自然科学の専門家が反応した。例えば、神奈川県立生命の星・地球博物館学芸員の瀬能 宏は、2007年12月に機関誌「自然科学のとびら」(13巻4号)に「初声町三戸地区の谷戸の重要性」を著して三戸北川流域が保全上重要であることを指摘し、横須賀市自然·人文博物館学芸員の大森雄治は、2008年10月に三浦半島植物友の会や学ぶ会

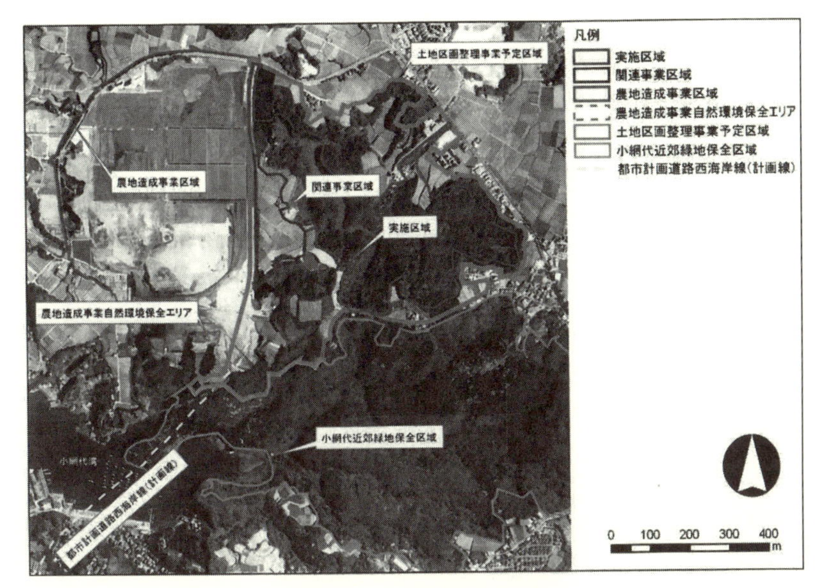

図 2-1-1　5 つの土地利用計画

Google Earth 2008年を基に作成

の一行とともに埋め立て予定となった北川を訪れ、三浦半島ではじめて淡水性紅藻類であるカワモズク類(後にチャイロカワモズクと判明；環境省準絶滅危惧種)を発見した。三浦半島でカワモズク類が記録されたのははじめてだった。

しかし、開発への速度は急であった。2008年5月13日に「三浦市三戸地区発生土処分場建設事業環境影響評価書(案)」が提出されると、すぐに知事から県環境影響評価審査会に諮問され、意見書が50通提出された。後に連絡会を構成するメンバーの多くも、このときに意見書を提出した。意見書を受けて、意見書に対する見解書が出されたが、意見書に対してきちんと回答したものはたいへん少なかった。

そうした中の2008年7月11日、三戸入り口にある京急の地域開発事業所事務所において、学ぶ会などへの非公式な説明と意見交換の機会があった。エアコンの効いた事務所2階で、私たちに上等の握り寿司が振る舞われ、「さぐり合い」のような意見交換が行われた。京急としては、自然保護団体がどのようなスタンスで来るのか知り、希少種の移植などに関する良好な関係を構築したいのは当然であったし、アセスも終盤となって、ことの重大性に気づいた私たちは、開発の理由とともに事業計画を詳細に知り、あわよくば水面下で事業計画を延ばし、よりマシな方向に転換させる可能性を探ろうとした。「そのストックエリアを埋め立てて、谷戸の最奥の部分はそのまま残しませんか？」という提案も、「奥から埋めていくことになっているんです。地権者（誰だか分からなかったが後に京急だったと判明する）との関係から無理です、ご理解ください。」とはぐらかされた。らちが明かなかった。

連絡会の発足

首都圏にあって豊かな自然を残す三浦半島を活動場所とする自然に関心ある市民団体は、たびたび北川流域（のちに北川湿地と呼ぶようになる地域を活動当初はこう呼んだ）の観察に訪れ、ゆるやかに情報の共有などの相互交流を行ってきた。活動の中で、この地の自然の保全のために希少種がどの程度いるのかを公表することもなかった。そして、危機感を抱くこともなく、この地の自然を「なんとなく開発の計画から逃れて残され続ける自然」と捉えていたのだろう。かくいう私も、そう捉えてしまっていた。

それに対して発生土処分場建設事業は、急ではあるが順調にアセスの手続きが進められ、公聴会の手続きさえ終われば、審査会から審査書が出るのは時間の問題となってきていた。事実上のアセスは、事業者が審査書を反映させたアセス評価書を県に提出すれば終了となる。公聴会を月末に控えた11月8日、これまで緩やかに連携していた市民団体のメンバーは、はじめて危機感を覚えることになる。市民団体の開発に対する認知が非常に遅れたことと、地域の自然に甚大な悪影響を与える埋め立て事業であることを確認し、「三浦・三戸自然環境保全連絡会」を発足させた。会員の中には、三浦半島に根ざした地道な保全活動を行ってきたものもあれば、全国区で活躍する自然保護活動家や、魚類、昆虫類などの学識経験者もあった。北川流域の自然が失われた今、あえて会員全員の名前を出すことはしないが、発足当初の会員の選出母体は概ね次のとおりであった。これらの団体以外に、博物館学芸員の専門家などが連絡会に加わった。

三浦半島昆虫研究会
三浦半島自然保護の会
三浦メダカの会
三浦半島自然誌研究会
三浦ホタルの会

三浦半島渡り鳥連絡会
三浦半島植物友の会
三浦の自然を学ぶ会
神奈川県自然保護協会

連絡会は、三浦市三戸に残された良好な自然を保全することを目的とし、特に北川流域に予定されている残土処分場建設事業とそれに伴う代償措置への対応をスムーズに行うための活動母体として活動を開始した。三浦半島自然保護の会の天白牧夫が連絡会事務局となり、連絡会代表には三浦の自然を学ぶ会の筆者が就いた。連絡会では、はじめに、北川流域の保全活動における達成目標を議論し定めた。設立時点で開発そのものの中止は難しいと思われたので、県政へアセスの差し戻しを訴えることやメディアに訴えること、代償措置の再考を要求することを当面の目標とした。また、公聴会へ向けて足並みを揃える必要もあった。さらに、県や市への要望書や陳情書について検討した。設立後の予定として、おもにメーリングリスト(ML)で議論すること、詳細な生物調査(鳥獣、両生爬虫類、魚、昆虫、植物)を行うこと、ミティゲーション*の手法を提言することなどが確認された。また、北川問題を広報するために会員の募集を行うことが提案された。

このあと、MLでは毎日たくさんのメールが投稿され、活発な議論が行われた。不定期ではあったが会合も行われ、顔を合わせて意思の疎通が図られた。

県への要望書

連絡会立ち上げ当初のMLでは、北川流域の生物の価値を正当にアセスの中に反映させるための要望書をまとめる作業が行われた。連絡会設立の11月8日から14日までの作業には、幾晩かの徹夜作業が含まれた。私たちは、あまりにも杜撰で、北川流域に生息する生物の実態を反映させていない評価書案に対して、何とかしたいという純粋な気持ちでPCに向かい、各専門領域の生物について記述をした。場合によってはそれを通勤帰宅途中の電車内で読み、帰宅後議論に加わった。最終日はメンバー数名が、MLで意見を交換しながら夜明けを迎えた。

要望書の目的は、アセスの不備(出現種数の少なさ、予測評価の不合理な点、

* 開発を行う際に、環境への影響を最小限にするために行う代替となる処置。

代償措置の不確実性）を示し、適切な再調査および再意見書募集を求めることが主であった。最低でも適切な現況の把握と環境配慮対策（生態学的根拠のある手法でのミティゲーション）を求めた。また、アセスにおける希少種の蟹田沢と小網代への「移設」（事業者は生物に対してこの用語を使用した）計画は不十分かつ実現不可能であり、着工前に蟹田沢（下流部の農地造成の時に造られた保全エリアであり、北川とは集水域の異なる海沿いの小さな沢である。本件事業の環境保全のための代替地とはならないと私たちは考えていた）と小網代の適切な整備を確実に行うことを強く要求するものであった。

活動当初の、開発予定地の生物の命を愛おしみ、保全を願った純粋な気持ちを振り返るために、MLでの意見交換の一例を示したいと思う。両生爬虫類を担当した学生が書いた意見に対して自然保護活動家の助言（■）である（以下引用）。

「環境影響予測評価1章第8節（p.260）1-2-2-5-ウ　両生・爬虫類について」

本調査では、両生類ではアズマヒキガエルは実施区域内および周辺、ニホンアカガエルは実施区域内のみ、外来生物ウシガエルは実施区域周辺、シュレーゲルアオガエルは実施区域内および周辺で確認されている。爬虫類ではトカゲ、カナヘビが実施区域内、クサガメ、ヤモリ、カナヘビ、シマヘビ、ジムグリが実施区域周辺で確認されている。

＝＝＝

調査について

- 実施区域内外で比較的生息数が多く普通種として観察できるアマガエル、ヒバカリ、アオダイショウの確認例がなく、十分に調査されていない。
- 以上、現況の生物相を適切に把握するため、追加調査の必要がある。

■2文になっていますが、1文に整理してしまってよいと思います。

→「実施区域内外で比較的生息数が多く普通種として観察できる両生類のアマガエル、爬虫類のヒバカリ、アオダイショウが確認されておらず、調査が不十分であると考えられる。現況の両生・爬虫類相を適切に把握するため、追加調査の必要がある。」

＝＝＝

予測評価について

- 実施区域内でのみ確認されているニホンアカガエルを「本種の生息環境は周

辺にも広く存在する」とするのは誤り。

- ニホンアカガエルを移設することによってその個体群の生息保全に成功した例はしられておらず実効性に疑問がある。蟹田沢に移設するとしているが、その方法、個体数、経費、期間等が示されておらず、実効性に疑問がある。

環境保全対策について

- ニホンアカガエルの移動自体成功する可能性は低く、本計画は特に具体性に欠ける。また、移設先とされる蟹田沢は北川に比べ、小面積、乾燥化が進行し、北川との地形の違いによる微気象の違いがあり、特定外来生物であるウシガエルが現在多数生息していることから蟹田沢および小網代は北川の水生生物の移設先として適切ではない。これを実施する場合、蟹田沢、浦ノ川（筆者注：小網代の森の中を流れる小川）の沖積地において大規模な環境修復作業が必要である。本計画では、残土処分場建設着工後に移設を行う予定であり、移設が失敗に終わる可能性が高い。移設後、定着（自然繁殖）を確認してからの着工とすべきである。

■僕の評価書案に関しての誤解だったらすみませんが、「予測評価」と「保全対策」それぞれで指摘すべき場所が混乱しているように感じられました。以下のように丸ごと差し替えられますか？ちなみに今回は修正していませんが「移設」は事業者が用いている用語ですよね？移殖などが一般的ですが。

→予測評価について

- ニホンアカガエルは、調査結果では実施区域内でのみ確認されている。にもかかわらず「本種の生息環境は周辺にも広く存在する」とするのは誤りであり、調査結果に忠実に予測評価をすべきである。
- 環境保全対策について
- 計画されているニホンアカガエルの移設による保全については、移殖によって個体群の生息保全に成功した例は知られていない。また、移設先として蟹田沢を選択されているものの、その方法、個体数、経費、期間等が示されておらず、実効性に疑問がある。
- 移設先とされる蟹田沢は、現況の生息地である北川と比較して、面積が小さく、乾燥化が進行しており、地形の違いによる微気象にも差異があり、さらに特定外来生物であるウシガエルが多数生息している等、大きく環境が異なるから、ニホンアカガエルおよび水生生物の移設先として適切ではないと考えられる。

- 保全対策計画は具体性に欠け、また成功例が過去に存在しない事からもニホンアカガエル保全計画は不適切であると考えられる。また、水生生物についても現生息地と著しく異なる環境を移設先として選定している保全計画は不適切であると考える。したがって、移設が失敗に終わる可能性が懸念されるため、計画の残土処分場建設着工後に移設を実施する保全計画を改め、保全対策を実施（移設を実施）し、当該保全対象種の定着（自然繁殖）が認められてから、処分場建設を着工すべきである。

  以上です。よろしくおねがいします。

（引用以上）

また、発言者名を伏せて、要望書完成間近のやりとりを示したい。実際のメールは、文中「後略」とした後には、発言者が担当する生物群の保全に関する詳細な内容が続いていた。

2008/11/13 21:28

本日は朝から会議等で時間がとれず、ご返事遅くなりました。ご指名のメダカとクロヨシノボリに関しては現状でもよいですが、もし間に合えば以下のようにしてみてください。（後略）

2008/11/13 22:05

要望書の植物に関する部分について私なりに作りました。ご指摘頂ければ幸いです。センリョウは学ぶ会の中間報告書で勘違いがありました。レッドリストとは無関係です。失礼しました。（後略）

2008/11/14 02:34

メールの返信、昨晩できずすみませんでした。あわただしく活発な議論がすすんでいるのを嬉しく感じております。（後略）

2008/11/14 03:32

レスポンスおそくなり申し訳ないです。下記3種について書きました。

オオタカ・ハイタカ・ノスリ（後略）

2008/11/14 04:12

できました！

要望書最終稿できました。ご確認ください。その次のことは明日メールします。

2008/11/14 04:29

徹夜におつきあいくださり本当にありがとうございました。カラスが鳴き始めました。
2008/11/14 09:58
朝方までお疲れさまでした。後は提出と発表ですね。僕も3時台まで起きて、PCを開いていたのですが、僕の方からMLに送れずにいました。要望書本文の方、参考にしてもらいありがとうございます。
再アセスって、こんなに制度上進んでしまってからでも出来るのですか?
提案した「アセス手続きの戻り」というか評価書の再提出は方法書段階では沖縄辺野古であります。審査会がいろいろ追求して追加方法書を出させ、いろいろな事実がでてきて審査会が追求した(でも縦覧・住民意見の再提出はさせなかった)という事例はあります。そもそも評価書案に注文をつけるのが審査会の役目で、また見解書についても公聴会の内容にも目を通すので、この見解では答えになっていないよという議論・注文を審査会に期待しました。
僕が要望書を最初に読んだ時に、そこのところの改良が必要だとおもったのは、追加調査をさせたうえで、(実現するかどうかは別にして)何を見込んで望んでいるのかが示した方がいいと思いました。意見書の再提出だけでは、また意見を出し、事業者から意味のない見解が返ってくることのくり返しです(アセス専門家の先生曰く「意味ある応答が必要」)。
個人的には、評価書案に目を通し切れていませんが、これだけ個別種の不備があるならば、評価書案の「生態系の評価」もおかしいはず。ここで失われる生態系や生物多様性の損失が、三浦半島という狭いなかでどれだけの影響があるのもかも(例えば小網代にも少なからず影響はあるでしょう)考えてみたいところですね。とりあえず、お疲れさまでした。
(以上、連絡会MLより引用)

2008年11月14日、このようにして神奈川県への要望書が完成した。提出者は9つの市民団体の連名となった(詳細は第3部資料参照。なお、要望書にある「カワモズク」は後に「チャイロカワモズク」と同定された。詳細は第1部第2章を参照されたい)。

(以下要望書より趣旨を損なわないように一部を改変して抜粋)
日頃から地域の自然環境の調査・保護活動を継続してきた経験から、三浦市三戸地区発生土処分場建設事業の環境影響予測評価書案および見解書を、三浦半島の生物多様性保全の立場から点検・検討したところ、現状把握および予測評価は、十分かつ適切に行われておらず、環境保全措置も環境認識に即したものではないと判断した。ついては、神奈川県におかれては、事業者には追加調査の実施および環境保全措置の見直し、再意見書の募集の実施、もしくはそれらを含めた評価書案の出し直し・縦覧の実施を求めることを要望する。

1. 追加調査を求める理由

評価書案に示された調査結果は当該地域の現況を十分に把握するに至っておらず、基づく予測評価、保全対策に際しても不適切な計画になっていると考えられる。調査実施の期間等、適切な手法を用いて当該地域の自然環境の現況を把握できるまで調査を追加実施する事を要求する。

①調査結果が、現状より貧弱な生物相とされている

鳥類ではフクロウ(県・繁殖期準絶滅危惧種)、ホトトギス(貴重種リスト二級種)、キセキレイ(県・繁殖期減少種)、アカハラ(県・繁殖期減少種)、オオルリ(県・繁殖期準絶滅危惧種)など、当該地域では普通種として観察される生物の生息が確認されていない。

②事業による予測評価内容に誤りがみられる

事業によって、湿地性、高茎草地性の生物(ウグイス、アオジ、カワラヒワなど)の生息環境の消失や高次捕食者の採食資源の激減などの生態系への影響が考えられるが、予測評価ではそうした点において十分に配慮されておらず、当該地域にもたらす事業の悪影響について過小な評価となっている。

- フクロウ(県・繁殖期準絶滅危惧種)やアカハラ(貴重種リスト二級種)など「事業実施区域は本種の生活圏外であると考えられ、影響はないと考えられる。」とされているが、当該地域で生息が確認されており、生活史の一部として当地の利用が認められている。
- ニホンアカガエル(県・絶滅危惧Ⅱ類)やサラサヤンマ(県・絶滅危惧IB類)などは「本種の生息適地と考えられる生息環境は、実施区域周辺にも広く存在する」とされているが、当該地域および周辺においては事業実施区域にのみまとまった繁殖地が認められる。
- ノスリ(県・繁殖期絶滅危惧Ⅱ類)、シロハラ(貴重種リスト二級種)、アオジ(県・繁殖期絶滅危惧Ⅱ類)など「繁殖地ではないと考えられ、影響の程度は小さい」とされているが、繁殖以外の生活史の一部を当該地域に依存して

利用していることが認められ、影響は大きいと考えられる。

③「環境保全対策」の内容に科学的根拠がなく、実効性に欠ける

メダカ(県・絶滅危惧IA類)、ホタル類およびカエル類を近隣のビオトープに移設する計画とされているが、カエル類については、移殖によって保全に成功した例は知られていない。また、いずれも方法、期間、予算などについて示されていない計画であり実効性に疑問が残る。生物の移設が完了する(移殖先に定着＝自然繁殖)以前に残土処分場の建設が着工される計画であり、移殖に失敗した場合においては、生物資源を完全に失う事になると考えられる。

- 実施区域約25 haに対し、事業実施区域内の生物の移設先とされる「蟹田沢ビオトープ」は約3 haであり、生物の移殖先として蟹田沢ビオトープでは量的に移殖する生物の許容量として明らかに不十分であり、代替地として不適であると考えられる。
- 移設の対象種が、注目すべき種および指標種としてのホタルやメダカ等とされており、北川の生態系が適切に復元されるか疑問が残る。広大なガマーハンゲショウ群落、および安定的な湧水を有する湿地帯が北川の特徴であり、メダカやホタルの移設だけで代償されるものではない。
- 本湿地における植物群落の種組成は、低茎草本を主体とした多様な構成となっており、他では見ることのできないものである。注目すべき種にのみ焦点を当てた保全対策および移植では、このことが欠落するおそれがあり、生物多様性の保全という視点からも、詳細な調査が必要である。
- 蟹田沢は、平成20年9月までに実施された農地造成事業(土地改良区)に際して保全された地域であり、本事業で新たに担保された緑ではない。
- メダカやホタルについては、愛好家やボランティア等の協力を得て室内水槽等による種の保存につとめ、必要に応じて周辺のビオトープに移設するとしている。しかしながら、定着に必要な最低個体数はもちろんのこと、遺伝子型や遺伝子頻度を考慮した保存や放流方法、予算、期間等が示されておらず、この計画に実現性はないと考えられる。
- メダカやホタルの放流だけでは移設とは認められず、当然北川本来の生態系を再現することが目的となる。しかし、メダカやホタル以外の動物については特に言及されておらず、失われる北川の環境の代償措置が適切に実施されるか疑問が残る。

④蟹田沢ビオトープの問題点

- 谷戸の上流部約4/5が既に埋め立てられており、面積的に北川の湿地環境を再現することは出来ない。
- 陸地化が進行しており、北川の安定的な湿地環境を再現できない。
- 実施区域が樹林地に囲まれた緩傾斜の湿地であるのに対し、移設先とされる蟹田沢は海に面した急傾斜の谷であり、異なる環境を呈しているために、移殖先として適していない。
- 多種多数の外来生物が侵入しており、移殖先として適していない。
- ウラナミアカシジミ保全のため、コナラを中心とした落葉広葉樹林となるように整備するとしているが、タイムスケジュールや方法等が記載されていない。
- ニホンアカガエルを保全対象の指標種とされているが、本種を移殖によって保全が成功した例は知られていない。また生息環境の創出、移殖、移殖時の飼養管理などの詳細計画について示されていない。
- ビオトープに流入する水は、農地造成事業区域の暗渠および法面としており、農薬や農地の土の流入により水質が悪化し、水生生物の移殖先として適していない。

2. 再意見書募集を求める理由

「環境影響予測評価書案の意見書に対する見解書」において意見書と見解書の内容が対応しておらず、事業者からの適切な見解が得られていないため、見解書には不備がある。絶滅危惧度の高いゴミムシ類の調査など、絶滅危惧種が記録されるのを意図的に避けるような調査手法が取られているという指摘に対して見解書では適切な調査であると回答するなど、意見書と見解書に矛盾がある。

調査の不備を指摘した意見に対し、評価書案での記述をそのまま再度記載するなど、事業者の環境アセスメントへの誠実な対応はみられなかった。再意見書の募集を要求する。

（抜粋以上）

要望書は、神奈川県自然保護協会理事長の新堀豊彦、連絡会の中垣善彦、連絡会事務局の天白牧夫により県庁に届けられた。アセスの担当課長や緑政課長とも話すことができた。アセスの担当課長は難しい顔をしていたという。両者とも当該区域の自然の価値について「すばらしい」という認識はなかった印象だったというが、直接説明できたことは第一歩となったと思われた。

公聴会で公述

次に連絡会が取り組んだのは、公聴会の申し出であった。神奈川県の環境アセス条例では、公聴会で意見できるのは事業予定地から半径1 km以内に住所がある人に限定されていた。県は、環境の変化が影響を及ぼす範囲が半径1 km以内だと判断していると考えられた。酷いしくみであることはいうまでもない。

それでも8人の公述人が申し出を行った。皆連絡会のメンバーであった。公聴会は、2008年11月30日、三浦市の施設である初声町の潮風アリーナで行われた。県の担当者が受付や司会を行い、参加者は住所氏名の記入を求められるなどして、堅苦しい雰囲気が漂っていた。パワーポイントで写真などを示しながら、小林直樹は制度、石橋むつみは景観、筆者(信時知子の代理)は植生、中山 弘はホタル、高桑正敏(芦澤一郎の代理)は昆虫、芦澤 航は両生爬虫類、宮脇佳郎は鳥類、そして、芦澤 淳は水生生物について意見を述べた。そうして各分野についての説明を聞くと、改めて北川流域の生物の価値が浮き彫りにされた。これまで、それぞれ興味関心のある分野について調査研究活動をしてきたが、それらがまとまるとこのように総合的になるのかと痛感した次第であった。

最後に、事業者から殺伐とした発生土処分場建設事業の説明が行われた。印象的だったのは、「神奈川県東部に慢性的となっている発生土処分場の不足が…」という発言であった。「こんな時代に建設ラッシュもあるまい」と思ったのは私たちだけではなかったはずだ。何のために埋めるのか、それが全く分からなかった。

マリンパーク

京急油壺マリンパークは、京急の子会社が経営する水族館である。そこから、「水族館として希少生物の展示や保護をやりたいので、市民団体に協力して欲しい」との連絡が三浦の自然を学ぶ会の中垣善彦に伝えられたのは、公聴会の前、11月半ばのことだった。北川問題が本格化したタイミングでのこの連絡は、開発を容認させるための工作の匂いがして懐疑的にならざるを得なかった。連絡会事務局から電話をすると、担当課長が次のように述べたという。

「趣旨は地元への貢献、地域で減少している種の保護増殖と放流をしたいということである。本社からの指令で急に話がでて、北川の生物の回収と蟹田沢への放流を視野に入れている。自然保護団体にもぜひ知恵を貸してもらいたい。深海の生物の展示スペースを一掃し、イシガメやニホンアカガエルなど、地域で減少している生物の保護増殖関係の展示に入れ替え、2009年3月に展示が軌道に乗るように準備したい。」

このことについては、連絡会MLで活発に意見交換された。結果的に北川流域が埋め立てられるとすると、飼育下でも系統保存をする価値があるのではないか。反面、下手に協力すると京急に利用されて文句が言えない状況に陥る可能性があるのではないか等々であった。もし協力する場合、移殖完了前に着工される危険があるため、北川の生物の移殖先(小網代や蟹田沢など)の整備や、移殖(回収・保護・増殖・放流)に関する協議会を立ち上げるよう県へ要望し、保全対象種の安定的個体数の定着が確認できた時点で着工の許可をするといった「条件」が検討された。

公聴会の日、マリンパークの担当課長が会場に来ていた。公聴会終了後、簡単な会合がもたれた。その場のおおまかな説明では、

- マリンパークの社会貢献的な展示として、地域の絶滅危惧生物を保護増殖と再放生する事業を始める。
- 2008年度末には「みうら自然館」として展示をスタートさせたい。
- 対象種はメダカ、ホタル、トウキョウサンショウウオ、ニホンアカガエル、イシガメ等が候補。

その後、12月10日に協議の場が持たれ、連絡会から8名が参加した。参加者のひとりは感想をこう記した。「マリンパークは企業だから、現場の人たちが今後の話し合いを通じて信頼できるようになったとしても、親会社から新聞などでうまく宣伝に使われ、免罪符にされる危険性は非常に高いと思う。呈示された展示企画書の内容と実際の発言から、彼らは保全生物学や保全遺伝学の知識はほとんどないと感じた。」

そして、翌年1月2日の神奈川新聞に次の記事が掲載された。

「希少生物繁殖保護へ連携／京急油壺マリンパークと地元小学校」

三浦市三崎町小網代の京急油壺マリンパークが、三浦半島に生息する絶滅危惧種などの希少生物の繁殖保護活動を地元小学校と連携して取り組もうと準備を進めている。学校で生物を飼育してもらう「里親制度」を想定し、すでに固有種の三浦メダカで試験的に活動をスタート。環境破壊で生物の多様性が失われつつある中、住民の手で地域の自然を守り、種を保存するきっかけになることを期待している。(中略)同パークは、希少生物を後世に残しながら自然の大切さを子供たちに伝えようと、生息地域の小学校と協力した活動を計画。(中略)

ヘイケボタル、イモリなど約十種類の見通しで、現在は地元住民の協力を得ながら採取している。パーク内で繁殖実績のある三浦メダカは、2008年6月から試験的な取り組みをスタート。横須賀市立野比東小学校が提供を受けて約50匹を飼育し、すでに繁殖にも成功している。当初は近隣の横須賀と三浦で取り組む予定で、両市の教育委員会に協力を求め、2009年度から本格的に活動を始める。成果をみながら対象生物を増やし、活動場所も県内全域に広げていく方針だ。同パークは「地元に生息する生物を地域ぐるみで保存する環境をつくりたい」と話している。

（神奈川新聞2009年1月2日より引用）

この記事を読んだ私たちは失望した。先日の会合はまったく意味がなかったと言わざるを得ないほどに。「固有種の三浦メダカ」という表現にはじまり、例えばヘイケボタルを飼育して増殖させれば、地域の住民の手で自然を守っているということになるのか！公聴会で私たちが危惧した地域生態系を保全することの重要性が理解されているとは感じられなかった。また、遺伝子的な問題で放流できないメダカをいろいろなところで勝手に増殖されても困るし、何よりも保全生態学的な背景がない子ども対象のプログラムでは、子どもたちがかわいそうであった。

協力・連携の話はここで立ち消えとなった。その後、マリンパークでは、県内各地の絶滅危惧種と三浦半島産の絶滅危惧種を展示する「みうら自然館」と、外国産のカワウソ（コツメカワウソ）と日本国内各地の絶滅危惧種を一緒に展示する「かわうそ館」、また、河川をコンクリート等で模倣したビオトープがオープンした。これらの展示から子どもたちが地域生態系の重要性を学習できるのか甚だ疑問であった。また、「みうら自然館」では、埋められた北川流域で捕獲した希少生物の個体群とその子孫が含まれているに違いなかった。

横浜弁護士会の参画と民事調停の申し立て

県への要望書にあるとおり、私たちは自然を守るために「開発」の名の付くものに盲目的に反対したわけではなかった。北川流域には、開発の進んだ現在の首都圏にあっては貴重な自然がある、そこを残土処分場として埋め立てることの正義はあるのか、現地の環境はきちんとした調査がされたのか、それでも埋めることに環境の価値を上回る価値があるのか、埋めた後の代償措置は適切なのか、それらが論点だった。なにしろ、私たちが守って欲しいと願うのは市街化区域の私有地なのだから、本来は土地所有者が法律の範囲内でどうにでも使える土地と考えられた。しかし、土地所有者は公共性の非常に高い鉄道会社であるから、私有地といえども「公共の利益」の視点を忘れずにいて欲しいと願っていた。

「横浜弁護士会の弁護士の先生方に話をしてみて欲しい」、そう仲介したのは連絡会の金田正人だった。環境問題、特に外来生物の問題で広く活動していた金田は、特定外来生物法が施行されたときに、横浜弁護士会の公害・環境問題委員会で外来種問題についてレクチャーした経験があり、仲介はそのつてによるものだった。連絡会の中では金田やほんの一部の経験あるものを除いて、環境問題で弁護士とかかわったことはなく（もちろんそれ以外でもほとんどないのだが）、弁護士という職種の方々と一緒に活動するイメージが描けずにいた。しかし、思い込みで法解釈をしていて、最初から諦めてしまっている可能性が指摘され、今回の問題に関して本当に法的な対応ができないのか、理解ある専門家の意見を聞くことは重要であり、アセスのやり直しや工事の差し止め、あるいは開始延期など、何か良い方法が見つかるかもしれないといった意見もあり、伺うことになった。

2008年12月18日、連絡会事務局天白牧夫は、のちに弁護団長となる故・岩橋宣隆弁護士のいる横浜合同法律事務所を訪ね、北川湿地保全に関する相談を行った。そして、MLでの議論を経て、私たちは横浜弁護士会の方々に協力を仰ぐこととなった。まず何をするかについて議論され、翌年1月10日の現地視察や1月18日の定例会における連絡会のプレゼンなど何度かの会合ののちに、次のように整理された。

- 環境問題に関心がある弁護士は、横浜弁護士会の公害・環境問題委員会以外にもたくさんいるので、この問題を周知させる活動を支援する。
- 社会一般に広くこの問題を知らせるためシンポジウムを行うことや、マスコミに記者発表という形で情報を提供する。
- 開発計画がアセス終盤になっている市街化区域の民有地の自然、すなわち、正当な手続きを経て開発されようとしている自然を守ろうという運動なので、法的に守ることは難しいかもしれないから、世論･民意を盛り上げていって風向きを変える方法がよい。
- そのためには、民事調停という手段で、国や県、市を巻き込みながら「話し合い」をし、事業者と市民団体の落としどころを探ってはどうか。

私たちはこれらを連絡会に持ち帰り検討した。どれにも反対する理由が見つからなかったし、心強さを感じる内容であることが確認された。岩橋弁護士を訪ねたとき、のちに弁護団事務局となる小倉孝之弁護士も一緒だったが、緊張を崩せない私たちに対して、2人のベテラン弁護士の先生は、「弁護士という仕事柄、自分たち単独では動けないんですよ。クライアントがいないとね」と、柔和で親切だが、とても積極的だった。私たちはとにかくお金がないことを伝えると、何かしらの法的手続きがある場合は必要経費が発生することが示されたが、それ以外の費用については明言が避けられた。そして、2月2日、弁護団が結成されると、できるだけ早くシンポジウムを行い社会一般に北川湿地のことを知らせること、および、民事調停を行い法的な手続きにおいて保全活動を展開する動きが始まった。

シンポジウムは地元で行う案も検討されたが、マスコミのアクセスや会場確保の関係から、2月21日に横浜弁護士会館で行われることとなった。弁護団結成から1ヵ月と経たないうちのスピード開催であった。小倉弁護士のアイデアで「奇跡の谷戸」というキャッチコピーが採用され、第1回公開シンポジウム「首都圏の奇跡の谷戸　三浦市三戸『北川』の湿地を残したい」が開催されたのであった。シンポジウムの内容は第2章で詳述することとする。

さて、民事調停を申し立てる時に相手を誰にするかが慎重に検討された。事業者である京急はもちろん相手となるが、地元の自治体である三浦市、開発の許認可権を持つ神奈川県を相手方とすることはすぐに決まった。そして、首都圏に残された貴重な二次的自然の保全についての問題は現代の環境問題として重要であるとの認識から、環境省つまり国をも相手方に加えることが決まった。民事調停については、次々項で詳述することにする。法的手続きを行うためには費用が発生した。結成間もない連絡会には何ひとつ財源がなかったので、着手金を中垣善彦が立て替え、シンポジウムなどの活動で寄付金を募り調停費用や活動費を工面する計画となった。

民事調停の申し立ては、申し立て翌日の3月7日から10日にかけてマスコミ各紙が報じた（年表参照）。例えば朝日新聞（湘南版）は、「三浦の『豊かな自然、公園で保全』『北川の湿地帯』学生らが調停申し立てへ　京急が埋め立て計画」との見出しを付けた。他紙もほぼ同様であった。大学生や大学院生が自然の保全を求めて調停を申し立てることのニュース性が認められたということであり、北川湿地問題を世に問うための手法としては成功だったと思われた。

さらに、4月24日の毎日新聞には、地方版ではあったが、「奇跡の谷に危機迫る　県内最大三浦の北川湿地　ニホンアカガエル、エビネ…希少種の宝庫　処分場計画で生態系破壊も」と題して北川湿地について紙面ほぼ一面にわたって掲載され（杉野水脈記者）、北川湿地の豊かな自然と開発問題が大きく取り上げられた。

調停申し立てとこのような記事が、事業者側の対抗する動きを加速させた。4月28日には、市道472号線の道路脇に「立ち入り禁止（地権者）」の看板が立ち、京急より弁護団宛に立ち入り禁止申し入れ書が届いた。市道なのに立ち入り禁止としたことには納得がいかなかったが、立ち入り禁止の申し入れは企業としては当然の対応であったのだろう。厳しい戦いが始まったことが実感された。

調停やシンポジウムなどの企画の前後には、弁護団会議が開かれ、連絡会と弁護団の意思疎通が図られた。会議は、横浜スタジアムに近い横浜合同弁護士事務所の大会議室をお借りして、たくさんの弁護団弁護士と連絡会からの参加があった。会議では、調停に関する裁判所との手続きについて、資料準備と方針の確認、記者発表などマスコミに対する対応、北川湿地の現況に関する情報など、様々なことが議論された。世間では「弁護士への相談は30分で1万円」などといわれる中、たくさんの時間と大会議室の便宜を図って頂いたことは、弁護団の先生方と横浜合同弁護士事務所に感謝してもしきれない思いであった。

私たちは、後述する民事調停や第3章に述べる差し止め訴訟だけでなく、様々なことを弁護団とともに行った。市道472号線の自費工事申請や、申請の不承認に対する異議申し立て、このことに対する県への不服審査請求、また、土砂条例の許可処分に対する不服審査請求などである。これらの詳細については、第3章に述べるが、小倉弁護士の論文「北川湿地事件報告－身近な自然を守ることの難しさ－」（専門実務研究第6号、横浜弁護士会）には法律の視点からこれらの出来事について詳細に書かれている。

さらに、弁護団は、北川湿地に隣接して住居を持つ住民とともに、県公害審査会に調停を申請するなどの活動を行い、北川湿地の保全だけでなく、一方的な開発に対する住民支援も行った。

環境アセスメント

三浦市三戸地区発生処分場建設事業に関する環境アセスメントは、県条例に従って行われた。この情報は神奈川県HPにある。

http://www.pref.kanagawa.jp/cnt/f247/p4133.html

実施計画書提出	2006年10月6日 （実施計画周知書承認年月日 2006年10月26日）	
	縦覧期間11月7日から12月21日（45日間）	
実施計画意見書	提出期間11月7日から12月21日（45日間）	意見書数　0通
関係市町村長意見	三浦市 2007年1月31日	
環境影響評価審査会	諮問年月日 2006年10月26日　答申年月日 2007年4月12日	審査回数5回
知事審査意見書	送付年月日 2007年4月19日	
環境影響予測評価書案	提出年月日 2008年5月13日　周知計画書承認年月日 2008年5月27日	
	縦覧期間6月3日から7月17日（45日間）	
意見書	提出期間 2008年6月3日から　2008年7月17日（45日間）	意見書数　50通
説明会開催回数	3回	参加者数 167名
	（筆者注：説明会対象者は全回三戸地区住民のみ）	
意見・見解書	縦覧期間 2008年10月17日から2008年11月17日（32日間）	
公聴会	開催回数1回（11月30日）公述人数8人	
関係市町村長意見	三浦市 2009年1月16日	
審査会	諮問年月日 2008年6月3日　答申年月日 2009年3月26日	審査回数10回
知事審査書	送付年月日 2009年4月3日	
予測評価書	提出年月日 2009年5月29日	
	縦覧期間6月5日から6月19日（15日間）	
着手届	提出年月日2009年6月22日	

では、アセスの手続きがどのように行われたのかを振り返ることにする。まず、事業者である京急が、事業の許認可権者である神奈川県に実施計画書を提出すると、縦覧期間と意見書の提出期間が設けられ、広く意見を受け付けるしくみがあるが、本件ではここでの意見が0通だった。一方で、京急は、環境アセス条例に従い環境影響予測評価書案を作成するためにアセス会社（いわゆる環境コンサルタント）に発注する。本件事業の場合、新日本開発工業という会社がこれを担った。新日本開発工業は現地調査を行い、環境影響予測評価書案

を作成し、評価書案は学識経験者で構成される環境影響評価審査会で審議された。事業予定地の環境をどれだけ正確に調査し、どれだけ的確に影響評価を予測できるか、それが評価書案の核心であった。したがって、評価書案の質はアセス会社の力量そのものである。今回私たちが「あんまりだ」と感じた生物と生態系の評価は特筆に値するものであった。アセスにおける種の記載漏れの多さは、私たちの連絡会内部でも各分野で同様に感じていた。審査会から県知事に答申された内容には「保全対策は不十分」と断言されていた。答申内容はそのまま県知事から事業者京急に知事審査書として送付された。保全対策は不十分であり、専門家委員会を設置して検討するよう指摘したのである。専門家委員会の委員はどのように選出されるのか不明だったが、少し時間がかかることが予想された。私たち連絡会の中から選ばれないことは分かっていた。また、審査書の内容を真摯に評価書に反映させ、保全対策の不十分さを解決するには、一定の時間を要すると(私たちには)思われた。

ところが、専門家委員会は設置されたものの、2ヵ月も経たない5月29日に京急が環境影響評価書(最終書面)を県に提出し、受理された。県に問い合わせたところ、「保全対策が不十分であっても不十分と指摘することはできるが、受理しない、あるいは受理を先延ばしにするしくみはない」とのことだった。専門家委員会の機能については「お任せして信じる」ことしかできなかった。

当然のことながら、私たちは本件事業の環境保全対策を担う専門家委員会にかかわることはできなかった。専門家委員会の委員にだれが選出されたかは、県からも事業者からも情報を得ることができなかった。水面下で得た情報によれば、少なくとも昆虫分野2名、魚類分野1名、植物分野1名の学識経験者が委員となり、一部の分野では委員会の下部組織としてワーキンググループが組織されたようであった。連絡会会員の中には、連絡会を脱会して、専門家委員会またはワーキンググループとして保全対策をより適正なものにするための努力をしようという者も現れた。彼らは、環境保全の願いを共有しながら、異なる道を歩いていくことになったのであった。

民事調停の経緯

民事調停の申し立てを行ったことで、北川湿地保全の動きが本格化し、京急との戦いが始まった。調停の相手を京急だけでなく、三浦市、神奈川県や環境省も相手にしたのは、生物多様性基本法、第3次生物多様性国家戦略を生かし、ただ反対するのではなく、保全による京急の利益を指摘し、調停に持ち込むことにより、京急の株主総会やいろいろなところで、担当者だけではない経営責任者がこの問題を考えることになるのではないかと考えたからだ。

そして、相手方を誰にするのかだけでなく、誰が申し立てるのかも大きな問題であった。調停で申立人になることは、京急や神奈川県·三浦市などに「反対」することになり、申立人の不利益について慎重にならざるを得なかった。学生が申立人になることは、彼らの就職活動に有利に働くことは考えられず、とても勇気のいることと思われた。さらに、調停だけで湿地の保全が叶うとは予想できなかったこともあり、北川湿地問題を世に問う手段としての位置づけで検討されていたため、不利益を顧みず、敢えて大学生や大学院生が連絡会とともに申し立てるという方策が採用されたのだ。連絡会の会員については、所属をどのように表記するか、誰を会員として公表するか議論が重ねられ、申し立てに及んだ。

着手金は0円、費用実費は20万円であった。内訳は、印紙・切手・印刷費・交通費・謄本の写し等の事務費ほか、弁護士が勤務中の時間を割くことで事務所経費の一部を計上しなければならないこと、交通費の一部(手弁当で東京から参加してくれる若手弁護士のために交通費等を自己負担させられないので実費に含めたいとのことから)などであった。調停申し立てに際して契約書が交わされ、成功報酬は80万円となった。この算出の根拠は、利益の額が算定できない場合は一律800万円で、その10%で80万円ということだ。「奇跡の谷戸」がまるまる保全されれば80万円、事業が行われてしまえば0円となる。ありがたい契約であった。

申立書は弁護団の弁護士と連絡会MLで何往復もの議論を重ねてできあがった。以下に、こうして作成された申立書の概要を抜粋して示すこととする。

「残土処分場建設事業見直し請求等調停申立事件」

調停事項の価額　金１,６００,０００円

貼用印紙額　　　　　　金６,５００円

第１　申立の趣旨

１　相手方京浜急行電鉄株式会社（以下、相手方京浜急行という）は、神奈川県三浦市初声町三戸地区に予定している「(仮称）三浦市三戸地区発生土処分場建設事業」（以下、本件事業という）を見直すこと

２　相手方三浦市、同神奈川県、同国は、相手方京浜急行が予定している本件事業の対象地（以下、本件対象地という）について、詳細な自然環境調査を実施するとともに、適切な保全の措置を講じること

第２　紛争の要点

１　当事者について

（１）（個人情報のためここでは一部省略）

以上、三名は、いずれも、それぞれの研究テーマに関連して本件対象地とその周辺域を調査する中で、その驚嘆すべき自然環境に気付いて、何とかこれを保全したいとの純粋な思いから本件調停を提起したものである。

（２）申立人三浦・三戸自然環境保全連絡会は、上述した学生らの呼びかけに応じて本件事業対象地の適切な保全を目的として結成された専門学術研究者らを中心とする法人格なき団体であり、構成員は別紙のとおりである。

（３）相手方について

相手方京浜急行は、本件事業の事業者および対象地の地権者である。また、相手方三浦市は対象地が存在する地方自治体であり、神奈川県は対象地が存在する地方自治体であるとともに本件事業に関する許認可権者である。さらに、相手方国は、都道府県を越えた国家レベルで生物多様性の保全について政策立案し、これを効果的に実行すべき責務を負う主体である（生物多様性基本法参照)。

２　本件事業について

（１）本件事業の概要

本件事業は、建設工事に伴い副次的に発生する土砂を受け入れる処分場を建設するものとして計画されている事業である。わかり易く言えば、本件事業は、本件対象地を残土処分場として利用すべく計画された事業であり、残土で本件対象地を埋めてしまうというものである。

なお、本件対象地は、将来、土地区画整理事業を経て宅地化されることが予定されている。

（２） 本件事業の経緯と進捗状況

本件事業の対象区域は、昭和 40 年代から土地利用のあり方を検討されてきた「三浦市三戸・小網代地区(160ha)」の中に位置する。三戸・小網代地区における開発および整備については、平成 7 年に相手方京浜急行、同三浦市、同神奈川県の３者で調整し、次の５つの土地利用計画に沿って事業が行われることとなった。

①農地造成区域(約 40ha)

②三戸地区宅地開発区域(約 50ha)

③保全区域・小網代地区(約 70ha)

④都市計画道路西海岸線

⑤鉄道延伸区域

本件事業について、事業者は上記②における土地区画整理事業の基盤整備事業として位置づけている。この５つの土地利用計画には、本件事業のことは触れられておらず、その後、どういう経緯か詳細は不明であるが、②の区域内のおよそ半分の面積を対象地として、相手方京浜急行から本件事業計画が立案された。

現在、事業実施に向け、神奈川県環境影響評価条例に基づく環境影響予測評価を実施中であり、予測評価書案の審議が行なわれている。ちなみに、神奈川県環境影響評価審査会が直近では平成２１年２月１７日に開催されて、次回の開催は平成２１年３月２３日に予定されている。

３ 本件事業の対象地について

（１） 本件対象地の地形と過去の利用状況

本件対象地は神奈川県内の平地性湿地としては最大規模である。谷戸田として耕作され農村環境を形成してきたが、相手方京浜急行が土地を取得後、耕作は放棄されている。豊富な地下水と緩傾斜から、植生の遷移が進行せず、現在まで奇跡的に良好な湿地環境が維持されてきた。

（２） 本件対象地の自然と特殊性

ア 本件対象地はその環境特性から、多くの絶滅危惧種の生息地となっている。夏にはホタルが乱舞し、メダカの泳ぐ小川、広大なハンゲショウの湿原が見られる。

申立人らの調査では、本件事業における環境影響予測評価書（案）に示された別紙の絶滅危惧種以外に、サラサヤンマ(県・絶滅危惧 IB 類)、シマゲンゴロウ(県・絶滅危惧ＩＢ類)、メダカ（県・絶滅危惧ＩＡ類)、オオルリ（県・繁殖期準絶滅危惧種)、キンラン（国・絶滅危惧Ⅱ類)、カワモズク属の一種（国・準絶滅危惧種または絶滅危惧Ⅱ類)、オオタカ(国・絶滅危惧Ⅱ類)、ニホンアカガエル（県・絶滅危惧Ⅱ類)、イタチ（県・準絶滅危惧種)、ヘイケボタル（県・準絶滅危惧種)

が確認された。これらのうち、メダカ（県・絶滅危惧ＩＡ類）、シマゲンゴロウ（県・絶滅危惧 IB 類）、カワモズク属の一種については、本件対象地が三浦半島での最後の生息地である。

イ　本件対象地は、まったく人の手による管理を得ることなく、年間を通じて安定した湿地環境を維持し、上記のような希少な生き物をはじめとする多様な生き物を育んでいる。この状況は、本件対象地を流れる北川の下流域が農地造成によって暗渠となった今日でもほとんど変わることがない。このことは、県内に残る貴重な森として近郊緑地保全地域に指定された「小網代の森」の乾燥化が進んで、まさに県内から自然状態での湿地環境が完全に消え去ろうとしている現状に鑑みてもその希少性は際立っている。

本件対象地では、人が入りにくい地形上の特殊性などから、首都近郊であるにもかかわらず、人の手による改変をまぬがれ、とうの昔に姿を消したと思われていた数多の生き物が人知れずその命を繋いでいたのである。本件対象地は、まさに「奇跡の谷戸」であり、それ自体が自然の博物館ともいうべき存在である。

ウ　ところが、残念ながら、相手方京浜急行が環境アセスメント手続において提出した環境影響予測評価書案および見解書には、以上のような本件対象地の自然と特殊性が正しく記載されていない。これは、事業者であり地権者である相手方京浜急行が、本件対象地の真の価値を知らないまま本件事業計画を立案し実施しようとしていることを意味する。よって、相手方京浜急行に本件対象地の真の価値を知っていただきたく、敢えて、以下に環境影響予測評価書案および見解書の問題点を指摘する。

（3）　相手方京浜急行の環境影響予測評価書案および見解書の問題点

評価書案に示された調査結果は以下のとおり、当該地域の現況を十分に把握するに至っておらず、基づく予測評価、保全対策にしても不適切な内容となっている。すなわち、

ア　記載種の問題としては、フクロウ（県・繁殖期準絶滅危惧種）、ホトトギス（貴重種リスト二級種）、キセキレイ（県・繁殖期減少種）、アカハラ（県・繁殖期減少種）、オオルリ（県・繁殖期準絶滅危惧種）など、実施区域内で普通に観察される種に記録漏れがみられ、希少種を意図的に除外したかのような危惧も感じられる。哺乳類、両生爬虫類、昆虫、甲殻類、植物でも同様の不備が認められた。

イ　また、予測評価では、実際は生息しているフクロウ（県・繁殖期準絶滅危惧種）やアカハラ（貴重種リスト二級種）などを「事業実施区域は本種の生活圏外であると考えられ、影響はないと考えられる。」と断定し、また、三戸地区では事業実

施区域だけにまとまった繁殖地があるニホンアカガエル（県・絶滅危惧Ⅱ類）やサラサヤンマ（県・絶滅危惧 IB 類）などを「本種の生息適地と考えられる生息環境は、実施区域周辺にも広く存在する」と断定しており、事業による環境への影響が適切に予測されておらず、事業実施による環境への影響が実際より明らかに低く見積もられている。同様の問題は他の動物や植物に対しても見られる。

ウ　さらに、環境保全対策については、明確に記されておらず実効性には大きな疑問がある。特に、メダカ（県・絶滅危惧ⅠA 類）、ホタル類、カエル類を近隣のビオトープに移殖する計画が予定されているが、方法、期間、予算措置、移殖を裏付ける科学的根拠等は全く記されていない。

また、現状では生き物の「移設」（事業者が用いる言葉であるがこの言葉ひとつ見ても生物をモノまたは設備のようにとらえており理解の低さが伺える）完了以前に残土処分場の建設が着工される計画であり、事業者には保全的導入の理念が見られず、これらの環境保全対策が適切に実施されない可能性が高い。

事業実施区域約 25ha に対し、事業実施区域内の生物の移殖・移植先とされる海岸に近い「蟹田沢ビオトープ」は約 3ha で、量的にも質的にも明らかに不十分で、かつ、西海岸線道路の建設予定地に隣接しており、代替地としてあまりにも不適であると考えられる。広大なガマーハンゲショウ群落、および安定的な湧水を有する湿地帯が北川の特徴であり、メダカやホタルの「移設」だけで代償されるものではないし、そのメダカやホタルにしても遺伝子の多様性やその頻度を考慮した保全的導入でなければ保全生物学的に欠陥と言わざるを得ない。

エ　また、環境保全対策の内容に科学的根拠がなく、実効性に欠ける。植物を例に挙げると、本評価書では、クロムヨウラン（県・絶滅危惧Ⅱ類）、ナギラン（国・絶滅危惧Ⅱ類、県・絶滅危惧ⅠA類）、エビネ（国・絶滅危惧Ⅱ類、県・絶滅危惧Ⅱ類）、マヤラン（国・絶滅危惧ⅠB類）が「注目すべき種」として認められている。しかし、全く大雑把に代替生育地の創出、保全対象の移植を行うとされており、具体的方策すなわち移植やビオトープ創出のための環境整備が説明されておらず、その実効性がはなはだ疑わしい。特に、腐生ランの移植については、生育地（移植先）の調査なしでの移植は無謀の一語に尽きる。

カワモズク属の一種（同定中、チャイロカワモズクであれば国・準絶滅危惧種、カワモズクであれば国・絶滅危惧Ⅱ類）、キンラン（国・絶滅危惧Ⅱ類、県・絶滅危惧種Ⅱ類）、は明らかに「注目すべき種」である。キンランは、本調査の精度の甘さから生じた未確認の種と理解できても、カワモズク属の一種のような重要な種についての記載が漏れていたことは重大であり、調査の再計画が必要であるといわざるを得ない。動物についても同様である。

オ　加えて、2008 年 10 月に公開された「環境影響予測評価書案の意見書に対する見解書」において意見書と見解書の内容が対応しておらず、事業者からの適切な見解が得られていないため、見解書には不備がある。

例えば、「絶滅危惧度の高いゴミムシ類の調査など、絶滅危惧種が記録されるのを意図的に避けるような調査手法が取られている」という指摘に対して見解書では「適切な調査である」と回答するなど、意見への回答となる見解が得られておらず、多数の齟齬が生じている。

調査の不備を指摘した意見に対し、評価書案での記述をそのまま再度記載するなど、事業者の環境アセスメントへの誠実な対応はなされていない。

4　本件対象地の価値と相手方らに対する提案

（1）本件対象地が有する価値

ア　前述のとおり、本件対象地は、三浦半島に最後に残された神奈川県最大規模の湿地であり、環境省レッドリストや神奈川県レッドリストに挙げられた希少種が驚くほど数多く生息している。しかも、これまで本件対象地は、研究者の間でもその実体が知られておらず、十分な調査は行なわれてこなかった。この意味でも、本件対象地は、「奇跡の谷戸」であって、今後の調査により、新たに希少な種が発見される可能性は極めて高い。たとえて言えば、本件対象地は、調べてみれば何が出て来るか分からない「自然の宝箱」のようなエリアとさえ、評することができるであろう。

イ　本件対象地の価値は、金銭的には表現できないものである。少なくとも言えることは、砂漠の中に本件対象地の多様で複雑な生態系を人為的に再現しようとしたら、恐らく数百億円とも数千億円とも想像のつかないような規模の資金と長い時間を要するであろうし、仮に人為的に再現できたとしても、所詮、模造品の域を決して出ることはない。本件対象地にあるものは、わが国の豊かで繊細な世界に冠たる自然である。本件対象地は約 12 万年前の下末吉海進の時に水没し、その後陸地化した歴史をもっており、その長い歳月をかけて作り出されたものであって、決して容易に人為的に復元できるものではない。結局、本件対象地は一旦埋められてしまえば、永遠にその命を失うことになるのは明らかである。

ウ　今日、地球温暖化を象徴とする環境問題は、今や全世界共通の課題であって、いかにして持続可能な社会を形成していくかが多くの国の国家指標となりつつある。こうした時代の潮流は、昨年のアメリカのサブプライムローン問題に端を発した世界大金融恐慌により拍車がかかり、わが国においても、大量消費・大量廃棄型の社会構造に疑問が呈され、急速に人々の人生観や価値観に多くの変化をもたらしている。一旦失ってしまえば取り戻しのできない自然環境の価値に多くの人々が気づきはじめている。

エ　本件対象地は、県内に最後に残った最大規模の自然の低地性湿地である。そこには、県内では絶滅したか、絶滅が危惧される希少な種が今でも多数生息している。また、本件対象地は、そこに生息する生物だけでなく、自然界の食物連鎖などを通じて、三浦半島やそれを越える地域にも、広く生き物のマザーポイントとなっている可能性が十分にある。従って、もし仮に本件対象地が、残土の処分場として埋め立てられて消失した場合、隣接する小網代の森をはじめ、周辺の生態系にどれだけの影響が及ぶか計り知れない。

（2）　相手方京浜急行に対する提案

ア　本件事業の見直しの必要性について

（ア）相手方京浜急行の本件事業は、基本的には、前記平成７年の土地利用計画に依拠するものであって、事業の基本的な発想としては、大量消費・大量廃棄型の社会構造を脱却するものではない。しかし、こうした社会構造には前述のとおり、多くの疑問が呈され、現代社会は、環境配慮型の社会構造へ大きく転換しようとしている。こうした人々の価値観や社会構造の変化は、企業のあり方にも大きく影響し、企業の社会的責任（CSR）における環境配慮は、企業が健全に運営され、成長していくためには避けて通ることのできない課題となっている。

（イ）そうした最中、本件において、相手方京浜急行は、大量消費・大量廃棄型の従前の価値観と社会構造のもとで立案された本件事業を果たしてそのまま実施していくことが、自身の利益に本当に繋がっていくことなのであろうか。相手方京浜急行は、地域に密着する独占的な公共輸送機関であり、地域の将来の発展や方向性について、極めて多大な影響力を有する企業であり、CSRに対して、他の営利企業に比して、より一層敏感でなければならないはずである。また、敏感であることが、今後、企業体として生き残っていく不可欠な要素である。

（ウ）かかる観点からすれば、前述のとおり、本件対象地が、三浦半島全域における自然環境保全の観点より、希少な生態系を育む類まれな貴重なエリアであることを十分認識することもなく、また、認識しようともせずに、本件対象地を単なる残土処分場として消失させてしまうことは到底あってはならないことである。むしろ、本件対象地の実体を十分に認識したうえで、自然環境に十分な配慮をしつつ、事業を進めていくことが企業の社会的責任（CSR）を果たしていくうえでも、また、ひいては企業としての長期的かつ合理的な営利追求の観点からもあるべき姿ではなかろうか。

（エ）もし、相手方京浜急行が、このような姿勢をまったく取ることなく、本件対象地を単なる残土処分場として潰してしまうとすれば、自然環境こそが特性ともいうべき三浦半島の極めて希少な社会的資源そのものを潰してしまうことなり、引いては、自らの寄ってたつ営業的基盤を毀損し、破壊する行為に他ならないのであって、後世に「奇跡の谷戸」を潰して相手方京浜急行が得ようとしたものは何だったのか、地域からも株主からも厳しく問われることになるであろう。

イ　本件対象地の保全と利用について

（ア）本件対象地の湿地は、前述のとおり、まったく人の手による管理を得ることなく、年間を通じて安定した湿地環境を維持し、極めて希少な生き物を含む多様な生き物を育んでいる。本件対象地は、それ自体が、自然の「博物館」とも「宝箱」とも評すべき、人の手によっては作りえない類まれな自然公園である。ここには、太古の昔からの三浦の自然と生態系が奇跡的に残っている。しかも、この自然公園は大きな維持費がかからない。必要なことは、むしろ人の手が入らないようにこの地を自然の状態に守ってやるという、例えば斜面林の里山的管理などの、最小限の作業だけである。

（イ）環境配慮型の社会構造への転換にともない、環境教育の重要性が各方面で叫ばれており、ことに自然体験型の自然科学教育はそうした環境教育の中でも極めて需要な地位を占める。しかしながら、前世紀後半から今世紀にかけて、身近な自然はいつのまにかどんどん姿を消して、かつて普通に見られた動物、植物が今ではめったに見つけることができなくなった。ことに首都圏とその近郊においては、地域固有の生態系を自然の状態で観察できる場所は極めて稀になってきている。そうした昨今の危機的状況に鑑みれば、本件対象地を自然公園として残すことは、相手方京浜急行にとって、極めて社会貢献性の高い教育関連事業への足がかりを残すことになる。

たとえば、環境先進国のスウェーデンにおいては、初等教育に体験型の自然科学教育を取り込むことが非常に重視されて、「移動式自然学校」というような取組みが行なわれ、大きな成果を上げている。これは、エコバスで学校ごとに小学生を乗せて自然観察ができる場所まで移動し、バスの中でこれから体験する自然についての授業が行なわれ、目的地につくと体験型の自然観察をするというものである。こうした取組みなどは、今後、相手方京浜急行が本件対象地を自然公園として保全しながら企業体として活用していく大きなヒントを秘めている。

（ウ）また、相手方京浜急行は、本件対象地を保全すること自体で、周辺地域の付加価値を高めることができる。本件対象地の希少性とその価値は、いままで世に知られてこなかったが、その価値が世に知られ、相手方京浜急行がこれを自然公園として保全することで、豊かな自然を地域的特殊性とする三浦半島の魅力がより一層増すからである。ことに、本件対象地には、希少な野鳥が数多く飛翔するなどの良好な自然環境は、ただでさえ、自然や健康維持に強い関心を示す層が増加傾向にある昨今において、生物多様性を育む豊かな自然を柱とするあらたな地域活性化と企業戦略構築に大きく貢献するであろうことは想像に難くない。

（3）相手方三浦市に対する提案

ア　これまで縷々述べてきたとおり本件対象地は、県内に残された最大規模の湿地であり、「奇跡の谷戸」である。一部の市民は、希少な湿地環境であるが故に「ミニ尾瀬」の愛称を用いるほどである。本件対象地の地権者は相手方京浜急行等であるが、本件対象地とそこに育まれている豊かで多様な生態系は地域の宝でもある。相手方三浦市は、豊かな自然を地域的特性とする三浦半島の魅力を十分に活用してこそ地域の活性化が図られるということを正しく認識すべきである。

イ　かかる観点からすれば、相手方三浦市は、本件対象地について、独自に詳細な生態系調査を実施するとともに、地権者である相手方京浜急行が十分納得できるようなしかるべき保全の措置を検討すべきである。また、仮に、相手方京浜急行が本件事業を見直して保全を前提とする本件対象地の利用・活用を検討する場合には、市を上げての最大限の協力を惜しむべきではない。

（4）相手方神奈川県に対する提案

ア　本件対象地は、三浦半島に最後に残された神奈川県最大規模の湿地であり、環境省レッドリストや神奈川県レッドリストに挙げられた希少種が数多く生息する。この地が消失するということは、この地に生息する希少な生き物が消失するにとどまらず、三浦半島全域、否、場合によってはさらに広域の生態系に極めて深刻な影響を与える危険性がないとはいえない。ただでさえ、神奈川県の水辺の自然環境は、全国的にも保全レベルが最低水準と言われており、最後に残されたこの奇跡のような湿地を保全することは、県民に対する責務とさえ言ってよい。

イ　相手方神奈川県は、本件対象地について、独自に詳細な生態系調査を実施するとともに、地権者である相手方京浜急行が十分納得できるようなしかるべき保全の措置を検討すべきである。また、仮に、相手方京浜急行が本件事業を見直して保全を前提とする本件対象地の利用・活用を検討する場合には、県を上げての最大限の協力を惜しむべきではない。

（5）相手方国に対する提案

ア　本件対象地には、環境省レッドリストや神奈川県レッドリストに挙げられた希少種が数多く生息だけでなく、本件対象地の周辺域で、（中略）種の保存法のリストにあるオオセッカを確認しており、こうした希少な生き物も、本件対象地に何らかの依存をして生息している可能性が高い。いずれにしても、本件対象地の生態系については、あまりにも今日まで世に知られてこなかったため、十分な調査が行なわれておらず、今後の調査によっては、さらに驚くような生き物が発見される可能性を十分に秘めている。

イ　以上の次第であるので、相手方国は、本件対象地について、至急、詳細な生態系調査を実施し、しかるべき保全の措置を講ぜられたい。

（以上、抜粋）

2009年4月23日、横浜地方裁判所で行われた、民事調停第1回期日では、相手方はすべて出頭した。環境省は権利関係や許認可の関係にないことから出頭するかどうか不透明であったが、相手方がすべて出頭した結果、裁判所で用意した部屋に全員が収まりきれないほどの人数となった。折りたたみ椅子が何脚も追加で持ち込まれ、重々しい空気に包まれた。調停では、弁護団により申し立ての趣旨が説明されたが、相手方からは、事業の変化を伺わせる返答はなかった。第1回は短時間で終了し、次回の予定が議論された。そして、6月11日の第2回期日も、7月23日の第3回期日も相手方はすべて出頭したが、京急は事業変更の余地がない、申立人には権利がないとして調停は不調に終わってしまった。私たちの主張は一切聞き入れられることはなかった。山は動かなかったのだ。市、県、国はそれぞれすべて事業を変更できる立場にないとのスタンスを崩すことはなく、沈黙を続けるだけだった。

これらの出来事は、各期日の当日、横浜弁護士会館をお借りして記者会見を開いたことにより、マスコミにも取り上げられた。例えば、6月12日の朝日新聞（湘南版）には、「県内最大級『北川の湿地帯』の残土処分場計画　『計画は見直さず』民事調停で京急側　『ヘイケボタル乱舞』／保護団体　『変更できる立場にない』／三浦市・県・国」と取り上げられた。また、同じく朝日新聞(湘南版)は7月24日の記事として「湿地保全、調停不調に　三浦　京急、事業見直し拒否」と報じた。他紙もほぼ同様であった。

これらの民事調停は、北川湿地の自然の価値を広く伝えたいと願う私たちの広報の手段としてしか成果を出すことができなかった。しかし、マスコミの報道を通して、北川湿地問題を世間にアピールできたのは民事調停がきっかけであることは間違いなかった。

市議会・県議会へのアプローチ

民事調停では解決の糸口がつかめないことが十分予想されていたし、当初から「政治決着」だけが北川湿地が守られる道筋なのではないかという危機感があった中、私たちは、三浦市や神奈川県、および、市議会と県議会の理解ある議員へ直接的に間接的にアプローチを積極的に行った。

神奈川県知事への最初の要望書は前述のとおりである。アセス審査会による審査が適正なものとなるように、こちらが把握している生物の情報を内容に反映させ、アセスの手続きの中で環境保全対策が十分に行われるように要望した。審査会からの答申が出されると、「環境保全対策が不十分」との内容から、事業者に適正な指示を出すように要望した。それでも事業者から環境保全対策が不十分な環境影響評価書が提出されると、土砂条例の許可に関して横断的な判断を求めた要望書まで様々に意見提出を行った。アセスは環境農政部の範囲であり、埋め立てを許可する土砂条例の許可は県土整備部(県横須賀土木事務所)の範囲であった。それぞれの部署で断片的に判断されることを危惧した私たちは、知事に「横断的判断」を求めた。横断的判断とは、県環境影響評価条例にある一文を根拠にしたものであったが、結局は何の効果もなかったといわざるを得なかった。第3章で述べるとおり、この戦いは結局差し止め訴訟という手段をとることになるが、この判決の前にも環境保全対策の指導を要望する要望書を出し、国会議員の援助で県庁を訪れるなど(後述する)、様々なアプローチを行った。しかし、県は変化を見せなかった。

また、私たちは県知事への要望書と同じ内容を神奈川県議会へ陳情した。2008年12月15日のことだった。県議会へのアプローチを陳情にするか請願にするかが連絡会MLで議論されたが、結局、県議を間に立てることが難しかったために陳情となった。環境農政常任委員会の委員へのアプローチは、どの委員(議員)に行くとよいかというところまで議論されたのだが、残念なことに、予定を立てることさえできなかったのである。このことは、当時はあまりの忙しさに追われており、かつ、土砂条例の許可処分は環境農政ではなく建設常任委員会であったことから、そちらだけのルートとしてしまったのだ。今となっては優先順位を間違えたのかもしれないと反省したい。アプローチが可能だった建設常任委員会では、私たちの陳情について幾度か議論された。

さらに私たちは、三浦市議会への陳情も行った。三浦市は北川湿地の埋め立てに関して許認可権はないのだが、三浦市民が北川湿地の自然を残して欲しいと願っていることを主張することは、市政と市内の大企業である京急が「5つの土地利用計画」を推進しようとしていることから考えると、重要であると思われた。市議会への陳情は2008年12月12日に、中垣浩子の陳述があり、継続審議となった。その後、事態の進行が著しいため、いったん陳情書を取り下げたのち、再び陳情を行った。2009年9月14日、私は、三浦市議会都市厚生常任委員会において、陳情についての趣旨説明を行った。陳情書については、第3部資料を参照されたい。石橋むつみ議員は、平成18年9月25日の特別委員会において、京急と三浦市で協議が行われたという事実について市担当者へ向けた確認を行った。つまり、「宅地化は厳しい」と京急担当者が市議会で発言した事実である。私は、北川湿地を残土で埋める開発計画がどれだけ時代遅れだと考えられるのかを中心に、平成4年と7年の三者合意は「文書不存在」であること(つまり正式な合意はなかったと考えられること)、宅地造成なら都市計画法に基づく開発であるべきなので手続き上問題があること、生物多様性条約第10回締結国会議が来年日本で行われようとしているときに国際的非難を浴びかねない恥ずかしい開発であることなどを意見した。さらに、環境影響予測評価についての問題点や、事業者が神奈川県に提出した見解書と評価書の矛盾について指摘した。私たちの陳情はすぐに採決となり、賛成少数(2)で否決(不採択)された。また、2009年4月6日、連絡会会員(当時)で三浦市民である芦澤一郎らにより、三浦市への要望書も提出されたが、同年5月27日には、三浦市商工会議所から三浦市長に処分場建設事業の推進意見書が提出され、結局、市が変化を見せることはなかった。

ところで、日刊三崎港報という新聞は、三浦市の地方紙で、はじめは他の新聞と同様に平等な視点あるいは現代的な社会情勢を背景にした視点で記事を書くのかと思っていた。しかし出された記事を読むと、他紙と同様な記述もあったが、一部に驚くような記事があった。ここにいくつかを例示して紹介する。

「三浦商工会議所　初声・三戸発生土処分場建設推進意見書採択　希少動物等の保護にも言及　95年“4者合意”の土地区画整理の準備工事」(2009年5月26日)、「『理想的開発めざし湿地を守り続けた』地権者が悲痛な訴え　北川湿地保全シンポ　環境保全連絡会　会場交えてホットな議論展開　150人参加」(同年6月2日)、「市議会一般質問　京急・発生土処分場建設事業に期待感　吉田市長　蟹田沢ビオトープ構想に注目　草間議員　定住人口確保のために必要不可欠と強調」(同年7月14日)、「北川湿地保全陳情を賛成少数で不了承　土地基盤整備を後押し　三戸自然環境保全連絡会に“門前払い”」(同年9月16日)などである。開発推進側の関係者がおもな購読層なのだろう。

国会議員へのアプローチ

2009年5月のある日、携帯電話に連絡会事務局から連絡が入った。当時は自民党政権であったが、某自民党衆議院議員とアポイントメントが取れたという連絡だった。時間をやりくりして連絡会事務局の天白牧夫と連絡会の中垣善彦らとともに衆議院議員会館を訪ねた。政策秘書に案内された部屋へ4月24日の毎日新聞の記事と私たちの用意した資料を持参すると、たいへんに多忙な様子の中、ものすごい速さで目が通された。それぞれ読み終わると、私たちの目の前で環境省の担当者に「湿地の担当者をお願いします…」と電話し、問題の把握ができているかどうか尋ねた。担当者は知っていると答えた模様だった。立て続けに環境大臣にも電話をかけた。大臣までは上がっていなかったようだった。あまりの仕事の速さに驚愕したのは言うまでもない。仕事のできる政治家とはこのような方だと痛感した次第であった。「神奈川県は何をやっているんだろうね…」、「大臣に観てもらうので、北川湿地がどんなところなのか分かる5分間のビデオを持って、月曜日に議員会館に来てください」、短時間ではあったが大きな収穫と感じられた。私たちは突然の出来事に驚いた。間を取り持ってくれた方に感謝しつつ、事務局では徹夜でビデオの編集が行われ、月曜日に届けられた。

後日、政策秘書の方から、間に入って頂いた方に連絡があった。非公式だが、環境省の事務次官が県と市の担当者に連絡を入れて、現地を視察し、現地の状況を聞いたとのことであった。結果は、残念なことに、地方自治のしくみの中で行われている開発であり、小泉純一郎元首相が打ち出した地方分権の考え方もあるので、環境省として口を出すことができないとのことあった。政治の力で解決の糸口が見つからなかったという結果だった。私たちは落胆し、消沈した。ただ、環境省の高官が現地を訪れたということは特別なことだったと思われた。動いて頂いたことに改めて感謝をしたい。

これは民事調停と並行しての出来事だったが、政治的な動きがもう一歩というところまで来て、それより前に進めることができなかった。しかし、北川湿地問題に理解を示し迅速に行動してくれる政治家がいること、またそれは、政党や政策とはかかわりなく政治家個人の考えで行われることもあることが分かり、このことは忘れることができない出来事となった。議員ご本人のご指示により匿名で行われたこれらの動きが、保全の方向で実現していれば、流れが変わっていたのかもしれなかった。

ところで、当時は「政権交代」の風潮が社会に強くあり、旧態然とした自民党の環境政策ではなく、新たに政権を獲得した場合の民主党の環境政策に大きな期待が寄せられていた。北川湿地問題の関係者の間でも例外ではなかった。政権交代が起これば社会が大きく変わるかもしれない、環境政策も大きく変わるかもしれないと、誰もが期待した政権交代は、実際に起きた。しかし、北川湿地をめぐる問題については、政権交代の成果は何ひとつなかった。小選挙区で敗れたものの比例で当選した民主党の横条勝仁議員(のちに離党)は、実際に北川湿地に足を運び、私たちの主張に耳をかたむけた。しかし、何かをしてくれたかというと、何もなかった。「党として保全の方向に動くことはできない」と、党の方針(どのようなところで決められたかは不明)を説明しただけだった。一方で、選挙で「きれいな環境を」といいながらクリーンなイメージで活動を広げた自民党の小泉進次郎候補は、盤石の基盤と絶大な人気で神奈川11区を制し、衆議院議員となった。選挙前、地元横須賀の事務所に挨拶に伺ったが、地元の私設秘書は「親子二代で環境は苦手なんだ…」とこぼしていた。また、選挙期間中、三戸入口にある京急の地域開発事業所に彼のポスターが貼ってあったのは、京急が彼を支持していたということであろう。全く期待が持てなかった。

Column

ホタルの大乱舞　～次世代に残せなかったホタルたち～

2007年6月6日、三浦の自然を学ぶ会(以下、学ぶ会)の会員4人でミニ尾瀬へホタルの探索に出かけた(学ぶ会では北川湿地のことをミニ尾瀬と呼んでいた)。学ぶ会では三浦市内の鈴川の水源地である水間神社周辺から湧き出る清流で発生するゲンジボタルの生息環境の整備を十数年続けており、地域の子どもたちを対象にしたホタル観察会を毎年開催している。よって会員たちはホタルについて人一倍関心が深く、カワニナを発見するとホタルを探した。

ミニ尾瀬にカワニナが生息していることは自然観察会で知っていたが(コラム「ミニ尾瀬」の項参照)、ホタル発生の確認には至っていなかった。現地はなにぶんにも谷深く傾斜が急であること、地形が複雑であること、湿地帯で歩行が困難であること、最後は闇への恐怖心から腰が引けていた。しかし、ホタル観察会に参加した子どもや保護者たちから「水間様のホタル以外に三浦市でホタルを見る場所はないか」との質問が出て、その場では明快な回答ができずにいたので、これに答えるべき責任を感じミニ尾瀬のホタル探索を決行したのであった。

ミニ尾瀬には北川という小川が谷戸の谷間の両側に流れていた。この水は湧水で年間通して枯れることなく流れており、水温も17～18℃内外で安定しており、三浦メダカやサワガニなども生息する清流の里ともいえる場所であった。谷間は広い所でも幅30 mくらい、狭い所では15 mくらいであった。この中に棚田が700 mに渡って作られていたがその後は廃田となり、ハンゲショウ、シロバナサクラタデ、アキノウナギツカミ、ミゾソバ、ヨシ、オギなどの湿地性植物に覆われていた。この谷戸は、さらに小さな6つの谷戸に分けられており、小さな谷戸それぞれにいろいろな生物が生息していた。私たちがホタル探索に出かけた谷戸はそのうちのひとつで、奥行きは50 mくらいで4枚の棚田の跡があった。斜面にはコナラ、クヌギ、スダジイ、マテバシイ、オオシマザクラ、ヤマザクラの古木が覆い、谷戸の奥には笹藪がありシダ類も見られた。

ホタル探索のその夜は、湿度が高く少し蒸す感じの天候であった。現地には19時頃到着し、日の暮れるのを少し待った。時折、コウモリが斜面の木立から反対側の斜面の木立へ飛んだ。同行した学ぶ会会員の鈴木元和君が「コウモリはホタルをえさにしている」という。私たちにはホタルは見えないが、コウモリには見えるのかと思っていると、鈴木君が「ホタルの光だ」と叫んだ。彼が指さす方向を見ると、かすかにそれらしい光が見える。しかし、この光がホタルの放つ光とはまだ確信が持てずにいた。20時近くになって闇はさらに深くなり、辺り一面真っ暗闇となった。棚田跡方面に目を凝らすと、川の音のする方向に黄色いはっきりとした光が見えはじめた。ホタルであった。棚田跡のミツバ、セリ、スギナ、ハンゲショウ群落の奥から、1匹、また1匹と頭上の木立の枝をめがけて飛んで行き、その数は次第に多くなっていった。鈴木君がゲンジボタルだと教えてくれた。脳裏には、50数年前に田舎の岐阜の田んぼで見たホタルの舞う光景がよみがえり、心臓は高鳴り、喉は渇き、点々と舞うゲンジボタルの光の美しさに酔ってしまった。ミニ尾瀬を散策路のひとつとされていた蛭田スズ江さんは、ホタルの大乱舞を見て、「一生に一度でもいいから見たいと思っていた夢が実現したので、もう思い残すことはありません。こんなにたくさんのホタルが見られるなんて。冥途へのおみやげができました。」と震える声で話しかけられた(蛭田さんは2011年10月に逝去されました。ご冥福をお祈りいたします)。ホタルは私たちの目の前の空間に舞い、時には頭や肩に止まった。立ちつくしたまま声も出せずにただ呆然と眺めて、我に返り時計を見ると20時半を回っている。興奮をそのままに、幸運なホタル探索会を終えた。

その後数回ミニ尾瀬でのホタル観察を行ったが、その都度新たな発見が続いた。ゲンジボタルの生息地は私たちが最初に偶然に発見した場所だけでなく複数あったこと、他の場所ではヘイケボタルも生息していたこと、ゲンジボタルの生息していた場所のひとつではさらにクロマドボタルが生息していたことなどであった。また、ここではホタル類が6月から8月中旬まで観察できることが分かった。この中で見たホタルとハンゲショウと月光の共演は、自然が私たちに与えてくれた何物にも代え難い宝物であった。

しかしながら、このホタルたち生きものすべてが埋め立てられた。2010年に開発事業のための埋め立てがはじまり、その年のうちに谷戸底は搬入された土砂で埋め尽くされてしまった。今は土砂搬入路と荒々しく削り取られた斜面がむき出しているのみである。開発事業者は、ホタルは他の場所で保管し養殖して育てていると言う。この場所で育ったホタルはここで鑑賞するのが最善であり、他のビオトープで見てもあれほどの感動は得られない。まったく惜しいことをしたものである。次世代に残せなかった悔いはいつまでも残ることであろう。

（中垣善彦・中垣浩子）

第2章　エコパーク構想

横山一郎

本章では、北川湿地を守るために必要だった広報活動と、公開シンポジウムによる市民の議論、それらの成果としてのマスコミの対応などについて述べることとする。私たちがまとめた「エコパーク構想」の冊子そのものについては、第3部資料をご参照頂きたい。

観察会・ホームページ・ブログによる広報活動

北川流域の自然環境がどれだけ貴重なものだったか、三浦半島の自然愛好家も、研究者も、地元三浦市民でさえもあまり知らなかったことはすでに述べた。「ここを残してください」という運動に賛同者を募るにも、「ここがどんなところか」を示さなくては何も始まらなかった。それを担うために考えられたのが、観察会の開催、ホームページによる広報、ブログによる意見交換であった。

観察会は、対象は数人と少ないが、確実に自然の姿を伝えられる手法である。私たちは時間の許す限り現地を訪れ、観察会を行った。そして、そこに何がいるのかを示さなくては、自然の貴重さを客観的に示すことができない。例えば、2009年1月1日に、連絡会の若者数人が北川流域を歩き、MLに次のようにコメントを残している(一部を改変してMLより引用)。

「久しぶりに北川を歩いてきました。鳥類調査および両生類調査準備のためです。下流側法面から本流最上流まで行きました。氷が張っていましたが、天気がよく、たいへん歩きやすかったです。測量のものと思われる通路とポールがいくつも新設されていました。また、調査中に猟師3名と猟犬2頭に遭遇し、銃声も聞き、少し怖かったです。谷戸底を歩きましたが、ちょうど中ほどでヤマシギ(鳥)が飛び出しました。また、トラツグミ(鳥)の喰われ跡もありました(犯人はオオタカの可能性)。猛禽類も何種か確認できました。ホオジロ類とツグミ類の密度は相変わらず高く、圧巻でした。まもなくカエル類の産卵期ということもあり、卵塊数把握の調査用に小さな水溜まりを11箇所作りました。減少の著しいアズマヒキガエルや、非常に激減しているニホンアカガエルの谷戸内の繁殖地の分布を正確に知りたいと思います。この調査で北川がニホンアカガエルの三浦半島最大の生息地であることが確認されると思います。蟹田沢は、京急が開発許可以前に先行して施工しているビオトープが早くも陸化しており、陰りが見えてきているようです。むしろ小網代湾の砂質干潟とセットになっていることから、北川の再現というよりは、小網代タイプの谷の保全という観点で守ってもらいたいものです。蟹田沢にどんなに投資をしても北川にはなりませんが、蟹田は蟹田で個性があります。また、隣接する神田川の谷戸でも、非常に希少な鳥類を何種か確認できました。こちらも北川同様に、残すべき環境です。観光資源や社会貢献として残す方が、農地や宅地以上に利益があることを試算できないでしょうか。いずれも私有地であるため第三者が制限しにくい環境ですが、うまく工夫したいところです。皆さんのお知恵をお貸しください。」

連絡会のメンバーによる観察会は、外部の団体からの要請に対して行われたり、大学入学後に自然のことをより知りたいと思う学生たちを対象にしたりしたものが多かった。観察会参加者は、長靴やウェーダー(釣り用の胸まであるゴム長靴)をはいてぬかるみの湿地を歩き、様々な生物を観察した。中にははじめて湿地という環境に足を踏み入れたものもいたりして、参加者からは好評を博していた。私たち連絡会のメンバーも北川流域の自然について十分知り尽くしてはおらず、正確な調査ができずにいた。私有地であることは知っていたが柵があるわけでもなく、中に市道も通っていたので、2009年春頃までは自由に湿地に入っていた。それが、先述の通り立ち入り禁止の色合いが強くなると、私たちは、湿地の中の自然そのものから少しずつ遠のいていったような気がした。私たちは、合法的な活動を行うことを確認し、市道の上は通ることがあっても、中に入るための無理はしないようにした。

広報を効率よく行うためには、ホームページが必要であった。連絡会のホームページ(HP)は、金田正人のサーバーを借りて、2009年2月1日に開設された(http://www.kndmst.net/mito/)。HPからは、おもに資料をダウンロードできるようにし、日々移り変わる景観や生き物のことはブログで紹介する作戦にした。ブログでは、連絡会の会員が誰でもログインできるようにしておけば、情報の提供や更新が容易であり、HPへのアップロードで金田の手を煩わさなくてもよかったからだ。そうして出来上がった連絡会のHPはトップページだけの構成で、そこにたくさんの資料へのリンクが張られた。

2009年2月24日には連絡会のブログ(http://mitomiura.exblog.jp/)が立ち上がった。記念すべき最初の記事は、スズメ大の小鳥の写真が添えられた、「カシラダカの写真ゲット!」という記事だった。

「2月18日、カシラダカをついに撮りました。北川ではいつも30羽前後の群が常駐していますが、三浦半島ではここだけです。カシラダカの好みの草原が、北川以外に無いのでしょう。」

北川の生物を紹介したいという、純粋で瑞々しい記事だ。私たちは観察会を行うたびに、その時見られた生物のことを、写真を添えてブログに紹介した。希少種だけではなかったが、知っているようで普段は見落としている生き生きとした生命の営みが綴られた。

また、問題提起的なものや、活動の報告も多数含まれた。その中から2つ例示したい。

「北川湿地を埋めてしまって本当に大丈夫?

私たち連絡会は、北川に現存する貴重な自然環境を、何とか未来に向けて残していきたいという強い思いで活動しています。しかし、現地は私有地であり、過去のいきさつから開発を前提とした土地利用計画が存在していることも知っています。前回のシンポジウムでも、地権者の農家の方よりご意見を頂きました。単に貴重な自然だから守れというだけでは、それは叶わないことでしょう。とはいえ北川の自然の価値は、そうした計画が合意された当時とは比較にならないほど重要性が高まっていると考えています。それは周囲の開発によって、北川と同等の内容を持つ自然環境は、神奈川県内にはすでに存在しないからです。また、自然環境の価値に対する認識が社会的に当時とは大きく変わってきているということもあります。つまり、時代が変わってしまったのです。でも、21世紀を迎えた現在、経済や人間社会も自然も、昭和の時代とは状況が変わってしまったのだという認識は、残念ながら必ずしも共有されているわけではありません。ですから、私たち連絡会は、事業者やこの場所の開発を願っている方たちともよく話し合って、そうした方たちにも納得して頂けるような、新たな地域作りのビジョンを共に考えていくつもりです。30日(土)の公開シンポジウムでは、そのような視点でご意見を頂戴できれば嬉しく思います。」(2009年5月24日の記事)

「要望書提出。環境農政部長『結果的に審査書の指摘を尊重させる』
神奈川県に要望書を提出しました。また、県議会に陳情をしました。

6月15日、三戸保全連絡会会員3名が神奈川県庁を訪れ、県知事宛の要望書を提出しました。また、県土整備部長と環境農政部長にお会いし、要望書の要旨をご説明いたしました。おもな点は、

①京急は工期日程について意見書に対する見解書に書いた内容と異なる内容を評価書に示したこと

②審査書が指摘した環境保全対策をほぼ無視した形の事業計画(工期)となっていること

③審査書が指摘した専門家委員会の具体案が書かれていないこと

などです。これらを指摘し、環境影響評価条例を遵守して頂けるよう、要望しました。これに対して、神奈川県側の説明を受けました。また、環境農政部長は、『県としてできることはやってきた。結果的に、京急さんには審査書に書かれたことはやって頂く。』と、力強いご発言を頂きました。審査書を尊重するには、今回提示された評価書における事業計画では不可能と思われることを、再三指摘しましたが、それについては、議論がかみ合いませんでした。しかし、結果的に審査書を尊重して頂くことができれば、と思います。県議会事務局にも、同様の内容の陳情をしました。こちらは受理されましたので、県会議員の皆様に、県民の視点に立った、神奈川県最大規模の低地性湿地の命運をかけた議論をして頂ければと思います。」(2009年6月20日の記事)

ブログは、自然、工事の進捗状況、ニュースなどのカテゴリに分類されている。現在は新しい記事の更新を行っていないが、別項で示した差し止め訴訟が終了するまでは、様々な立場の方から膨大な数の書き込みが行われた。失われようとしている湿地を残したいと願う意見や、残すための戦いへの助言、ただ単にどんな湿地なのかという質問から、開発計画の歴史的なことについての書き込み、開発を信じる「地元民」からの強い意見など、本当にホットな意見交換がなされたことは、法廷が関係者の法律上の議論の場であったのに対して、このブログが市民の議論の場となっていたことの証であろう。ただ、2011年3月31日に裁判の判決が出た後は、ほとんど更新していない。HP立ち上げから判決までの約3年の間に連絡会のメンバーにより書き込まれた四季折々の自然の記事や工事のことなどは読むことができるが、一般の方々からの膨大な書き込みを現在参照することができない。書き込み可能な状態では、内容に関係のな

い書き込みが増え、管理上問題になると考えているためであり、書き込みで議論しても、北川湿地は戻ることはなく、また、様々な「非難」だけになるだろうと予測されるからでもある。

観察会、HP、ブログ以外にも、積極的に広報の機会を得て活動した。

例えば、毎年代々木公園で行われる「アースデイ」には、コンサベーション・アライアンス・ジャパンの取り計らいで2年間ブースを出展することができた(図2-2-1)。コンサベーション・アライアンス・ジャパン(アウトドア自然保護基金)とは、自然保護のために活動している環境団体に活動資金の援助をしているアウトドアスポーツ関連の企業が集まり、各社の売上規模によって集めた基金をビジネスのもととなる自然を守るために活動する市民団体等に助成を行っている組織である。私たちは、この基金から2年間にわたり50万円ずつのご支援を頂いた。そして、アースデイのようなイベントにも広報活動の場所を提供して頂いたのであった。広い代々木公園ほぼいっぱいに繰り広げられる「自然・環境・生命・生活・未来」をテーマとした市民の活動と、訪れるたくさんの人々の熱気に圧倒されるばかりであった。たくさんの市民の興味が、自然にかかわり守ろうとする活動や、生命と生活のために自然の豊かさが大切だと訴える活動に向いている。アースデイの会場には自然の食材や有機栽培の野菜、畜産物などの販売や、3R(Reduce, Reuse, Recycle)に関係したアクセサリー、せっけんなどの物品販売もあり、訪れた人々のおなかを満たし、買い物を楽しませていた。三浦半島の先端近くの小さな湿地の広報活動に苦労していた私たちには、このようなアースデイの景色は驚きでさえあった。私たちは小さなテントの一角の机上に田んぼのジオラマを手作りした。そこにセリを植え、オタマジャク

図2-2-1　2010年アースデイ連絡会のブース出展

シを泳がせた。北川流域に見られた生物たちの写真を展示して、連絡会のリーフレットを置き、北川湿地の保全を訴えた。いかにもナチュラリスト風の人だけでなく、ごく普通の家族連れや若いカップルまでが三々五々私たちのブースで足を止め、セリの香りをかぎ、新鮮な視線でオタマジャクシを愛でた。一掴みのセリを「コップにさしてキッチンにどうぞ」と手渡すと、たいへん嬉しそうに受け取ってくれた。「都会の市民にとってはセリやオタマジャクシは豊かな自然なのだ」という実感がわいてきて、私たちにとっては普通種であっても都会の人々からすれば貴重な自然であり、現代において首都圏に残された湿地は重要な市民共有の財産であるという思いが確認できた。さらに私たちは、ステージなどを利用させて頂き、「首都圏の奇跡の谷戸　三浦市三戸『北川』の湿地を残すには」と題したプレゼンを行った。アースデイ終盤はテント前に立ち、声を大きくして「三浦半島の先端近くにある湿地が、今、埋め立てられようとしています」と道行く人々に訴えた。

また、日比谷公園で行われた「土の緑の祭典」にも足を運んだ。このイベントは環境というよりも農的色彩の強いイベントで、たくさんの出店が様々な食材や食品を販売していた。玄米のおにぎりが普通のおにぎりよりもかなり高価な値段で売られていて、それが飛ぶように売れていた。有機栽培に関するものもたくさんあった。市民の自然志向・健康志向を確かに見ることができた。また、環境問題や自然保護に関する出展も多くあり、私は情報発信のしかたを学ぶつもりで丁寧に見て歩いた。シンポジウムなどでお世話になった（後述する）ツルネン・マルテイ議員の講演も行われていた。このイベントへ足を運んだ最大の目的は、トークステージで講演していた高坂 勝とのコンタクトを得ることだった。高坂は、池袋で小さなオーガニックバー「たまにはTSUKIでも眺めましょ」を経営している。彼の店では、飛び切り美味しい寺田本家醸造の酒を酌み交わしながら、たくさんの人々が自然や農業の姿について意見を交わしていた。高坂は、この後、北川湿地の保全のために多くの活動家やマスコミ関係者を紹介してくれて、私たちにそれらの人々の橋渡しをしてくれることになる。

さらに、2009年11月29日には、厚木市文化会館で行われた第9回野生動植物保全フォーラム（神奈川県自然保護協会主催）にて「三浦三戸・北川湿地から」と題した報告を行う機会もあった。神奈川県内でも開発と保全をめぐり様々な問題が起きていた。保全活動をしている団体同士で情報交換をすることは大切だと分かっていたが、それぞれの団体は自分のところの問題で手いっぱいであり、連携や発展というところまでは至らない感じがしていた。それでも、活動のモチベーションを維持するために、このようなフォーラムへの参加は重要であったと思う。

このような広報活動やシンポジウム、記者発表などが徐々に浸透したせいか、北川湿地の問題はやがて雑誌などのマスコミにも取り上げられるようになった。この詳細については、資料の年表に詳述したので是非参照して頂きたい。一部をここで紹介する。

- 写真週刊誌　AERA 「三浦半島に残る自然　窮地に立つ奇跡の湿地」2009.7.27号　2009年7月21日　（北川湿地問題がはじめて全国規模のメディアに取り上げられる）
- 雑誌　日経エコロジー　2009年11月号　第1特集　本気で向き合う生物多様性「里山開発　高まるCSRの圧力」 2009年10月8日
- 雑誌　環境ビジネス　2009年11月号 「大特集　生物多様性超入門　企業に迫るリスク　北川湿地開発に揺れる神奈川・三浦　本年10月、工事着工へ」2009年11月1日

公開シンポジウム

横浜弁護士会館は、神奈川県の中枢的地区である日本大通りに近く、横浜地方裁判所と神奈川県庁の間にある。ここで、第1回公開シンポジウム「奇跡の谷戸　三浦市三戸『北川』の湿地を残したい」が開催され、北川湿地を守るた

図2-2-2　第1回シンポジウム

めの活動がはじめて公開され、北川流域の開発問題が社会に産声を上げた(図2-2-2)。主催した連絡会では、ポスターやチラシを大急ぎで準備して、慣れないながらも手作りの熱い戦いが始まったという実感があった。果たしてどのくらいの市民が関心を寄せてくれるのだろうか、新聞社などのマスコミは取り合ってくれるのだろうか、たくさんの不安や心配が入り交じった心境でのスタートだった。

プログラムは、連絡会事務局の天白牧夫から三浦市三戸北川の紹介と連絡会の活動の経緯説明などが行われた後、瀬能 宏(神奈川県立生命の星・地球博物館)が「メダカから見た北川の湿地の重要性」について、中垣浩子(三浦の自然を学ぶ会)が「北川谷戸の植生と希少種」、橋本慎太郎(三浦半島昆虫研究会)が「昆虫から見た北川の環境」、小林直樹(三浦ホタルの会・三浦市議会議員)が「制度上の問題点と市民の財産としての北川」、そして、金田正人(三浦半島自然誌研究会)が「野生動物の生息域北川とその保全について」と題した発表を行った。金田は発表の中で、三浦半島の谷戸がもつ生物多様性保全上の意義、神奈川県最大級の低地性湿地ということの意味、そして、なぜ北川の湿地が大事なのかを説いた。

発表の後、質疑応答となった。会場には50名を超える参加者が詰めかけていた。環境問題に強い関心のある逗子市民の方、「生物多様性基本法は議員立法でできたアンブレラだ」という自然保護の専門家、「小網代の時は県知事とうまくやっていた。署名も4万5千人くらい集めた。しかし、三浦半島の他の場所では県内で余った土砂が恒常的に捨てられ田んぼが埋め立てられ、それがいやで環境保全運動をやめてしまった」という小網代の森を守る会関係者の方、「開発が行われるときには必ず利益誘導があり、小さな利益を得る市民よりも莫大な利益を受ける企業や政治家がいる。環境の問題は行政との戦いだ」と説く三浦市油壺の開発問題で活動している方ほか、たくさんの方から質問や助言が続いた。筆者は連絡会代表として、「これまで谷戸は邪魔で経済的価値が低い場所とされてきた。しかし、多くの谷戸が埋められてきた中で谷戸の生物多様性の豊かさの価値が認識されてきた今、北川の湿地を守ることの意義があるのではないか。その価値の高さは詳細な調査によって明らかになるはずだ。そして、これだけ広い面積の湿地がたった1本の暗渠で海とつながっている奇跡、その湿地に気がついてみればレッドデータブックに掲載される生物たちが多くいたという奇跡から、できればその湿地を残す奇跡につながるような活動をしていきたい」と訴えた。地元から遠く離れた横浜の地で行ったシンポジウム会場からは、旗揚げされた私たちの運動に反対意見はなかった。また、シンポジウムを取り上げた新聞報道は赤旗1紙で、広報の難しさを知った。そして、連絡会の中では、「やはり地元で行わなければ地元市民の理解を得ることはできない」という共通理解に達することにあまり時間はかからなかった。

第１回のシンポジウムの後、地元における公開シンポジウムの計画が早急に検討され、第2回公開シンポジウム（題は第1回と同じ）として、3月21日に最も地元である三浦市初声町にある潮風アリーナの大会議室で行われた。プログラムは、連絡会事務局からの「三浦市三戸『北川』保全の背景と経緯」と題した概要説明にはじまり、「メダカからみた北川の湿地の重要性」瀬能 宏（神奈川県立生命の星・地球博物館）、「北川谷戸の植生と稀少種」中垣浩子（三浦の自然を学ぶ会）、「昆虫から見た北川の環境」橋本慎太郎（三浦半島昆虫研究会）と３本の講演で構成された。その後、パネルディスカッションとなった。

地元で開催した最大の目的は、いろいろな意見を持つ方があるだろうから、その意見を聞こうということだったのだが、前半のプレゼンの中ごろに、背広姿の中高年の男性が10名ほど入場して、会場の中央付近に座って、物々しい雰囲気が漂っていた。パネルディスカッションが始まると、第1回の時とは様相が全く異なるシンポジウムとなっていった。後から入場して中央付近に座ったうちの一人が手をあげてこう発言した。「地権者です。ここは奇跡なんかじゃない、俺たちが宅地にするためにずっと守って来た土地なのだ。これまで払った税金が…」と、これまでに支払った固定資産税の額を、用意してきたメモをもとに読み上げた。私たちは、反対意見が出てくるとは思っていたが、この唐突で一方的な「地権者」の登場とその一方的な発言の展開にたじろいだ。パネリストだった弁護団長の故・岩橋弁護士は、会場に環境権の理解を得るために、アメリカインディアンを持ち出してアメリカでの裁判の事例を示そうとした。しかし、先の「地権者」は岩橋弁護士の話を遮り、「インディアンなんか関係ない」と受け付けなかった。

受付付近でも小さなバトルが繰り広げられていた。携帯電話で、どこかにシンポジウムの内容らしきことを報告しながら、受付担当に「あんた、どこの学生？」と詰め寄っていた。この地域の農家は、過去に某大学の学生らが教授に扇動され、小網代の森を守る運動を繰り広げたことに嫌悪感があったのだろう。環境保全についての学生の運動を快く思っていないことが窺い知れた。

面食らった私たちは、何のまとめもできないままにシンポジウムは終了した。シンポジウムの後、「早春の北川の湿地の視察」と題した観察会が予定されていたが、あいにく天候が悪かったことなどから、この日の観察会を中止とした。

シンポジウム終了後、連絡会MLではこの「地権者」の発言をめぐって様々な意見が交換された。反対派がいることは予想できたものの、このような形での「地権者」を名乗る人々の存在は衝撃だった。それでも、これらの人々に理解を得ながら活動を進める方向で確認がなされた。そして、「地権者」は何人で、どのように土地を所有しているのか、それが先立つ疑問となった。

憶測で議論しても仕方ないので、さっそく地権者は誰なのかを調べてみることになった。三浦市の法務局は、元は小網代の森の入り口にあったのだが、閉鎖されて横須賀に合併されていた。公図を調べた資料をもとに弁護団会議が開かれた。北川流域は古い水田跡地なので、図面上にたくさんの「筆」が分かれていた。「1筆でも売ってくれる農家があれば、法外な金額でも買うのだけどな…」と、冗談のような本気のような発言も出た。そして、それらの所有権を調べることは容易ではなかったが、ようやくその全貌が見えてきたとき、私たちは落胆しなければならなかった。なぜなら、公図の確認の結果、北川流域の土地はほぼすべて京急の買収が完了していたことが判明したからであった。シンポジウムで地権者を名乗った人々は、おそらく元地権者だったことが判明した。また、この買収はおそらく2008年には完了していたと思われた。

地権者を名乗る人々が実は地権者ではないことが分かっても、それらの人々には地権者という意識があり、地元では発生土処分場建設に強い賛成意見があることは変わりがなかった。聞くところによると、三戸地区の集落はたいへんに閉鎖性が強く、集落で合意したことにはあとから反対できない空気があり、仮に「自然も大事だ…」と思っていても口に出して言うことは憚れるのではないかという意見も出たくらいだった。

さらにやっかいなことが分かってきた。地権者を名乗った地元の人々の中には、今回の開発区域の周辺部に農地を所有していて、耕作をしながらも、生産緑地指定の時に、(三浦市の指導で)生産緑地にしなかったこと、駅の近くに所有している農地を、近親者の宅地として確保したり、宅地にして分譲したりといった皮算用をしている人もいるということが分かった。この人たちにしてみれば、開発に関係した「地権者」であることには違いなかった。

地元からの賛同者を得ることは厳しいことが分かったが、私たちはシンポジウムを続けることにより、三浦市全体で市民の賛同を少しでも得たいと考えた。そこで、5月30日、第3回のシンポジウムを三浦海岸駅近くの三浦市南下浦市民センターで開いた。私たち連絡会のメンバーによる北川流域の生物の紹介だけではなく、外部から講師を招き、環境保全・自然保護に対する啓蒙にもなるようなプログラムが画策された。その内容は、第一部で「北川の湿地と処分場建設計画の概要」天白牧夫(日本大学大学院生)、「学生から見た北川の生態系の重要性」芦澤 淳(東京海洋大学大学院生)、「鎌倉・広町緑地の保全実例紹介」安倍精一(鎌倉の自然を守る連合会)の3本の講演で構成された。また、第二部は、パネルディスカッション「北川の魅力を活かした地域づくりを考える」と題して行われ、「守り活かそう北川湿地」というリーフレットが配布された。このリーフレットは、後のエコパーク構想の原型となるものであった。

このシンポジウムの目玉は、鎌倉市の「広町緑地」の保全に奔走し、成果を「鎌倉広町の森はかくて守られた 市民運動の25年間の軌跡」(港の人刊)をまとめた安倍を迎えての講演だった。広町緑地とは、鎌倉市の西側、鎌倉山と七里ヶ浜の中間に位置する里山的自然で、開発予定だった休耕田を田んぼに戻して、周辺が緑地として保全されている。私たちは、安倍が運動史編纂委員長としてまとめた本を読んで活動の概要を学び、また、広町緑地に実際に足を運び、広町緑地と同じように北川湿地が開発の火の粉の中から保全に向かう道筋が見えてくることを願った。しかし、広町の事例は、開発に反対する住民が自治会(町内会)単位で結束して戦ったこと、戦いの担い手が緑の近くで子育てと生活をしたいと願う主婦層が中心となったこと、開発の是非を首長選挙に持ち込んで世論形成を行ったことなどが特徴的であった。安倍には大いに励まされたものの、残念なことに、これらのことは北川湿地の件ではどれも全くできていないことが心細く感じられた。

講演とパネルディスカッションの後、質疑応答の時間となった。私たちは、第2回の時と同様に地権者を名乗る方々が現れることを想定したが、ある意味それは当然のことなので、対策をとるようなことはしなかった。質疑応答の中で印象的だったのは、藤沢市と鎌倉市にまたがる武田薬品工業の工場の建て替えで発生する汚染土の問題に取り組む活動家の山影冬彦からの情報提供であった。私たちは、北川湿地の問題でアセスの項目に土壌の項目がないことを挙げ、会場に意見を求めた。すると、第2回のシンポジウムで相続税の話をしたYさんが来場しており、また発言をした。「ここには地権者38軒、うち企業が

6、一般が32だ。武田薬品の土壌の問題は気になるが、地権者の方からそのような土壌は入れないように京急にいうので、検討の必要はない」、「エコツアー事業の説明があったが、そのようなもので地権者の生活の保障ができるのか？代々相続税を払い、市街化されることを望み、ミニ開発から守ってきた。宅地になることを待ち望んでいるのだ…」云々。シンポジウムで会場からの意見を求めるたびに出てくるこの「地権者」の発言には、私たちは頭を悩ませた。バブル以前から何代にも渡って休耕地が宅地になることを望んでいる農家。日本の農業問題の縮図の一部を垣間見たような気がした。さらに会場から、「土壌汚染があった場合、土地所有者に対策をとる義務が生じる」と述べられると、先のＹさんは敏感に反応した。次に、「下流半分はすでに埋め立てられており、地権者は十分利益を得ているのではないか？また、所有権は京急に移っているのではないか？」と述べられると、「京急とは約束事を交わしている。20日に交わした」と、Ｙさんから当事者でなければ分からないような情報まで飛び出してきた。「地権者」という考え方に対しては、会場からも、「交換が終わっているのであれば、地権者としての発言はおかしい。シンポジウムでは事業者のアセスに対して疑問をあげているのだ。それに、京急と地権者という人々が立ち入り禁止にしているが、調査をきちんとしないのはおかしいのではないか？」という発言もあった。アセスに対する疑問、開発計画に対する疑問は、このように本質を捉えていたが、建設的な議論には発展しなかった。「自然は大切だから世界遺産にして欲しい」といった意見まで出てきた。最後に、汚染土壌については、仮置き場の問題があり、信頼関係が重要であることなどがあげられた。

3回のシンポジウムを終えて、連絡会ではシンポジウムの構成について議論が交わされた。シンポジウムには、はじめて北川湿地のことを聞く参加者もあるだろうから、湿地と開発計画の概要説明は欠かせない。しかし、湿地の生き物の話をくり返し行うことには、毎回訪れる参加者に対してマンネリ感を誘うだろうし、会場から「地権者」を名乗る方が毎回同じ意見を出すことを制止することもできない。どうしたものかと思案に暮れた。妙案はなく、行き詰まりを感じた。

実は、このシンポジウムの前日の5月29日に、京急からの評価書が県に提出されていた。第１章に述べた通り、アセスの手続きでは、事業者から評価書案が出され、それに対して県は審査会に諮問し、4月3日、審査会からの意見をふまえた知事審査書が出されていた。これを受けての評価書だったはずだった。しかし、次にまとめる3項目の醜さが際立っていたのだ。

- 京急は工期日程について意見書に対する見解書に書いた内容と異なる内容を評価書に示したこと
- 審査書が指摘した環境保全対策をほぼ無視した形の事業計画(工期)となっていること
- 審査書が指摘した専門家委員会の具体案が書かれていないこと

谷戸底は2年かけて順次着工されることから…という記述は嘘だったのだ。連絡会の中にはこれに激怒した者もあれば、すぐさま関係各方面に働きかけを行ったり、記者発表を行いマスコミに問題点を整理して伝えたり、あわただしい動きにならざるを得ない状況であった。私たちは、6月15日、神奈川県庁を訪れ、上記の問題点を明記した県知事宛の要望書を提出した。また、県土整備部長と環境農政部長に会い、要望書の要旨をご説明した。しかし、「県としてやれることはやった」という回答しか得られなかった(このことは第1章でも述べた)。私たちは、アセスのやり直しを望み、時間的に迫ってきた土砂条例の許可に、環境影響予測評価が不十分であるからすぐさま許可を下さないという「横断的判断」が行われることを切望した。事態は急を要するようになっていた。

そのような状況の中で、どのようなシンポジウムを行うか。私たちは策を練った。これまでと同様の北川湿地と開発計画の概要を説明し、いくつかの講演を交え、パネルディスカッションで意見交換を行う手法は限界となりつつあった。特に第3回のシンポジウムでは、自由に意見を募るパネルディスカッションのため、「地権者」を名乗る方の一方的な意見のくり返しや、とにかく自然を守って欲しいという自然保護志向の意見だけが、限られた貴重な時間を奪っていたので、これにどう対処するかが課題となっていた。

第4回のシンポジウムは、夏の日差しがまぶしい2009年7月12日、三崎港近くに新しくできたフィッシャリーナの三浦市民ホールで行われた。北川湿地の生物の紹介として、前回とほぼ同じ内容で連絡会の芦澤 淳が講演し、次に、講師に日本湿地ネットワーク(JAWAN)の伊藤昌尚事務局長を招き、「日本各地の湿地　保全活用事例の紹介」と題して全国的な湿地保全の動きを中心に湿地の大切さを啓蒙する内容とした。講師として招かれた伊藤は、講演に先立ち、当日の午前中にJAWANの仲間数名とともに、連絡会事務局の案内で北川湿地を歩いた。炎天下の草いきれの中を歩いた一行は、この湿地が首都圏にある神奈川県にとって貴重なものであることを体感したに違いなかった。後日の8月3日、日本湿地ネットワーク代表の辻 敦夫と事務局長の伊藤は、連絡会の中垣善彦とともに京急本社を訪ね担当課長と会談し、JAWANとしての要望書を手渡した。7月27日に写真週刊誌AERAにより北川湿地の問題がはじめて全国に知らされた直後のことであった。最後に(これが今回の新しい構成だったのだが)、「北川湿地を活かした地域づくり」と題して、自然を生かした形の具体的な事業対案の提案を連絡会事務局の天白牧夫が行った。これは、前回のシンポジウムで配布したリーフレット「守り活かそう北川湿地」のプレゼンテーションであり、私たちからの具体的な提案であった。パネルディスカッションでは、会場からの質問は、休憩時間に質問用紙に書いてもらい、司会(筆者)がそれを整理してパネラーに投げかけるという手法をとった。このことにより、危惧されたこれまでの問題は回避されたが、議論は進展しなかった。また、閉塞感が強く残る結果となったように感じられた。シンポジウムによる保全活動の広報に限界を感じるようにもなった。

このシンポジウムと前後して、連絡会のメンバーに加わったのが出口嘉一であった。出口は生物を専門に学んだ者ではなかったが、北川湿地の問題を知り、郷里の三浦の自然に起きた問題について地元の若者の一人として憂慮し、活動に参加したいと申し出た。特に、この問題を知らない三浦市民がたくさんいることに対して、署名活動をして広めたいと意欲を見せた。第4回のシンポジウムの日も、たった一人で、シンポジウム会場の前で、朝からビラを配り署名を集める活動を行った。このように、少しずつではあったが、北川湿地を守りたいと願う活動は、当初の生物の専門家・愛好家の集団から一般の市民に広がっていった。

第5回のシンポジウムは、公開緊急シンポジウム「生物多様性と企業の社会的責任～北川湿地問題を例として～」と題して企画された(図2-2-3)。これは、環境保全とCSR(企業の社会的責任)との関係から、公共性の高い鉄道事業を行う企業の社会的責任とは何かを考えるテーマが選ばれた。これまでのシンポジウムは、対象をおもに地元三

図2-2-3　第5回シンポジウム

浦市の市民を中心に考えていた。しかし、地元市民から大きな賛同の波を得ることができずにいたし、県が土砂条例により埋め立てが許可されると、いよいよ情勢がひっ迫してきたため、企業側のCSRの論理で生物多様性を保全することができないかと考えたのだ。県内に拠点を持つ企業にも広報を行い、「北川湿地を残すことが事業者のCSRになる」という提言をまとめることが目標であり、目玉であった。これまでのシンポジウムは、おもに連絡会のメンバーが内容を企画してきたが、今回については弁護団が、講師の選定や、おもに企業のCSR担当に呼びかける渉外を中心的に行った。

ところで、京急のCSRは(HPによると)、電車を走らせることで二酸化炭素を減らしているとのことだった。鉄道会社の本業がすなわちCSRだというわけだ。また、小網代の森の保全に協力することにより、社会に貢献しているとしている。また、ここにも「小網代さえ残せば環境保全になる、地域の環境を守っている」という論理が展開されており、うんざりだった。

会場となった横浜開港記念会館は、第1回会場となった横浜弁護士会館や県庁に近く、訪れた観光客が記念写真を撮るようなドーム屋根や時計塔をもつ赤レンガで造られた歴史的建造物で、開港から現在までの横浜の歴史を感じさせる重厚で立派な建物だった。秋風が吹き始めた9月27日の夕方、暗くなった街並みにライトアップが施される中、会場には多くの方々が訪れた。480名収容の講堂は半数くらいの座席が埋まり、大正時代からの時代の流れを感じさせる中で、北川湿地問題についての最後のシンポジウムが開始された。

講演は、まず、参議院議員で民主党ネクスト環境副大臣(当時)だった、ツルネン・マルテイが、「環境の世紀・私が見た北川湿地」と題して、環境保全における日本とフィンランドの違いなどについて話した。ツルネンは、これまで何度も北川湿地の保全のために動いた、環境保全に理解のある政治家だった。7月29日には、「僕は知事の松沢さんと友だちだから」と、筆者を引き連れて県庁に足を運んでくれた。土砂条例の許可処分が下りた直後のことで、県側は対応に苦慮したのだろう、知事とは(「友だち」が訪ねてきたのに)面会することができなかった。うまく雲隠れしたとしか思えなかったが、大きな会議室の大きな楕円形の机の向こうに環境農政部の面々の上から下までが、メモを取りながらこちらの話を聞くという場面となり、国会議員の力の強さを実感した。しかし、その後も県庁が動くことはなかった。また、ツルネンは、8月12日に北川湿地を夫婦で訪れ、私たちの案内で市道472号線の上や、小網代の森を散策していた。

次の講演は、環境法の専門家の立場から、拓殖大学政経学部准教授(当時)の奥田進一が、「里山保全の法政策とCSR(企業の社会的責任)」と題して、日本の里山についての歴史的・法律的な問題や、コモンズ(共同で利用・管理される土地)や入会地(いりあいち)(特定の人の権利がある山野や漁場)の法的理解から北川湿地の問題について話した。奥田の考えは、環境権と所有権の関係を法制史の観点から比較して、北川湿地という環境のもつ公共性を浮き彫りにしようというものだったと考えられた。コモンズや入会権(いりあいけん)(入会地を利用する権利)の話が触れられた。

そして最後は、鉄道会社である西武鉄道が緑地保全に寄与した事例を中心に、NPO法人ヘリテイジトラスト代表で狭山丘陵の自然と文化財を考える連絡会議元事務局長の永石文明が「鉄道会社との協働によるフィールドミュージアム」と題して講演を行い、西武鉄道が結果的に企業で森林を所有し、環境保全に寄与している事例が紹介された。あの西武でさえ社有の森林で環境保全を行っているということを京急に知ってもらいたいという趣旨に他ならなかった。

余談となるが、今回のシンポジウムのもうひとつの目玉は、休憩時間の「歌」だった。北川湿地を残すためにできることは何でもやろうと思っていた私たちにとって、アセスの手続きが完了し、民事調停が不調に終わり、県から土砂条例の許可が出たこの時点で、できることは少なくなっていた。多くの人々に北川湿地を守りたいという気持ちを伝えるために私たちにできることは何か、そう考えたとき浮かんだのが歌だった。早春の観察会で萌出るセリを見ながらツクシを摘んだことや、初夏のホタルたちの乱舞を愛でたことなどを歌詞に盛り込んだ「北川湿地Forever」の合唱が、連絡会の若手を中心にステージで披露された。また、開発のために自然とともに人知れず失われていく生命を歌詞にしたものに、音楽家の内田祥子が曲を付けた「遠くの小さな命たちを」を、歌手を目指して活動中の佐久間葵が、内田のピアノを伴奏に歌い上げた。その美しい歌声は、初秋の横浜の夜に響いた。歌の歌詞とこの時の様子は、雑誌「子どもと教育」(2009年12月号)に詳述したので、ご参照頂きたい。

シンポジウムが終わると、連絡会内外から感想が寄せられた。今回のシンポジウムは、生物多様性の保全の視点から適切な問題提起だったかという指摘が多く寄せられた。連絡会やシンポジウムの講演者の一部は、北川湿地の問題を正当に捉えていないのではないか、そんな厳しい指摘さえ含まれていた。土砂条例の許可がおり、いつでも土砂が入り始めることが可能な状況下で、北川湿地を守りたいと願う人々の中でも、考え方の共有や相互理解をできずに、苦悩する関係が浮かび上がった。さらには、目的だった企業のCSRの論理で京急に再考を促す糸口になったかというと、結果からすると、京急をはじめとした企業の動きは見ることができず、「ならなかった」と言わざるを得なかった。

署名活動とSNS

私たちは、活動の初期から、京急の社長と県知事あての署名をはじめていた。自分たちの知人・関係者はもちろん、三浦市民にも広く署名を呼びかけた。しかし、署名はなかなか集まらなかった。特に印象的だったのは、三浦市民に対する署名活動では、ほぼ同じ内容の文面で署名を求めたのに、県知事宛の署名よりも京急社長宛には署名が集まらないのである。聞くところによれば、三浦市民には、京急の関係者だったり、取引先が京急だったり京急の関連企業だったりすることの、仕事上の支障が多いからだという。確かに、京急は三浦市ではいちばんの大企業であり、市議会に社員を送り込むほどの密接な関係にあるのだ。第3章で述べる三浦市外の広報活動における署名集めとは異なる様相だったことは間違いない。

また、国際署名サイト「Care2」を活用して国際署名を集めた。国際署名を集めるには、まず英文のアピール文が必要であった。この国際書名と英文作成には、先述の出口が活躍した。サイトにアップされると、たくさんの国から応援の署名が寄せられた。

これらの署名は、どのようなタイミングで届けるか(どのタイミングで署名を打ち切るか)が問題であった。慣れない私たちは、もしかしたらその機を失ってしまったのかもしれなかった。署名の提出については、第3章に述べることとする。

さらに、ミクシィなどのSNSツールを使って、夜な夜な連絡会の活動を支援したのが、稲野知種だった。稲野は、北川湿地が守られる奇跡が起こることを願ってこの活動に参加したとのことだった。私は、稲野の夢に共感し、また、膨大な努力に感謝した。後に、稲野の活動が縁で、当時CBD-COP10で活動していた川廷昌弘とつながることになる。実に様々な形で、私たちの活動は支援されていた。

事業者への提案としてのエコパーク構想

2009年が終わろうとしていた頃、私たちは、最も重要なことは、きちんとした事業対案を事業者に示し、事業者の判断で処分場建設計画の見直しを図ってもらうことだということを確認していた。行政が事業の許可処分を下した以上、事業にストップがかけられるのは事業者そのもの以外にはなくなっていたのだ。そのために、事業対案である「エコパーク構想」の完成を急いだ。埋め立て計画は着実に進行し、私たちの運動はなかなか実を結ぶようには見えない焦りもあった。第3回シンポジウムで資料配付され、第4回シンポジウムでプレゼンされた、「守り活かそう北川湿地」を土台として、残土処分場建設よりも事業者にとって魅力的な事業対案である「エコパーク構想」を作りたいという切実な思いは、残土処分場建設をいつ着工されてもおかしくない状況の中で、日に日に強くなっていった。

ところで、「守り活かそう北川湿地」には、次のようなことが書かれていた。この文を作成したのは、連絡会事務局の天白牧夫である。

- 三浦市三戸　北川の湿地帯、今や首都圏の貴重な緑であるこの谷戸。地域の人の散策の場、観光の場、そしてかけがえのない自然資源の宝庫。埋めてしまうのは簡単なこと、しかし荒野からの再生は不可能なのです。この奇跡の谷戸　北川湿地を後世に残し、地域の財産として活用していきましょうよ。バブル経済は終わったんです。持続可能型・環境共生型の社会に切り替えましょうよ。みんなが保全を願っています。
- 北川湿地の価値　1万年以上前から存在する北川。そしてそこに生きる自然は、どんなにお金をかけても再現できない地域の宝です。そして環境の世紀となったいま、数少なくなった豊かな湿地を一目見ようと、人々は高額な旅費もいとわず地方の国立公園へ出かけていきます。誰も、首都圏に豊かな湿地があるとは思っていませんでした。駅からすぐの北川湿地を活用しない手はありません。その価値を知らぬまま埋めてしまっては、せっかくのビジネスチャンスを逃すことになるでしょう。不動産業の衰退…大規模開発が流行らない現代でも、環境への市民の関心は高まる一方です。
- フィジビリティーの高い、発展性のある“生態園”的次世代テーマパークに今まで世間に知られることのなかった北川湿地。しかし、オープンになれば何百万人もの人を引きつける魅力があります。今や遠くなりつつある「身近な自然」を、お金を払って勉強する時代がきます。地域の自然の魅力を活かし、年間数百万人が訪れる一大テーマパークにしましょう。テーマはもちろん「三浦半島の自然・里山・谷戸・湿地の魅力」。遊園地、水族館、公園ではない、新しいタイプのテーマパークを、京急から全国に発信すべきです。フロリダのサイプレスガーデンのような、誰もが利用できて画期的な演出をしましょう。

- 埋め立てた方が儲かる？　最近の三浦半島の大規模開発は、社会状況の変化からことごとく休止や縮小に追い込まれています。不動産業の低迷や人口減少などにより、今後ニュータウンの需要が増える見込みはありません。残土の発生もバブル崩壊後激減しており、芦名の産廃処分場のように計画倒れにするわけにはいきません！今は見切り発車できる時代ではないのです。北川湿地埋め立て後に計画されている宅地造成や鉄道延伸が順調に進むとは考えにくく、そうなれば埋立ての大義名分は成り立たないでしょう。地域にも株主にも迷惑がかかることの無いよう、早期に見直す必要があります。
- みんなが北川湿地の保全を求めている　神奈川県は、「地域環境評価書(平成2年)」でも、三戸小網代地区が「三浦市の骨格となる緑」として位置づけられています。そして、今年4月3日、京急に環境保全を求める内容の「環境影響予測審査書」が出されました。～本件事業は、(中略)この豊かな生態系の大部分を喪失することとなるため、実施区域のみならず(中略)周辺地域(中略)に影響を及ぼすことが懸念される。また、実施区域外の蟹田沢で行うとしているビオトープ整備を中心とする環境保全対策については、(中略)多くの課題があることから、その計画を再検討する(中略)必要がある。～

  4月24日、毎日新聞では22面全体を使って北川湿地の保全を求める記事が掲載されました。さらに、県議会や市議会でも湿地の埋め立てが問題になっています。もちろん、三浦市民も、人口の6割以上が緑の保全を求めています。
- “終点”という拠点を　「小網代の森」は県の公園になりますが、北川の湿地はぜひ京急の利益になる形で環境に配慮した事業化をするべきです。小田急の「箱根」、京成の「成田山」、私鉄各社は終点に魅力を創出することが要です。京急が「首都圏最大の湿地」を終点に謳えば、観光客や課外授業などで多くの人が利用します。もちろん、そうなれば三浦の緑に憧れて佐島や仲田区の京急団地に移り住む人もいるでしょう。一度埋め立ててしまえば、このような資産を永遠に潰すことに繋がるのです。いま流行のグリーンツーリズムなどの環境ビジネスには、絶好の立地です。

- すみずみまで環境配慮型デザインを取り入れた施設　大規模な駐車場、湿地を囲む園路、トイレ、その全てが環境に配慮した設計だったらどうでしょう。新しいタイプのテーマパークとして世界中の注目を浴びます。北川に到着したら、まずエントランスの教化施設で湿地の展示解説を受けます。周囲の景観にとけ込んだデザインの展示施設、大規模駐車場の屋根にはソーラーパネルをかぶせ、周囲は樹木で遮蔽しましょう。他に類例のないエコなテーマパークは、これからの環境共生型社会できっと当たります。
- ストーリー性のある画期的な演出を　ディズニーランドのジャングルクルーズや、映画ジュラシックパークのような、解説を楽しみながら野生の動植物が間近で見られる施設が日本にあるでしょうか。北川湿地入口から広がる生態園で、里山の生き物と直に触れあうことができます。市民団体が管理する水田ビオトープもあります。そしていよいよ湿地保護区域。要所要所の解説や展示を見ながら、湿地の中のトレイルを自分の足で歩きます。この透明な筒状のネイチャートレイルは、湿地を痛めず野生動物に警戒されずに観察できます。
- 子どもからお年寄り、一人から団体まで、幅広い利用　三浦半島は、首都圏で最も海と緑にふれあえる、観光資源豊かな地域です。そして、その緑を間近に感じるために移り住む人も少なくありません。このかけがえのない財産を潰してしまうのではなく、企業としても持続的な利活用を考えていただきたいと思います。参加費3000円の半日エコツアーでは、毎週300人の利用があれば年間4500万円の収入。学校や団体向けの参加費5000円の一日環境教育講座では、毎週200人の利用があれば年間5000万円の収入になります。交通機関・観光業者として、京急のバスツアーや宿泊を伴うツアーなど、京急だからこそできる活用の可能性は大きなものです。
- 地域の魅力を事業に活かす方策を一緒に探求しましょう　三浦・三戸自然環境保全連絡会は、三戸地区の環境保全に関心のある研究者・市民活動家・学生などが集まってできた新しい組織です。会員は、それぞれ豊富な活動経験があり、ノウハウは豊富に持っています。環境保全のためなら惜しみなく協力できる団体です。極めて冷静に客観的に地域の将来を考えれば、排出される見込みの低い発生土や、人口増加の見込みのない宅地造成は、地域や事業者自信のためにも当然見直されるべきです。そして、環境志向が急激に高まりつつある現代、それをビジネスチャンスとして地域振興に役立てましょう。「ソレイユの丘」(筆者注：横須賀市長井にある公園・テーマパーク)のような貧弱な環境でも、自然を満喫するために大勢の観光客が訪れる時代なのですから…。(以上引用)

今読み返しても胸が熱くなるような切実な訴えが綴られている。しかし、事業対案としてはもう少し肉付けがあった方がよい気がしたし、開発の経緯や社会情勢、ステークホルダーのWIN-WINの関係図なども盛り込み、京急や地元住民が納得してくれるものを作りたかった。特に腐心したのが「北川湿地の経済的価値」の算出だった。湿地の経済的価値をどのように表現するかということと、湿地の利活用における収入額の想定であった。北川湿地そのものにどのくらいの価値があるのか、その湿地を観察会などで利用するときにどのくらいの額を想定すれば現実的なのか、先行研究や事例を探したが、私たちの例にフィットする事例にはなかなか巡り会わなかった。これは最後までできなかったとも言えるし、金額にできないほど北川湿地の価値は高いのだと考えることもできた。

ところで、三浦半島自然保護の会は、「自然観察会」というものをおそらく日本で最初に始めた自然保護団体で、1955年に柴田敏隆や金田 平(ともに故人)が設立した歴史ある団体である。この会は、三浦半島の先端のひとつである剣崎近くに丸太小屋を所有していた。2009年12月28日、私たちは、この丸太小屋を借用して、人数こそ数人ではあったが、泊まりがけで顔を突き合わせて構想を練った。温暖な三浦半島の先端といえども、12月の寒風が吹く中、すきま風の吹く丸太小屋での宿泊を伴う議論は、寒さと戦いながらの厳しさとなった。調子の悪い薪ストーブはうまく部屋を暖めずに、煙突を通って出て行くはずの煙は室内にも吐き出されていた。まさに私たちの状況そのもののように感じられた。それでも、民事調停やシンポジウムなどで行き詰まった私たちにとって、顔をつきあわせての議論、しかも泊まりがけの議論は、新鮮な感動をもたらした。今まで気がつかなかったことや誤解していたことまでが浮かび上がり、議論はたびたび横道にそれた。

そして、翌年1月24日に、26ページに及ぶ「エコパーク構想」の冊子が完成したのである。内容のほとんどは、連絡会事務局の天白牧夫が作成し、一部を私たち連絡会のメンバーが補足した。印刷には助成金を充当し、1000部ほどが刷り上がった。第3部資料を参照されたい。これが私たちの提案の集大成であった。自然を守るだけではない、地域の人々あるいは企業の利益だけではない、現実的なゴールとしての事業対案。それがエコパーク構想であった。問題は、これをどのように展開させ、事業者である京急に届け、認めさせて結果を出すかということになっていた。

Column

民事調停をやってみて

高校を卒業するころ、私は、三浦半島まるごと博物館フォーラムという、地域のエコミュージアム運動をするシンポジウムに参加していました。横須賀の自然の中で遊んできた私は、三浦半島の環境保全活動に何か貢献したいと思い、私にもできそうな活動をしている団体を探していました。そこで巡り会ったのが三浦半島自然保護の会の小田谷君でした。自然観察会を通しながら、今まで知らなかったフィールドや生き物のことを教えてもらい、それは自分の卒業研究のテーマを判断する際にもとても参考になりました。

そうしていくうちに、団体として北川湿地の問題に直面することになりました。誘われて、民事調停の原告の一人になることにしました。「新聞見たよ！」、「京急と裁判しているんだって？」、いろいろな知人から声をかけてもらいました。決してすごいことをしているという感覚はありませんでした。活動の仲間がやっていることを、その流れでそのまま手伝っているという感覚です。これ以上地域の貴重なフィールドがなくならないように、生き物たちのために力になりたいという気持ちです。それでも、シンポジウムを手伝ったり、記者会見にも出席したり、今までテレビで特集される有名な活動団体の放送などでしか見ることのなかった自然保護運動を自分が地元でやっているということは、とても印象深いことでした。これまで自然観察会のお客さんでしかなかった私が自分の生まれ育った地域の自然保護運動の担い手になっていること、そして周りを見渡してもそんな活動をしている友達は少ないこと、私はとても貴重な体験をしていると思っています。

いま、環境保全活動の情報は、そのほとんどがテレビやネットを通じてのものです。そして、環境保全活動に前向きな印象を持っている学生のほとんどは、そうしたメディアの情報だけをよりどころにしているのだと思います。専門的な活動に参加して分かったことは、そうした情報はごく一部の見方、分野でしかないということです。大学生としての私がほかの学生たちに伝えたいのは、環境問題は地球上のどこかで類い希な動物たちだけが直面している問題ではないということです。NGOが訴えているような生息地が激減しているコアラが直面していることと同じことが、みんなが生まれ育った地元にいる小さなアカネズミも直面しているのです。

残念ながら今回の調停は不調に終わりました。事業者が社有地の環境問題を重視して事業方針を変えることはありませんでした。そこにいた生き物たちのほとんどすべてが、湿地ごと生き埋めになりました。しかし、誰かが声をあげなければ人知れず全滅した動物たちです。記憶にも記録にも残らなかった生き物たちです。三浦半島の生き物は重視されていないから谷ごと埋めてしまって構わないだろう、という風潮が事業者の中でいつまでも続くことになっていたのです。もし学生みんながそれぞれの地域で同じ声をあげていたら、環境を軽視しない全然違った地域になっていると思います。

（天白麻衣）

第3章　湿地が消えるまで

横山一郎

エコパーク構想から見えてきた「みんなのWIN」

丸太小屋でのエコパーク構想策定会議から、湿地を保全しながら事業を行う試案の完成を急いだ。京急や地元の農家、近隣の住民に対する提案の意味を持たせるために、単なる「開発反対！」というスローガンだけを叫ぶのではなく、できるだけ現実的で建設的な事業対案を目指した。2010年1月24日にエコパーク構想が完成したとき、これが実現すれば革新的なことであり、農家との約束から事業を推し進めなくてはならない事業者である京急、事業を望んでも進展せずなかなか利益が得られなかった地元農家、開発を望まない近隣住民と、自然の大切さを訴えてきた私たちの利害関係図がやっと完成したという思いがあった。ここまで辿り着くのに、膨大な時間を要したのである。そして、これらのステークホルダー間の関係をどうすればよいかが問題であることは明白であった。この問題の解決、すなわち、ステークホルダーすべてにWIN-WINの関係を構築しようという考えを強くした。

2010年に名古屋でCBD-COP10（第10回生物多様性条約締約国会議）が開催された当時、生物多様性条約市民ネットワーク運営委員（普及啓発作業部会長）で、現在は一般社団法人CEPAジャパン代表である川廷昌弘は、ステークホルダーの立場を冷静に分析して、それぞれに納得がいく道筋があるのではないか、それを丁寧に訴えていくことがこの問題の解決の糸口ではないかと助言した。川廷は、「今、北川湿地の中で重機を操作している作業員の心だって、できれば湿地を埋めたくないと叫んでいるに違いない。その叫びは、企業の一員という立場、自分と家族の生活を支えなくてはならないという使命から、声にすることができないのだ。だから、彼らの代弁をする意味でも情報を正しく広く発信することが重要なのだ」といったことを私に説いた。

助成金を利用させて頂き完成したカラー26ページにおよぶエコパーク構想の冊子は、ステークホルダーのみならず、北川湿地を守りたいと願う人々の手へ渡されていった。連絡会を構成する自然関係団体のメンバーや、自然を大切に思う三浦市民、弁護団を支援する弁護士や法学者、北川湿地の保全を応援する小規模な集会などで少しずつ広がっていった。のちに鉄道関係の法律と条例の解釈をめぐって精力的に協力してくれることになる環境活動家の「のんき」氏は、これは前例のないことだと評価した。

エコパーク構想の冊子の最も効果的な配布先は、ステークホルダーである京急と地元農家であった。京急のトップにいかにして届けるか、そして理解を得るか。地元農家にだれがどのようにして配って回るか、理解は得られるのか。簡単ではないことは容易に予想できた。

京急のトップにいかにしてエコパーク構想の冊子を届けるか。このことに尽力したのが故・柴田敏隆であった。柴田は三浦半島の自然保護の先駆者で、神奈川県自然保護協会や三浦半島自然保護の会で活躍し、晩年は自らをコンサベイショニスト(conservationist：自然保護活動家)と名乗った。柴田は何度も熱心に北川湿地のことで助言をした。また、私たちと県内の自然保護関係者とともに、現地周辺を歩いた。柴田の助言は明快であった。「京急の小谷会長の奥様は日本野鳥の会の創始者で『野鳥』という呼称を日本ではじめて用いた中西悟堂の娘だから、会長はきっと自然のことについては理解があるはずである。以前には奥様とお会いしたこともある。私(柴田本人のこと)は中西悟堂の弟子だから、その辺のところはよく分かる。会長の奥様はきっと北川のことで心を痛めているに違いない。エコパーク構想を会長本人の手にどうやって届けるか、そこが肝心である。それができれば、いくら京急が会社組織として北川の埋め立てを約束していたとしても、自然に対して理解のある会長の力で何とか今の方向を変えることができるかもしれない。トップの一声くらいしか現状を変えることはできないかもしれないからね」そう言って、エコパーク構想の冊子を泉岳寺駅から直結している京急の本社に届けた。京急の会長へ柴田のメッセージが届き、会長の心を動かすことが現実となれば、まさに大逆転だったのだが、結果からするとどうやら届かなかった、または、動かなかったのだと思われた。また、私たちは柴田とは別に、京急のトップへエコパーク構想の冊子を届けることを画策した。最終的には、丁寧な手紙とともに送り届けるしかないと判断し送付した。

農家へのエコパーク構想の配布は、勇気を必要とすることだった。どんな勢いで怒鳴り散らされるか分からない。エコパーク構想の冊子を持って戸別に届ける役目を、連絡会の若手が買って出てくれた。また、連絡会のメンバーでもあった三浦市議会議員の石橋むつみは、自分のネットワークも活用して、連絡会の若手とともに三戸の農家を回った。この戸別訪問は、門前払いのこともあったし、迷惑だと叱責を受けることもあった。一部には、話は分かるがもうずいぶんと前から決まったことだと同情してくれる農家もあったと聞いた。きちんと話を聞いて、農家の立場で意見をしてくれた方もあった。このように、少しでも理解を示してくれた農家があったことは、厳しい戸別訪問の中での救いであった。

緑農住区の闇

緑農住区(りょくのうじゅうく)とは、1972年に創設された緑農住区開発関連土地基盤整備事業で、農地整備の対象とした区域である「緑農区」と、一体的に整備するべき住宅および公共用地である「緑住区」の総称で、都市計画用途区域内外にまたがって、農業的土地利用と非農業的土地利用の調整を行う事業である。

北川流域の下流部半分がすでに埋め立てられていて、広大な農地に変貌していることは別章でも述べられたとおりである。水田耕作が放棄された農地のうち、下流部は農地造成という環境アセスメントが関与しない形で埋め立てられてしまった。もしかしたら、神田川流域の谷戸に越冬にやってきているオオセッカは、本来は北川下流域を越冬地として利用していたかもしれない、それらをすべて白紙にして北川の下流半分はすでに埋め立てられていた。実はこれが途方もない闇であった。三浦市に対する情報公開請求で分かったことだが、三戸土地改良区に関する記録が市にはほとんど残っていなかった。ここには、部外者が知ることができない闇がある。

三浦市では、2006年に市議会で京急が「宅地化は大変厳しい」と明言したにもかかわらず、可能性のない宅地化計画の名を借りて、放棄水田で残土処分場経営する企業を記録も残さず放置し、緑農住区の制度を利用して県営ほ場整備事業を行わせた。緑農住区の制度は期間限定であり、それを活用するには住宅地の創設の名目が不可欠で、嘘でも(事業主体が「大変厳しい」といっているにもかかわらず)推し進めなくてはならなかった、という推察しかできなかった。実際、京急は「宅地化は大変厳しい」と言った後、発生土処分場建設では「将来宅地化する」と言っている。しかし、県は「宅地化するとは聞いていない」(後述)と言っている。このようにかみ合わない状況の中で、緑農住区の創設が前提の補助金が使われたのであった。

三浦市の予算を調べると、京急から三浦市に対して「農業寄付金」の名目で

11年間に総額5億1196万円もの寄付がされていることが分かった(平成11年度から21年度)。一方で、三戸小網代地区県営ほ場整備事業(北川下流の農地造成)に三浦市が支出した金額は、11年間で農業寄付金と同額の総額5億1196万円。年度ごとの寄付金額と三浦市の負担金額も同じだ。つまり、三浦市は三戸の農地造成に関して、市の予算からは1円も出さずに、すべて京急からの寄付金でまかなったということで、言い方を変えれば、京急が農地造成をしたと考えることができた。

のんき氏の考え

京急の路線は、東京都品川区の「泉岳寺」から横須賀市の「浦賀」までの本線と、大師線、空港線、逗子線、および、横須賀市の「堀之内」から分岐する久里浜線が三浦市の「三崎口」まで延びている。古い地図には(おそらく昭和の後半頃まで)、三崎口の先が三戸を通って油壺まで延びていたものである。当初計画では、その先の三崎までの路線や、三崎口から北上して長井方面へ延びる路線も計画されていたらしい。これらの新しく鉄道を建設するには、国土交通省(以下、国交省)の免許が必要なのである。

また、宅地開発のためには、都市計画法や環境影響評価条例などいくつかの法律や条例に従わなければならず、埋め立てを行うにはいわゆる土砂の適正処理に関する条例(土砂条例)に従い許可を得なければならない。

のんき氏は、私たちの連絡会のブログに膨大な書き込みをしてくれた影の協力者であった。鉄道や開発に関する法的問題や、京急の歴史にまで広く言及したその内容は圧巻であった。のんき氏は鉄道延伸の可能性についてこう述べた。(ブログの書き込みから引用し、趣旨を損なわないよう表現を改変した。)

鉄道免許の再取得の際には、延伸の必要性が審議会で議論されるはずだ。たぶん、地元の要望だけでは延伸は実現できず、延伸と地域開発や輸送需要の整合性が検討されると考えられる。したがって宅地開発とセットなのだ。京急は市議会で「大変厳しい」すなわち「ほぼない」と言っている。

京急の事業免許は湘南電気鉄道という会社が1923年8月27日に得たものである。免許を得たときに指定期日迄に工事施工認可申請をするという条件がつくが、5日後に起きた関東大震災を理由にして施工の延期申請書が出された。この事業免許は1本線と2支線からなる。本線とは「横浜～横須賀～長井～逗子」、支線は「長井～三崎」「逗子～鎌倉」で、1926年から実測がはじまり、1927年には着工した。免許から着工迄はこれくらい短期間が通例である。

支線「逗子～鎌倉」は1935年に免許失効になった。免許失効とは施工申請が指定期日迄に行われなかったか、施行認可が下りたときに指定される着工日までに着工できないときに下される処分である。このように免許を得てから13年たっても見通しが立たなければ失効になるのが普通なのだ。

支線「長井～三崎」は着工されたが全部は開通できなかった。そして1970年7月20日、三崎～油壺間は廃止となった。廃止は事業者が申請して許可された。京急が自ら廃止届を出したということだ。47年間も事業免許を生き延びさせるには何度延期申請を出したことだろうか。そして、三戸・小網代地区の開発計画が京急によってはじめて発表(発生土処分場建設事業計画発表)されたのである。2005年10月7日に三崎口～油壺事業廃止届を出したのだから、実に免許取得から83年後に免許失効・延伸廃止なのだから、この86年間の経緯を見れば、延伸計画が白紙になった意味は明らかであり、他に考えようがない。

また、のんき氏は、藤沢市図書館にあった「京急80年史」を読んで、次のようにメールで伝えてきた。京急の歴史がよく分かる内容であった。一部は上記と重複する内容となるが、京急の歴史を理解するために、そのまま転載する。

昭和53年(1978年)6月1日で80年です。京急自身は昭和23年に東京急行電鉄から各私鉄が分離誕生したときに一緒に誕生したものです。東京急行電鉄は昭和17年戦中の国策による私鉄の大合併で誕生したもので、そこに合流した京浜電気鉄道の前身が明治31年(1898年)に設立された大師電気鉄道株式会社です。ここから数えて80年になります。ということは1998年が100年、昨年が110年、今年が111年目です。日本でも最も古い部類の入る由緒ある鉄道会社がその百年の歴史に消す事の出来ない汚点を残して先人たちに申し開きが出来るのだろうかと思います。

大正6年(1917年)9月5日に湘南電気鉄道株式会社が本線と2支線についての免許を申請します。(軽便鉄道法)この会社は経営が思わしくなく、筆頭株主の東京急行電鉄から財政経営上の支援を受け、昭和16年11月に吸収合併されます。

本線：横浜～横須賀～長井～逗子

支線：長井～三崎、逗子～鎌倉

このときすでに横浜～逗子間の軌道条例に基づく特許を横浜電気鉄道株式会社が得、しかも相海自動車鉄道も同時に免許申請を行っていました。湘南電気鉄道は特許の放棄と申請の取り下げを両社に求めて大金を使い、共同申請とする工作に6年の歳月を費やします。この苦労の末やっと大正12年8月27日に免許を得ます。このときの法律は軽便鉄道法と私営鉄道法を統合した新法、地方鉄道法で同法によるはじめての免許です。ところがです。わずか5日後に関東大震災が起きます。着工は遅れ、大正15年6月以降着工されます。地方鉄道法は昭和61年に国鉄が民営化で消滅するのに合わせて廃止され現在の鉄道事業法にとって代わります。軌道条例-地方鉄道法-鉄道事業法を82年も生き延びた免許が平成17年に終止符が打たれたのですから鉄道の歴史としては生きた化石シーラカンスのようなものだったのでしょう。

80年史によると、昭和41年からはいざなぎ景気が続き昭和45年に長期展望で「住宅事業分野において増大する新規需要の獲得」を掲げ総額1290億円を投資する第4次総合経営5ヵ年計画を策定します。三戸の開発計画が発表されたのも昭和45年ですからこの第4次総合経営5ヵ年計画に組み込まれていたのかもしれません。ところが昭和48年オイルショックで計画は達成不可能となります。80年史は「昭和40年代後半にとられた政府の強力な地価抑制を中心とする土地政策によって、その事業環境は急速に悪化した。加えて公共負担の増加が著しく、住宅地の新規造成着手は、業界においても皆無に近い状態になった」と記述しています。宅地開発計画はこの時点でとっくに終っていたのです。なお80年史に三崎延伸と三戸開発計画の記載はありません。

（以上ブログより転載）

さらに、2006年に三浦市議会建設常任委員会にて京急が「宅地化は大変厳しい」と明言したことに関して、のんき氏はブログに次のようにコメントした。2009年11月2日のコメントを転載する。

京急は鉄道本部、地域開発本部、都市計画本部の3本部制をとっています。その地域開発本部長の見解です。

(1)平成9年策定(20年後)の都市マスタープランの改定が迫った

(2)産廃不法投棄防止

(3)埋め立てで地盤を上げて宅地としての付加価値をつける

どれもとってつけたような話で昭和45年7月開発面積165 ha 2830戸 9900人の京急の宅地開発計画が39年間実現していないという事実を動かすようなものではありません。埋め立てのあと、宅地開発が行われることがないことを示す決定的な事実は京急延伸事業の廃止です。小網代の森の保全が決まった平成7年の3者の調整による案では三戸地区宅地開発と併せて京急延伸を行うとしていたのに平成17年に「国交省のたいへんきつい指導」を受けて事業廃止に追い込まれています（三浦市議会議事録発言no.53）。国が鉄道延伸＝宅地開発の可能性なしと判断したことは重要です。湿地保全法制定を目指している国に保全を求めることが唯一の解決法だと思います。

京急の延伸は大正12年8月27日に事業免許を得ています。平成11年の法改正で事業免許は事業許可に変わり、廃止許可は廃止届に変わりました。（届出を認可と間違って発言しています）届出は行政の判断はなく受理されるので、廃止は容易にできることになりました。しかし免許は許可に属し、申請を許可するか不許可とするかは行政の判断になります。容易になったわけではありません。京急は昭和45年11月9日に延伸工事施工の認可を得ています（認可は要件を満たせば認可されますので許可より容易です）。最初の開発計画発表から3ヵ月後です。延伸と宅地開発は当初からセットだったのです。平成12年（2000年）の運輸政策審議会答申第18号答申（東京圏における高速鉄道を中心とする交通網の整備に関する基本計画について）で京急延伸は2015年迄に整備を推進するものに指定されています。その方針に反して廃止に追い込まれたことは極めて厳しい事態に直面したことを意味します。2015年の前に行われるであろう2015年から2030年計画の審議で復活する事はまず不可能ではないでしょうか。2030年から2045年の計画で復活できるかどうかでしょう。

埋め逃げ。事業許可には基本計画が、工事施工認可には工事計画が含まれます。基本計画の変更、工事計画の変更、事業の休止などによって急場をしのぐ方法もあるのですが、大元の事業許可を返上する「事業の一部廃止届」を出したことで、延伸計画は白紙に戻ってしまいました。これで最大の付加価値がなくなり、宅地開発計画は完全に頓挫したことを意味します。宅地開発の可能性がほぼなくなったあとに、この事実をごまかすために出て来たのが発生土処分場事業です。京急も県も市も望んでいない宅地開発展望なき自然破壊が今、行われていることになります。あるのはめんつだけで、誰一人利益を得る者はいません。それなのに止められないのですから、神奈川県民も含め関係者全員が愚かで、人間には英知がないと未来から言われても返す言葉がありません。無念です。

止まらない流れ。京急の社員のみなさんは、延伸廃止によって宅地開発計画が頓挫したことは分かっていると思います。そして地域開発本部は宅地開発計画が進展しない事で延伸廃止に追い込まれたことに責任を感じ、少しでも宅地開発を進展させたいと、埋め立てによって区画整理事業に寄与する処分場事業を計画したのでしょう。人口減に危機感を抱く市の不安にも配慮し新都市計画プラン策定にあわせて宅地開発計画が生きていると示すこともできました。鉄道本部も延伸廃止の責任はあるので、地域開発本部が宅地開発計画を進める事で延伸再申請に寄与したいとしていることに感謝し、決して延伸をあきらめてはいないというメッセージを出した。どうでしょう。こういう風に見ると、2つの本部は業務を忠実に実行しているように見えます。なぜ流れが止まらないかその理由はここにあると思います。

環境省の立場。環境省の立場は不明です。環境影響評価法の対象ではなく評価条例の対象案件ですから、直接にかかわる事はできません。しかし民主党は政権公約として4年のうちに湿地保全法制定を掲げているので、神奈川に残った最大の陸の湿地である北川湿地の保全に意見を持っているはずです。まずは働きかけないと応答はでてきません。それを誰もやらないのです。個人で保全の申し入れをしようかと思っています。個人ではあまり力になりませんが、このまま破壊が進んだあと湿地保全法が制定されたんじゃ、なにやってんだかと悔いが残ります。ちなみに海の湿地とは干潟です。あの諫早湾干潟に匹敵する争点にすれば環境省も黙ってはいないと思いますが。

県の立場(環境)。県の立場は面白いというか、なかなか微妙です。環境影響評価審査書では北川湿地の自然を高く評価しました。これは小網代の森の評価に劣らないものです。しかし、どこの行政でもそうですが、縄張りはあらさないのが行政の不文律です。北川湿地の宅地開発は平成7年に都市計画や建設に関与する部署が認めていますので、それに沿って申請が出されれば環境の部署はそれまで、決して縄張りを犯して迄これを止めようとはしません。結局は開発の手続きのひとつをクリアすることに手を貸してしまいます。これはしかたがないので責められません。

県の立場(建設)。平成7年の3者の調整の結果5つの土地利用方針がまとめられたと環境影響評価書で京急が言っています。この文面に関する情報公開請求を行ったところ、担当部署は「ありません」といいます。でもこういう資料ならありますよと提示して来たのが、「3者がとりまとめた」と記述されている「土地利用方針案」です。「ないけどある」ってなんじゃらほい。それがそうではないのですか？と聞くと、関係部署が出して来たものを「とりまとめた」だけで、関係部署が市や京急と交渉したかどうかは知りませんというのです。当時の担当者はいないのかと聞くと、それは分かりません。そういうことは情報公開の対象ではないから答えることはできないと。関係部署は「一切関係文書はない」と情報公開室に回答しています。先の市の議事録でも「調整はなかった」という発言があります。不明朗な責任の所在がはっきりしない県行政では県民として困ります。この件については調査を続けています。

県の立場、微妙な違い。県の公式的な立場は平成7年に小網代の森とひきかえに北川湿地の宅地開発を認めたというわけではないようです。「環境影響評価審査書に対する事業者の主な対応」の中にこうあります。「実施区域を含む周辺地域では昭和40年代前半から住宅地などの開発が計画されてきた。そのなかで小網代の森は…平成4年以降、県は三浦市及び地権者と土地利用についての調整を図り…保全する区域とされ、後に近郊緑地保全区域として指定された。一方、実施区域は、豊かな生態系が形成されている。本件事業は、このような実施区域において発生土処分場を建設するものであり、樹木の伐採や谷戸の埋め立てにより、この豊かな生態系の大部分を喪失することとなるため、実施区域のみならず「小網代の森」を含めた周辺地域の植物や動物の生育及び生息環境などに影響を及ぼすことが懸念される。」どう読みますか？実施区域を含む周辺地区では昭和40年代から宅地開発計画があって、そのうちの小網代の森は「調整」を図って緑地保全されたが、北川湿地は「調整」は行われず従来の宅地開発計画が現実化したのだと読めませんか？そんじゃ、今回「調整」することもできるわけです。

佐藤昌弘地域開発本部長。これは公開情報から調べたものですから、個人情報の問題はありません。京急が3本部制をとっていることは先に書きました。3本部長は全員専務取締役です。佐藤氏はそのうちのトップのようです。会長－社長－佐藤地域開発本部長－大塚宏幸鉄道本部－石塚護都市生活創造本部長。佐藤氏は平成7年6月に地域開発本部企画開発部長に就任しています。平成7年3月の3者の調整による「5つの土地利用方針案」に担当者としてかかわっていたのではないでしょうか？平成11年に開発部長のまま取締役に。平成13年6月に地域開発本部三浦地区開発チーム部長、同年9月に地域開発本部企画営業部長も兼務。そのまま平成15年に常務に19年に専務に昇格。現在も地域開発本部長です。佐藤氏と話し合ってなんとか方針を変更してもらえないでしょうか。誰に説得してもらったらいいのでしょう？

埋め逃げ：県の立場。埋め逃げに対する県の姿勢についてお答えしていませんでした。県は区画整理事業を行うときにまた環境影響評価を行う、それでいいのだと公開質問状に回答していますから、埋め逃げを認めています。県の環境影響評価条例ではその事業が都市計画の一部のときは土地計画をたてた自治体（つまり、県や三浦市）が環境影響評価を行うように規定しています。つまり処分場事業の事業者が京急でも、都市計画として宅地開発を行うのであれば、県や市が環境影響評価を行うとなっています。公開質問状で質問したのですが、県はこの件については回答せず、話し合いも拒否しています。「宅地開発の準備事業」だとされているのですから、宅地開発と一体的に環境影響評価をするか、そうでなくても県や市が責任を持って環境影響評価を行うべきです。ちなみに区画整理事業では莫大な市費が投じられます。県道があれば県の費用もです。

（以上ブログより転載）

のんき氏のコメントにある、「県の環境影響評価条例ではその事業が都市計画の一部の時は土地計画を立てた自治体（つまり、県や三浦市）が環境影響評価を行うように規定しています。つまり処分場事業の事業者が京急でも、都市計画として宅地開発を行うのであれば、県や市が環境影響評価を行うとなっています。」というところが本当ならばこの問題の核心的な部分なのだろうけれども、「公開質問状で質問したのですが、県はこの件については回答せず、話し合いも拒否しています。」という部分からは、条例と現状の違いに説明がつかなくなった県が、完全に逃げの一手に出たと考えることができた。さらに、のんき氏は、2段階アセスの問題と国への請願について次のように考えていた。これは、私に宛てたメールからの転載である。

新年（筆者注；2010年のこと）おめでとうございます。良い年になる事を祈っています。センター試験も終わりましたね。いよいよ活動開始ですか。頑張って下さい。最下流部に土砂が入ったということは、排水処理が完了して埋め立て準備が終わりに近づいたということでしょうか。残念なことです。大手ゼネコンから「確保料」が入る様な大規模開発も山を崩しての自社開発も、不況下の日本のゼネコンと、山の様な開発失敗地を抱えている鉄道会社では可能性の低いひとつの推測にすぎないことは、横山さんはご存知だと思います。三浦で開発事業を手がけている社長ならもっとよく分かっているはずなのにと、首を傾げてしまいます。また神奈川県内の一般の宅地工事で出る残土という県の説明を、大規模開発の残土にすり替えるのは簡単ではないと思います。経費は維持費だけで年間8千万円、月にすると670万円です。重機、道路補修、交通整理、係員給与などこれでまかなえるにしても、湿地崩壊を防ぐ為の排水や地盤強化の準備工事を計算に入れていないのはどうしてでしょうか？これに6ヵ月もかかっているんですよ。それを入れて計算をしてもらったらどうなるでしょうか。「先行投資百数十億」という話は初耳ですが、投資と赤字とは意味が違います。投資して得た資産を売却して利益が出れば黒字、損失が出れば赤字です。事業計画が完成していないのに赤字はありません。毎年赤字処理するのは、取得した資産が減価したときに評価損を出す場合です。実損ではなくてあくまでも評価したときの損です。「先行投資百数十億」でいまだに事業の見通しがつかないのであれば、なぜ撤退（清算）しないのかと経営責任を問われます。「先行投資百数十億」は自慢にも脅しにもなりません。

09/3期　売上　3178億円　営業利益　293億円に対して 処分場　売上　5億円　利益　0.8億円です。（7.5年で割って、1年分）

「今ある土地で数十億儲かるならなんでも良いからやっちゃえ」にしては、京急にはすずめの涙というか、吹けば飛ぶような額でしかありません。京急も見くびられたものだと言われますよ。

関東大震災5日前に鉄道免許を得てからずっとこれを実現するために社員が営々と開発努力を重ねて来たのですから、ここは京急にとってはルーツのような場所です。それゆえにナンバー2である専務取締役が若かりし頃に3者合意を取りまとめて出世のあしがかりにしたのでしょう。「なんでも良いからやっちゃえ」ではいくらナンバー2でも諸先輩に顔向けができないしバチが当たります。地域開発本部長が自分の過去をそれほどまでにないがしろにし、汚点を残してもいいと思っているはずがありません。一般に良質の残土は埋め立て用の残土として逆に受け入れ費を支払うそうです。質の悪い残土は高いということですから、「儲かるからなんでも良いからやっちゃえ」で汚染土処分したら儲かるでしょうね。発覚したら線路担いで夜逃げすればいいんでしょうか？

国に行かれるときに、紹介を受けていますか？旗を立てないと風も絡み付き様がありませんし、風向きも分かりません。その一歩になりますね。

（以上メールより転載）

これを受けて私は、まず手始めに、「らちの明かない都市計画のために長年高い税金を納めている農家のこと」ということで、消費者庁に問い合わせをした。農家が税金を納めているのは線引きの結果なので、都市計画法（国交省管轄）の問題になるはずである。消費者庁からは「2段階アセスは禁止されているから、それを環境省から神奈川県に指導してもらったらどうか」といわれた。

しかし、かねてから違法ではないかと話題となっていた2段階アセスについて、県環境影響評価条例や同施行規則、県環境基本条例なども参照したが、どこにも「2段階アセスの禁止」の条文を見つけることができなかった。消費者庁のいう「2段階アセスの禁止」の根拠は何か。のんき氏にメールして問いかけた。また、国交省への誓願は全く動けておらず、国に行くための紹介も、具体的な手持ち資料も何もない状況だった。

のんき氏からの返信はすぐにあった。

「2段階アセス禁止」に相当する条文は県条例にあります。県への質問状で「自治体がアセスを行うべきでないか」とした点です。関係条例と法を再度調べました。次の【2段階アセスについて】で書いておきます。法に禁止規定はありませんが、「○○の準備事業」で「○○」と「準備事業」を分離してアセスができるかどうかを聞いてみたらいいと思います。どういう基準で分離できるか出来ないかを判断するのかという点です。また「指導」と言っても法が適用されない規模の条例アセスなので表立ってはできません。また終了したアセスを元に戻す事はまず無理です。環境省に要望書を持って行くときにする話のひとつと考えて下さい。

【2段階アセスについて】

条例は「条例上の事業者」（県あるいは市）と「事業実施者」（京急）を区別しています。前者がアセス実施者で後者はアセス公告後（つまり着工可能となったあと）の事業実施者です。自治体と業者の2段階アセスを禁止し、「事業実施者」ではなく、「都市計画に『さだめようとする』対象事業に関し都市計画を定める者」（県市）にアセス実施を義務づけています。『さだめようとする』は「さだめる」「さだめた」とは違います。未来形？？

「対象事業」は土地区画整理事業だけではありません。7号は「七　市街地開発事業等予定区域に関する都市計画」となっています。6号との比較で見れば、「『土地区画整理事業の予定区域に関する』都市計画にさだめようとする対象事業」となって土地区画整理事業の準備事業も含まれまると解釈できませんか？都市計画で低層住宅専用地区に指定された区域で処分場運営はできません。ならば、処分場は市街地開発事業予定区域に関する都市計画対象事業としか考えようがありません。また7号までは県で、ここに規定していない都市計画対象事業は市という条文構成になっていて非常に広い範囲の都市計画対象事業が対象になります。

県環境影響評価条例第2条第3項第2号

> 3 この条例において「事業者」とは、次の各号のいずれかに該当する者をいう。
> (2) 対象事業が都市計画法に規定する都市計画に定めようとする事業である場合における当該対象事業について規則で定める者

同施行規則第2条

> (都市計画に定めようとする事業に係る事業者)
> 第2条　条例第2条第3項第2号に規定する規則で定める者は、都市計画法(昭和43年法律第100号)に規定する都市計画(以下「都市計画」という。)に定めようとする対象事業に関し、同法第15条第1項又は第87条の2第1項の規定により都市計画を定める者(以下「都市計画を定める者」という。)とする。ただし、条例第22条第1項又は第52条の規定による公告後にあつては、対象事業を実施する者(当該公告後対象事業の着手までの間にあつては、対象事業を実施する者が予定されている場合に限る。以下「事業実施者」という。)とする

都市計画法(以下の7号迄が15条の第1項です。)

> 第十五条　次に掲げる都市計画は都道府県が、その他の都市計画は市町村が定める。
> 一　都市計画区域の整備、開発及び保全の方針に関する都市計画
> 二　区域区分に関する都市計画

三　都市再開発方針等に関する都市計画

四　第八条第一項第四号の二、第九号から第十三号まで及び第十六号に掲げる地域地区（同項第九号に掲げる地区にあつては港湾法（昭和二十五年法律第二百十八号）第二条第二項 の重要港湾に係るものに、第八条第一項第十二号に掲げる地区にあつては都市緑地法第五条の規定による緑地保全地域、首都圏近郊緑地保全法（昭和四十一年法律第百一号）第四条第二項第三号の近郊緑地特別保全地区及び近畿圏の保全区域の整備に関する法律（昭和四十二年法律第百三号）第六条第二項 の近郊緑地特別保全地区に限る。）に関する都市計画

五　一の市町村の区域を超える広域の見地から決定すべき地域地区として政令で定めるもの又は一の市町村の区域を超える広域の見地から決定すべき都市施設若しくは根幹的都市施設として政令で定めるものに関する都市計画

六　市街地開発事業（政令で定める小規模な土地区画整理事業、市街地再開発事業、住宅街区整備事業及び防災街区整備事業を除く。）に関する都市計画

七　市街地開発事業等予定区域に関する都市計画

都市計画法（以下が第87条の2第1項です）

第八十七条の二　指定都市の区域においては、第十五条第一項の規定にかかわらず、同項第四号から第七号までに掲げる都市計画（一の指定都市の区域を超えて特に広域の見地から決定すべき都市施設として政令で定めるものに関するものを除く。）は、指定都市が定める。

都市計画法（指定都市とは？）

第八十七条　国土交通大臣又は都道府県は、地方自治法第二百五十二条の十九第一項 の指定都市（以下この条及び次条において単に「指定都市」という。）の区域を含む都市計画区域に係る都市計画を決定し、又は変更しようとするときは、当該指定都市の長と協議するものとする。

地方自治法

（指定都市の権能）
第二百五十二条の十九　政令で指定する人口五十万以上の市（以下「指定都市」という。）は、次に掲げる事務のうち都道府県が法律又はこれに基づく政令の定めるところにより処理することとされているものの全部又は一部で政令で定めるものを、政令で定めるところにより、処理することができる。

（三浦市の人口は平成22年1月現在で48,579人ですから第八十七条の二の部分は関係なし）

（以上メールより転載）

2段階アセスの問題については、連絡会の中でも時間をかけて議論してきた。そもそも、アセスの公聴会において小林直樹（三浦市議会議員）によっても指摘されており、はじめから問題視されながらも、複数の解釈の存在によって「急所」とできなかった部分であった。私は、のんき氏からのメールを何度も読み返したが、よく分からなかった。自治体がアセスを行うべき（当然本来はそうあるべき）であっても、現状でそのようなしくみになっていないのだから、この議論は見通しがあるのか。条例で禁止されていることを行っているのであれば、当然許認可権のある県はそれに気づき、指導を行うのではないか。または、指導していないのであれば行政の悪意が確定するのではないか。悪意があったとしたら、公聴会での指摘により状況が変わったのではないか…。私は、のんき氏の考えを連絡会MLに投げかけ、意見を求めた。これに対して次のようなコメントが届いた。

2段階アセス意見について、回答になっているか分かりませんが、一応メールします。
1）2段階アセスについて
法文を丹念にたどったわけではありませんが、流し読みした感じでの意見です。まず、都市計画事業や土地区画整理事業をはじめとした市街地整備事業は、自治体が主体となるものと組合や個人・法人（以下、民間）が主体となるものとあります。民間が主体の場合は、自治体(県又は市)が事業認可をしてはじめて施工できます。事業認可に先駆けて自治体が事業区域を都市計画決定しなければなりません。よって、自治体が都市計画決定して事業の審査をするんだから、自治体を主体として、これに先駆けて実施するアセスも1回ですませてしまいましょう、(ただ、実務上は民間の計画ですから、民間が計画書の原稿を用意することになります)ということではないかと思います。

2)今回の事例(都市計画手続とアセス)

アセスは都市計画決定の前ですから、「都市計画に定めようとする」とか「事業の予定区域に関する」となって当然です。実際に準備組合があって、計画の素案があって、いよいよ事業を施行するために「都市計画として事業の区域を定めましょう」という熟度でなければ「対象事業」と言えないというのが今の県市の立場だと思います。本来、市の「都市計画マスタープラン」概ね10年(だったかな？)以内に市街地整備する事業として「三戸小網代土地区画整理事業」が掲げられていることを考えると、都市計画で区域を定め、県から事業認可を受けなければ事業着手してはいけないことになります。一方で区域を定めていなければ土地区画整理事業ではない事業(今回は発生土処分場建設)で勝手に造成しているということも言えます。なので市に対してアセスするということは現段階ではありえません。

3)市街地開発事業について

市街地開発事業というのは、都市計画法12条に列挙されているものだけです。単に開発行為による市街地形成をはかるものは該当しません。今回の場合、土地区画整理事業だけです。なお、第一種低層住宅専用地域(以下、1低層)は、原動機を使うような作業所すら認められてないほど良好な住環境が保障されるべき地域ではありますが、これはあくまで「建築物の用途」になります。建築物のない処分場は規制対象外です。もちろん、汚泥処理施設等産廃施設は立地できません。汚泥を除く建設発生土は、廃棄物ではありません。土砂埋め立てや資材置き場などの迷惑施設については、各市の条例等で立地を制限するしかありません。

4)1低層の良好な住環境の趣旨

ただ、1低層の良好な住環境を守ろうとする建築基準法の用途制限の趣旨(1低層は単独事務所や原動機を使う作業所まで抑制している)からいって、独立した発生土処分場建設というのは問題だという視点は正論です。7年も重機やダンプで住環境が侵害されるのですから。(国道の沿道は1種住居ですが)良好な都市づくりを目指す都市計画法とその都市計画を建築基準法側から担保しようとしている法の趣旨から鑑みて、用途制限の厳しい1低層で造成をやるなら、良好な住宅地が担保される計画として都市計画法の許可を得た開発行為か、土地区画整理法の認可を得た土地区画整理事業で行う造成しか認められないのではないか？計画がないために、緑がなくなっただけで頓挫したり、「建物計画はありません」と言って造成が終ってから建築がはじまり、結局不良街区が形成されてしまうのではないか、という恐れがある。都市計画法は良好な都市環境をつくる担保のない造成を許しているのかという論点です。違法性までは問えないと思います。

(以上メールより転載)

やはり、解釈の方法はひとつではないと読み取れた内容であった。肝心の2段階アセスが禁止されていることと、本件の場合に適用できるかということについて、私の中で解決をみることはできなかった。

のんき氏とは何度か会談をした。7月8日に県から土砂条例において埋め立てが許可され約半年の月日が流れた2月上旬の雪の影響が残る寒風の中、県庁で待ち合わせをしたり、また別の日にはファミリーレストランでコーヒーを飲みながら長時間話を伺ったりした。その中で彼が力説したのは概ね次のようなことだった。

1. 決着は最終的には政策で

県の許可が下りている以上、覆すことはできない。裁判もいいが諫早などの例を見る限り最終手段とはならない。やはり､環境省できれば国交省が動けば､事態は動く。要望書を作成し、連名をもらい提出した方がよいのではないか。

2. 県への働きかけ

県への陳情が不了承で終わったのはたいへんに残念だった。もし取り上げてくれていたら事態は変わっただろう。都市計画法や土地区画整理事業の関係を整理して、「開発行為の許可を受けなければならなかったのではないか?実はわざと許可を受けなかったのではないか?」と言う議論を起こすのはどうか。県議へももう一度働きかけて欲しい。

これを受けて私は、何かしら行動しなければならないと焦った。政策で決着をつけるために、環境省や国交省へどうやって働きかけるか。まずは国会議員秘書とコンタクトをとることが必要と思われた。反面、2009年5月には、既に某衆議院議員の取り計らいで非公式に環境省事務次官（推測）が現地に赴き、市や県の担当者から地方行政の立場で説明がなされた結果、某衆議院議員側に「地方分権が言われる時代、地方自治の問題なので難しい」と回答が寄せられた経緯などを考えると、中央省庁に話をしに行くにはそれなりの「材料」が必要と思われ、その材料を作り上げるには時間と力量が不足しているように思えた。

取り急ぎ、すぐに行動に移れることは、県議会議員で面識のあった方に連絡を取ることだった。村田邦子議員（現二宮町町長）は北川湿地の問題に早くから注目をしてシンポジウムや現地にも足を運んだ理解者だった。2009年7月7日、県議会建設常任委員会（土砂条例許可処分の直前）における私たちの陳情の審査では、「事業は環境と共生していく必要があり、そういったことを配慮しないのは問題であると考える」とまで意見をしてくれていた。また、塩坂源一郎議員は横浜市瀬上沢の環境保全問題のシンポジウムで名刺交換できていた方で、二人とも当時建設常任委員であった。私はのんき氏と二人で県庁の議員室へ出向き、北川湿地の問題について議会で質問して頂くことを懇願した。ともによく理解をして頂き、北川湿地の問題を、環境農政部と県土整備部との連携の観点から指摘し、また、都市計画法と土地区画整理事業の関係の視点でも取りあげて頂きたいというお願いをした。特に塩坂議員には、かながわ都市マスタープランと発生土処分場建設の関係、その後の土地利用との関係について指摘して頂くお願いをした。

2010年3月17日の神奈川県議会建設常任委員会の議事録は、神奈川県議会HPで閲覧することができる（平成22年建設常任委員会03月17日01号）。

要点を転記すれば、塩坂委員の「知事から神奈川県土砂の適正処理に関する条例の許可処分の委任を受けている横須賀土木事務所長が神奈川県土砂の適正処理に関する条例に基づく許可の申請を受け、環境アセスメントの評価書の内容について配慮し、その結果として既に許可がなされていると思うが、横須賀土木事務所においてはどのような審査がなされたのか、また、どのような点を配慮して判断されたのか」という質問に、技術管理課長は、「神奈川県土砂の適正処理に関する条例は土砂の不法投棄の防止、埋め立て行為に伴う土砂の崩壊、流出等による災害防止を目的としている。土砂埋め立て行為の許可に当たり、土砂が崩落しないように法面のこう配が審査指針に適合している角度となっているか、土砂が区域外に流出しないように沈砂池などが適切に配置されているかといった技術的な審査などを行い、これらが基準に則っていれば許可をする。一方、神奈川県環境影響評価条例第81条は、法令等の許可がある場合、評価書の記載内容について配慮することを求めているが、この配慮とは申請内容が環境アセスメントの評価書の記述とそごがないことを確認するという趣旨。本県について許可権限を有する横須賀土木事務所において、神奈川県土砂の適正処理に関する条例の許可申請書の内容と許可の基準が適合することの確認ができ、また、環境アセスメントの評価書の記述とそごがないことも確認できたことから、平成21年7月8日付けで許可をした」と回答した。すなわち、配慮をしたのは、環境影響評価書と土砂条例の許可申請書の整合性のみを確認しただけで、県審査会で出した審査書との整合性は確認しなかったということだ。さらに塩坂委員は、「配慮という言葉があったが、過去に京浜急行電鉄と県または三浦市が交わした議論、いろいろな関係各位などのそういう議論なども考慮されたのかどうか、また、この議論をどのような点で配慮したのか」と追求したが、技術管理課長は、「神奈川県環境影響評価条例第81条の配慮とは、それぞれの法令等に基づく許認可において、申請書に記載すべきとされている事項について、評価書の中にも関連する記述がある場合には、双方の内容にそごがないかを確認するといった趣旨」と回答するにとどまった。そして、「過去に京急急行電鉄と県または市が交わした議論については、許可に当たり考慮はしていない」と明言したのであった。そもそもの計画について、検討・考慮しなかったのである。

次に塩坂委員は、「京浜急行電鉄は発生土処分場での埋め立て行為の後に、土地利用を図るという話を環境影響予測評価書等で示しているわけだが、事業者から土地利用に関して開発許可申請や相談がなされているか。また、仮にこの土地を限定して伺うわけではないが、例えば宅地分譲を目的にこのような土砂の埋め立てを行う場合、都市計画法に基づく手続が必要だと思うが、当局のお考えを伺いたい」と質問した。これに対して、建築指導課長は、「横須賀土木事務所では、開発許可の申請や開発に関する具体的な相談は受けていない。一般に、宅地分譲等、宅地として具体的な利用を目的とした造成行為については、土地計画法に基づく開発許可の手続が必要」と回答している。

加えて塩坂委員が、「京浜急行電鉄は宅地開発をするといろいろな書類に明記をしているのに、なぜそれを開発事業だと思わなかったのか伺いたい。また、県の都市マスタープランとの整合性についてはどのように考えたのか」と切り出したのに対し、建築指導課長は、「開発事業の判断は、環境影響評価条例の手続において、手続上の行為目的が発生土処分場の建設とされており、事業者からも開発許可に関する具体的な相談は受けていない。したがって、宅地として土地利用の計画が不明確であることから、開発許可処分庁として都市計画法に基づく開発許可の対象であるとの判断はしていない。次に、かながわ都市マスタープランと開発許可との関係で、今回の発生土処分場の場所はどのようなプランになっているのか、個々具体的に地域のまちづくりを記述する内容とはなっていない」と回答した。塩坂委員は確認のために「例えば発生土処分場だけができて、そしてそれで終わって、その後に今まで事業者が言っていた宅地開発をするとする。新聞報道等でも、発生土処分場の役目が終わった後は50ヘクタールの宅地ができるということを報道しているが、そういう報道は間違えていると考えるのか、当局のお考えを聞きたい」と述べたのに対して、建築指導課長は、「内容的には報道等のそういう話もあるが、あくまでも発生土処分場ということでの手続が適正に行われており、埋め立て後の土地利用について、相談等も受けていないし、また、申請も受けていない」と答えている。京急は埋め立て後の土地利用について公言はしても申請・相談はしていないのだ。県はそれを知っていて見ぬふりなのだ。

村田委員は、それでも質問をくり返した。「この発生土処分場事業が宅地開発の準備事業として位置付けられているという一文があり、行政も認識してこの開発は進められていると思わざるを得ない。開発行為の準備事業なのだから、やはり都市計画法上の手続も必要なのではないか」という質問に対して、技術管理課長は、「土砂条例の土砂埋め立て行為の許可に当たっては、土地利用の目的については問わないので、将来の宅地開発を意図しているかどうかは、許可の審査事項ではない」と逃げた。さらに、村田委員は、建設廃材などの混入の可能性について規制があるのか等の質問を行った。他の法令による規制だとの回答だったようだ。県は「宅地化するとは聞いていない」と言って逃げながら、宅地開発の基盤事業という北川湿地の埋め立てにちゃっかり許可を出してしまったのだ。2人の議員による追求も、縦割り行政の壁、粗い法の目によって逃げられた形となった。それでも一部は明らかにできたことは収穫であったと思われた。

そこで、のんき氏はこの議論からこう考えた。

処分場は宅地開発と無関係。県は議会で、「京急からは宅地開発の計画も相談もまったくなかった。処分場事業の許可は宅地開発とは一切無関係だ」と表明。通常、宅地造成工事に必要な都市計画法に基づく「開発行為許可」も不要とし、京急や三浦市が主張する「宅地開発の準備事業」という主張も認めなかった。これによって、埋め逃げで終っても県は法的にも道義的にも一切責任を負わない立場を明確にしている。県は環境破壊で終ったとあとで追求されても逃げ道を作ってある。これを知らないのは賛成派の地権者だけ。処分場が宅地開発への前進だと言うのは嘘。

さらに、こう付け加えている。「鉄道延伸許可は下りない」と。

京急は「法改正で鉄道免許は許可制から届出制に変わった。一旦取り下げただけ」と市議会で答弁。「免許は再申請すればすぐに下りることになっている」と信じている県議もいるぐらいなので、地権者の賛成派もそう思っているようだが、鉄道事業法は依然として許可制で、届けるだけでいいなんてことはどこにも書いてない。既存事業者がいるところに新規参入する場合、供給過剰となっては共倒れだとして従来は許可していなかった「需給調整を廃止」しただけで、事業計画の適正さや安全運行などを審査し許可される点は変わっていない。京急は廃止届に「地域開発が進捗せず、鉄道用地取得が困難なため」という理由を書いている。地域開発が進捗するには、鉄道延伸免許を得て、延伸が具体化することが必要だ。京急は市議会答弁で新駅周辺が商業区域に変更され高度規制が緩和され付加価値がつく事を着工の条件のひとつに挙げているが、

鉄道事業許可には地域開発の進捗が必要
地域開発の進捗には鉄道事業許可が必要

現状ではどちらも実現の見込みはない。87年も実現しないのにあと7年すると実現するというのなら、それなりの人を納得させる理由が必要。

なるほど、尤もであった。

のんき氏は膨大な情報を届け、私たちの活動を支援した。しかし、環境省へも国交省へも請願書を出すに至らなかった。中央省庁へ「何を持って行くか」が定まらなかったのである。事業者が宅地にできないと言っている土地を早く宅地にしろと言う三浦市と元地権者。やけになって埋め逃げしようとしている事業者。首都圏では希少となった身近な自然。鉄道延伸計画の廃止(国)と、宅地

になるとは聞いていないのに埋め立てが許可されたこと(県)。私たちの提案したエコパーク構想。これらをどう絡ませて「保全の方策」を作るのか。「平成17年に三浦市議会で『国交省のたいへんきつい指導』を受けて事業廃止に追い込まれたことから、国が鉄道延伸=宅地開発の可能性なしと判断したことは重要だから、湿地保全法制定を目指している国に保全を求めることが唯一の解決法だと思う」という助言も、いざ具体的な提案となるとたいへんに重たいものであった。そして、彼の言う「旗を立てる」ことができなかったのである。旗を立てなければ風が吹かないとまで言われたことが、実際はできなかった。「裁判もいいが諫早などの例を見る限り最終手段とはならない」と言われながらも、結局、最後は裁判しか残らなかった私たちの戦いは何だったのか。今から思い起こせば、ああすればよかった、こうすればよかった、もっとこんなふうにできたかもしれない、と思うこともある。しかし、この戦いの最中の私たちは一杯一杯だった。そして、守れなかった北川湿地と、たくさんの助言を頂いたのんき氏に、心から申し訳なく思う。

工事の進展

2009年7月8日に許可処分が出された発生土処分場建設工事は、最初こそなかなか進行しないように見えたが、実は着実に進行していた。2009年11月には、斜面林をなぎ倒して造成が本格化していた。この造成はダンプが入る搬入路の

図2-3-1　2010年4月29日　谷戸底へ向かう舗装道路

建設のためである。ゆっくりだが着実に工事が進められる中で露呈してきたのが、ゴミも一緒に埋め立てられるのではないかという疑惑だった。ゴミとは、農業用マルチ、肥料袋、防鳥網、野菜くず、育苗箱などの農業廃棄物で、実際には軽トラックまであった。三浦市議会の中でも不法投棄されたゴミの問題が出ており、不法投棄がさらに増えるから残土処分場を急ぐのだという話があったようだ。私たちはゴミを一緒に埋めないよう県や市に指導を求めた。

年が明けて2010年には、足を運ぶたびに工事の状況は進展していた。こののちの4月には、搬入路がアスファルトで舗装され(図2-3-1)、三戸の農地造成側に、立派なゲートまでできていた。斜面林が皆伐されたためか中がよく見えるようになったが、下流部の湿地面はもう見ることができなくなっていた。

工事の進展のようすは、ブログ「北川の杜」に詳しく紹介されている。定点観測的な写真がたくさんあり、変わりゆく北川湿地の姿が分かる重要な記録である。

(http://kraga.blog45.fc2.com/)

住民説明会

発生土処分場建設事業に関する、事業者による住民に対する説明会は、第1回が三戸浜近くの集落地域で行われたが、これは該当地域の住民についてのみ周知されたので、我々は情報すら得ることができずに終わった。2009年8月26日の引橋区住民を対象とした事業所入り口事務所での説明会は、対象住民の方からの連絡により知ることとなった。この説明会では、引橋区の対象住民以外、マスコミ、市議会議員さえも参加させない異常な厳戒態勢の中で実施された。もちろんそれは、私たちが住民説明会に参加しようとして拒否されたから分かった事実であった。

京急は住民に対する説明会を十分に実施していないのではないか。これは、私たち保全運動関係者にも、地域住民にも感じられたことであった。

そもそも、住民説明会とは何か。それは、事業者が事業を行うにあたり、周辺住民をはじめとする市民に広く理解を求め、事業を円滑に実施するための手段のはずである。しかし、事業者の利益と住民の利益が対立する場合にはそうではない。事業者が住民に対して説明を行ったという事実だけが残され、説明の内容が十分だったのか、住民は説明を納得したのかといった最も重要なことがなおざりにされる、事業者にとってどうにでも都合のいいようにできる会であることも分かった。私たちと近隣住民は、事業内容の理解(あるいは納得)のために説明会を要求したのだが、結果的に「事業者は住民説明会を実施した」という事実だけが曲解され、「住民に説明した＝住民は理解を示した」とされてしまうことに気づかなかった。このことは、鎌倉市の広町緑地における保全運動の記録から学んだことである。

説明会に参加した住民の方からの話では、説明会とは「なぜこんな工事をするのか、工事は必要なのかということを住民が納得いくまで議論すること」ではなく、「既に決まった工事についてその内容を一方的に事業者が話すこと」だったそうだ。質問なし、地域外からの参加不可、市議会議員の傍聴も不可、録音・記録も不可、議事録は要求しないと作成されず、要求して作成された議事録もろくな内容ではない、といった説明会だったという。こんな説明会ってあるのだろうか。一部の方からは、かなり厳しい口調で事業に対して反対の表明があったと聞いた。当然のことである。おそらく京急は、住民による理解などハナから求めていないのではないかと思われた。三浦市の後ろ盾と神奈川県の許可さえあれば、住民の意向など聞く必要もない、そんな魂胆だったのだろうと、この後の様々な対応から窺い知れたのであった。

2回目の住民説明会は、引橋区長の尽力により開催された。2月28日（日）13時から引橋区会館にて開催されたが、京急側からの強い要望で対象は引橋区民に限られた。話の内容は8月と同様、工事の説明会という形になるということであった。私たちは、この中に入ることができず、京急からの「一方的な説明」を後で伝え聞くだけであった。

住民による公害調停

近隣住民への十分な説明もなく、家屋の調査等も行われないままに工事が始まったとしたら、家屋に変化（被害）が出ても、変化の原因が工事だと断定することができない。そもそも、家屋の現況を調査することは、費用の発生することである。通常、住民が自費で行うものなのか、何を行えば十分なのか、それとも通常事業者側が行うものなのか、事業者に要求したときに行えるものなのか、そんなことすらも分からない状態であった。健康被害についてはどうなのか？騒音や、洗濯物の対処や、子どもの遊び場、通学路はどうなのか？住民側は分からないことや不安を説明会に求めたが、「被害はない」「問題はない」以外の回答はなく、住民の不安は深まっていった。

三浦市には、まちづくり条例の中に「紛争斡旋」の項目があった。開発行為が行われたときに、市が事業者と住民(被害を受けた者)の仲介をするというものであった。しかし、私たちにはこの条例に関する事例や申請方法の詳細が分からず、その申請にかなりの時間を要した。そもそも条例を制定しておきながら、運用については想定されていなかったようであった。住民の中で何名か有志が募られ、この条例に従って紛争斡旋を申請した。しかし、三浦市の回答は、「紛争は存在しない」というもので、事実上の拒否であった。住民が、事業者の理不尽な対応に声を荒げて市に訴えても、市は、市民を守らず、便宜を図らず、企業である京急に都合のよい対処をしたことになる。何のための条例なのか、と私たち関係者の誰もが市の姿勢を疑った。

図 2-3-2　住民対象の生活被害を考える会

そこで、弁護団会議において、住民に予想される被害についてどう対処するのかという議論が交わされた。まず、近隣住民の声を聞き、地域住民と一体化した保全運動をするために「北川湿地の残土処分事業による生活被害を考える会」を行おうということになった(図2-3-2)。引橋区の住民説明会やまちづくり条例の件で知り合った方々と、弁護団の弁護士たちの連携であった。この会は、12月27日、引橋区の町内会館である引橋会館で開催され、連絡会もオブザーバーとして参加させて頂いた。主催は、事業地に隣接する住民有志の方であった。当日は年末の忙しい時期にもかかわらず、20名を超える地元住民の方が参加され、関心が高まりつつあることが分かった。私たちの弁護団からも多くの弁護士が参加した。

参加された住民の方々からは、「すでに振動・騒音に迷惑している」「こんな事業が行われるとは最近まで知らされなかった」「事業者による8月26日の住民説明会は不十分だ」「説明会で連絡先を聞かれたのに何も連絡がない」「この緑に憧れて住んでいるのに」「将来の宅地化が不明確のままでは地域のためにならない」「毎日200台のトラックで子どもが事故に遭わないか心配」といった切実な意見が飛び交い、住民の生活が脅かされはじめている事実も分かった。

これを受けて、私たちは弁護団会議において、県公害調停審査会における調停を申請することとなった。事業予定地に隣接する5家族10名が、弁護団の協力のもとに申請を行ったのであった。しかし、2010年1月25日の第1回調停で簡単に結果が出てしまったのである。

弁護団の小倉弁護士からは次のようにメールで報告された。

本日1月25日、第1回審査会が開かれ、弁護団と住民代表の計7名が出頭し、京急側は弁護士2名(民事調停と同一代理人)と担当者3名の計5名が出頭しました。審査会では、まず、当方が事情を説明し、申立の要点、三戸地区エコパーク構想、今後の進行に対する希望として、審査会委員による現地視察を要望しました(以上、約40分)。また、住民代表が今回の申立に対する心情を表明しました。この後、入れ替わりで、京急側の事情聴取が行われました(約40分)。その後、委員を通じて、京急側の意向が当方に伝えられたわけですが、京急側の意向は当方との話し合いにはまったく応じるつもりはなく、本日で審査会も打ち切ってもらいたいというものでした。この京急側の意向は、念のため、再度確認してもらいましたが、京急の本日で打ち切りの意向は変わらず、本日で打ち切りとなった次第です。この状況については、12時から記者会見を開いて、京急側のあまりに不誠意な対応を非難した次第です。記者会見には、毎日、朝日、東京、神奈川の4社が参加したので、本日夕刊か明日の朝刊記事になると思います。今後につきましては、いよいよ差止訴訟をどうするかを、議論する必要があります。次回の弁護団会議は2月25日ですが、この際に方向性を決定したいと思います。

(以上メールより一部を改変して転載)

また、公害調停の不調について取り上げた新聞報道のひとつを転載する。

北川湿地：埋め立てで「環境被害」京急応じず調停不調－－三浦／神奈川

京急電鉄が三浦市初声町に所有する県内最大の湿地「北川湿地」を埋め立てる残土処分場建設工事で環境被害が出るとして、周辺に住む5家族10人が京急に工事の中止を求めた公害調停があり、25日の第1回調停で京急側が応じない姿勢を示し、調停は不調に終わった。双方が明らかにした。5家族は、湿地を含む自然環境の良さなどを理由に移り住んだ。工事の計画を知り、騒音や振動、粉じん、水質汚染の被害が生じるとして昨年11月、県公害審査会を通じて調停を申し立てていた。調停の不調を受け、住民側は「話し合いを続けないのは不誠実」として、提訴も検討している。京急側は取材に対し、囲いや公害防じんシートなどを設置するので公害のおそれはないなどとして、調停を打ち切る趣旨の答弁をしたことを明らかにした。現地では昨夏から、土砂搬入路の建設が進んでいる。(杉埜水脈;(毎日新聞　2010年1月26日地方版)

公害調停不調が伝えられると、住民のひとりはメールにこう綴った。

本日は先生方におかれてはたいへんお疲れ様でした。ありがとうございました。 横山さんからご報告のあったとおりですが、申請人として、また一住民として、今回の京急の対応には極めて激しい憤りを感じています。小倉先生もおっしゃっていますが、これだけ長期間にわたる工事を行うのであれば、少なくともわざわざこうして設けた調停の場で住民が不安を示している問題について真摯な態度で説明をするとか、あって当然のはず。私に言わせれば、少なくとも隣接する住民には菓子折りのひとつでも持参してあいさつ回りくらいするでしょう、アセスをクリアしていたって、です。さらに、天白さん中心になってまとめられたエコパーク構想を公式の資料として提出し、京急側は初見であるにもかかわらず、(携帯電話等で本社に連絡はしたかもしれないが)社に持ち帰って検討するといったプロセスも経ず、「話がかみ合わない、話し合うテーマがない」の主張を一貫し、審査会も不調の結論を下すに至りました。調停でどんな話が出ようとも「話し合いには一切応じない」の結論先にありきで先方は臨んだ訳です。こうして思い出すだけで怒りがこみ上げてきます。これが一部上場企業の取る態度でしょうか。最前申し上げているとおり、私はこのMLをご覧の方々にはたいへん失礼ながら、生物多様性の観点ではなく、生活被害や住環境悪化を訴えてきました。しかし、今日強く思ったことは、ここまで住民の意識を無視したなりふり構わない企業倫理にもとる京急のあり方です。せっかく話し合いで解決しようと持ちかけた調停に応じないということは、残るは訴訟に出るしかありません。それで工事が中止になるのか、私には分かりませんが、京急は自分たちが相手取られて、この時代逆行もはなはだしい工事の主体者であり、住民の声にも耳を貸そうとすらしない、CSRもなにもない極めて問題意識の低い企業に過ぎない事実が、マスコミ等を通じて公になることを由としたわけです。先生もおっしゃっていたように、賛同頂ける住民の数を増やしていくことが課題です。すぐには難しいと思いますが、地道に活動して行かなければと思います。すみません、長文たいへん失礼しました。

（以上メールより転載）

加えて、法学者の奥田進一からは次のようなメールが寄せられ、これまでの訴訟へ向けた意見に拍車をかけた形となった。

すっかりご無沙汰してしまっております。拓殖大学の奥田でございます。本業に忙殺されておりなかなか北川問題に積極的にかかわることができずにおりましたが、ML情報を何とか追っかけて現状だけは把握しております。本学の学生も動員して何かやりたいところですが、すでに4年生は卒業論文に追われ、3年生は超氷河期の就活が始まってしまいました。史上最悪の就職率を眼前につきつけられ、大学もついに混迷期に入ったことを実感しております。

県公害審査会の調停の結果から、とくに京急の態度についてはいろいろと憶測されますね。「訴訟をしてくれと言わんばかりの…」とありますが、もしかしたらそうなのかもしれません。私自身はそこから京急が今考えていることについて2通りのことを考えてみました。

- 差止訴訟が却下されて判決が確定することで大手を振って埋め立てられる。
- 提訴されることで京急のステークホルダーからの批判を受けて事業を止めることができる。

後者ならばいいのですが、真意のほどはやはり分かりません。

年末に福岡県久留米市のある土建屋さんと話をする機会があり、その時に「自分たちはやりたくないのに、周りの圧力でやらされる事業がある」ということを聞きました。その土建屋さんは久留米で7年ほど前に起きた産業廃棄物処分場建設を巡る事件の当事者で、「本当は埋めたくないのに、埋めないと他の仕事がなくなっちゃう」ということで、地方ではさもありなんと妙に納得しました。もしかしたら京急も久留米の土建屋さんと同じ状況なのかなあ…とふと思いました。

（以上メールより転載）

このような意見交換の中で、「本当は、京急は訴えられるのを待っていたのではないか」ということが、今となっては甘かったとしか言いようがないのだが、しだいに脳裏に定着しはじめていった。現地では搬入路の造成が本格化し京急の工事に対する本気度も伺える中での微妙な揺れであった。

差し止め訴訟の提訴

京急は訴訟を望んでいるのではないかという憶測と、政治決着のみが解決手段であって訴訟では解決しないという考えの狭間で、日々が過ぎていた。エコパーク構想を受け入れてもらうことだけが解決策だと考えていながらも、その効果がつかめないままに、訴訟への道を進んでいる。もし訴訟に負ければ、「お手上げ」が訪れることは目に見えていた。

2009年12月19日、私は、政治家の中で京急に最も太いパイプを持つといわれる自民党の某大物代議士(衆議院議員)の参謀といわれた、ある横浜市議会議員の事務所を訪ねた。事前のやりとりでは、すでに京急にはいろいろとアプローチして頂いている様子だったので期待を抱いた。「北川湿地問題資料」と題した資料とエコパーク構想の冊子を数冊持参した。私は市議に現状凍結型でない、京急や地元にとってビジネスになる保全を提案した。また、事業予算を補償金の支払い等に充てれば事業の中止も可能ではないのかと説明した。京急も地元も追いつめられて事業を遂行している事実を話し協力を求めた。市議は「先生に伝える」といい、会談は終わった。しかし、その後よい返事は頂けなかった。このルートでも解決策として伝わらなかったのであった。

いよいよ本腰を挙げて差し止め訴訟を考えることになっていった。また、抗議行動についても検討した。訴訟や抗議行動には、賛同できない連絡会会員や協賛団体があることは分かっていた。そこで、連絡会の中で原告が誰になるのかという議論が進められた。原告としては、連絡会・住民・北川湿地の生態系の3本ということが確認された。原告北川湿地はいわゆる自然の権利訴訟の形であり、連絡会が訴える権利は研究権や自然の享受権、住民は実害の発生に対して生活被害にかかる人格権により工事の差し止めを求めるといった3本の柱である。原告に住民があるので、他の自然権利訴訟のように適格問題で門前払いされることはなかろうと考えた。連絡会会則と、構成員の一覧を添付することになった。連絡会会員は訴訟に賛同するものだけが構成員名簿に名を連ね、新たに一橋大学名誉教授の藤岡貞彦が訴訟に賛同し連絡会のメンバーとなった。

弁護団が原告に加わることを要請したJAWANとラムネットJからは、ともにネットワーク組織なので特定の湿地の開発にかかる訴訟には当事者としてかかわることはしないという考えから、訴訟原告とはならないという回答が寄せられた。

また、住民の訴訟については、差し止め訴訟ではなく損害賠償訴訟という手もあるがどうするかという確認がなされた。弁護団からは、「損害賠償訴訟で勝訴した場合、一定の成功報酬が発生することになる」という発言があり、それに対して原告になる住民からは、「金が欲しくて訴訟をするわけではない。豊かな自然を望むばかりである」という確認がなされ、連絡会・住民・北川湿地の生態系の三者が原告となる差し止め訴訟が行われることが確定した。そして、弁護団長故・岩橋宣隆弁護士以下、たくさんの弁護士による弁護団が結成された。2010年3月19日に提訴の手続きが行われ、訴訟第1回口頭弁論期日ほかが決定された。差し止め訴訟の訴状は第3部資料にあるとおりである。

一方で抗議行動の検討も行った。北川湿地問題に関して連絡会の方針もあり、これまで抗議行動らしい行動はとってこなかったが、このような状況の中では座り込みや、デモ、ビラ配り等の行動に出てもよいのではないかという声も上がった。原告に加わった住民からも、一部の弁護士からも賛同の声が上がった。

ちょうどこの頃、上関原発予定地(山口県熊毛郡上関町)の問題で、JAWANのMLに情報が寄せられた。上関原発計画の中止を訴えて中国電力本社前で行われた「原発より命の海を!72時間ハンスト」の座り込みが行われた。一方、中国電力は少しもおとなしくならず、その後も長島でごり押しの工事を進めている。上関原発問題に関しては、環境団体だけでなく、各地で原発廃止に向けた取り組みを進めているグループや、核兵器廃絶に取り組んでいる平和団体などともつながりはじめている。「埋め立てが始まる前になんとか止めたい」と。

しかし、私たちの連絡会は、抗議行動をとることは一切なかった。ビラ配りが提案されたものの、残念ながら手を挙げる人が集まらなかった。私個人としても気持ちの中では抗議行動に賛同していたのだが、行動に移すことができないほど時間的な制約があった。熱意が足りないといわれればそれまでであった。

この年の1月から3月にかけて、私的時間は数日おきの国会周辺での集会や横浜での弁護団会議と地元での住民との会合に費やされた。例えば、アセス法改正市民フォーラムが衆議院第2議員会館会議室で行われた時も(3月5日)、連絡会のリーフレットとエコパーク構想の冊子をもって会場へ赴いた。北川湿地に足を運び、県庁で知事と会おうとしてくれたツルネン議員の姿も会場に見えて、会うなり「すみませんねぇ」と言われた。アセス法改正についてパブリックコメントを募集中とのことだったので、私も北川湿地のことにも触れた内容を書いて出した。やれることは何でもやろうと考えていたからである。

スウェーデン自然学校と北川キャンドルナイト

2010年2月21日、「持続可能なスウェーデン協会」(Sustainable Sweden Association)日本代表のレーナ・リンダルと、環境教育の政策過程について日本とスウェーデンを比較研究した佐々木晃子とともに、北川と小網代を歩いた。このふたりはともに小倉孝之・奥田進一の紹介であった。レーナは笑顔が絶えない、日本語が流暢なスウェーデン人で、日本に長く暮らしているとのことであった。佐々木は新進気鋭の研究者という印象を受けた。3人でウェーダーを履いて、枯れたヨシが一面に続く冬枯れの湿地を歩いた。現地視察を終えて、今後の方針、すなわち、スウェーデン自然学校の一行にどのようにして北川湿地の現状を伝えるか、それをどのようにして問題解決に結びつけたらよいのか、入念に議論した。そして、一行に迷惑をかけないよう合法的な形で北川湿地を知って頂くこと、外国の自然学校の一行という特性を利用して、持続可能な社会についてのアプローチをして頂く方法を考えた。

はじめに口火を切って行われたのが、「スウェーデン環境教育と北川湿地環境保全を考える会」であった。民主党の首藤信彦衆議院議員(当時)の働きかけで、3月26日の16時30分～17時30分、衆議院議員第1議員会館第2会議室における院内集会が催された。スウェーデン自然学校の一行、「可能なスウェーデン協会」の関係者、連絡会の関係者、日本湿地ネットワークの伊藤昌尚事務局長らが参集した。国会議員側は首藤のほかに斎藤 勁、橋本 勉、近藤昭一らの衆議院議員が参加して行われた。集会目的は、環境先進国・ESD先進国であるスウェーデンの自然学校を招いての勉強会であり、その中で北川湿地の問題をしっかりと盛り込んでお話頂くというものであった。首藤は、以前にも自身のブログの中でも北川湿地の問題に言及し、問題解決に向けて政治家の立場で精力的に動いてくださり、たいへんありがたかった。

翌27日、スウェーデン自然学校一行と「持続可能なスウェーデン協会」関係者は、藤沢市にある湘南学園小学校を訪れた。ここではエコスクールへのキックオフイベントとして招待され、スウェーデン自然学校を紹介するワーク

図 2-3-3　2010 年 3 月 27 日のアースアワー　北川キャンドルナイト

ショップを行った。午後、三崎口駅から北川湿地の外周道路を歩き、前日の院内集会でも話題となった「埋め立てられていく湿地」を視察した。レーナ・リンダルと佐々木晃子も同行した。一行は、この湿地が残土捨て場としてつぶされることに怒りを覚えていた。夕方、現地近くの和風レストランのお座敷で交流会が行われ、入ることができなかった湿地の生物たちのようすがビデオで映し出された。温暖で生物多様性に富む日本の湿地に生きる生物の姿はスウェーデンから来た自然学校の教師たちにどう映ったのだろうか。また、私たち連絡会のメンバーも北川湿地に生きていた生物たちの生の姿から遠ざかった日常となっていたこともあり、たいへん切ない交流会であった。

交流会の後、私たちは全員で再び北川湿地の外周道路へと出て、20時30分から21時30分の間、Earth Hourとして、Kitagawa Candle Nightと題した提灯行列を行った。Earth Hourとは、世界約150ヵ国の人々が、同じ日（3月末の日が設定される）の同じ時間に電気を消すアクションを通じて、「地球の環境を守りたい！」という思いを分かちあう国際的なイベントである。世界の国々は、経度により時刻が設定されているので、20時30分からの1時間を全世界の国で「消灯」すれば、「消灯」の帯が地球をぐるっと1周回ることになる。このような電気エネルギーを使わない1時間を地球上で共有し、エネルギーの消費を押さえ、地球温暖化に貢献しようという壮大で実行可能なアクションである。日本では残念ながらほとんど普及していないため、連絡会の中でも知っていたメンバーはごくわずかであった。一般的な方法は、室内の灯りを消してろうそくに切り替える方法が用いられるのでキャンドルナイトの名がある。しかし、お座敷のレストラン内でこれを行うことは難しく、また、帰りの時間も気になることから、ろうそくを灯す代わりに提灯を用意して、提灯行列となった次第であった(図2-3-3)。この提灯行列は珍しかったらしくスウェーデンの一行には大好評であった。少々の風があっても屋外でキャンドルナイトが実施できたからであろうか。日本人にさえも好評だった。伝統的文化はそれだけで人を引きつける魅力があるものだと納得できた。

一行は街灯のともった三崎口駅前から東京への帰路についた。

私の手元には、スウェーデン自然学校から渡された1冊の分厚い本が残された。著者は一行のうちのマッツとローベルトで、スウェーデン語で書かれた表紙にはATT LÄRA IN UTE ÅRET RUNT とあった。「1年中外で学習するには」といった意味だ。あらためて感謝したいと思った。たくさんの写真がちりばめられた魅力的な内容だが、当時の私には読み解く時間も余力もなかった。

第5回日韓NGO湿地フォーラム

韓国では李明博大統領による四大河川事業が進められ、日本が高度経済成長期に犯した過ちに似たことが、大きなプロジェクトとして行われていた。韓国の四大河川は、まさに大陸型の雄大な河川であった。この豊かな自然河川を浚渫(しゅんせつ)し、護岸し、サイクリングロードと人工的な湧水公園を作るようなプロジェクトであった。私は、ラムネットJの訪韓団メンバーとして、3月に現地を視察してきた。北川湿地問題に奔走する日々を過ごしていたが、隣国の湿地保全関係者にも北川湿地問題を知って欲しかったし、失われつつある韓国の豊かな自然河川を今のうちに見てみたいという希望もあった。

帰国後すぐに、2010年3月26日から28日まで東京の在日本韓国YMCAアジア青少年センターで開催された、第5回日韓NGO湿地フォーラム(主催:ラムネットJ/韓国NGOネットワーク)でプレゼンテーションするというたいへんありがたい機会を頂いた。このときのプログラムは、

http://www.ramnet-j.org/2010/02/information/360.html

に示されている。私は、3月28日の午後のプログラムにおいて、同時通訳の方の力を借りながら、日韓の湿地保全関係者に北川湿地問題を訴えた。

このフォーラムでは以下の共同声明を採択して閉幕した。以下に共同声明の

全文を転載する。

2010年3月28日

第5回日韓NGO湿地フォーラム共同声明

ラムサール条約、生物多様性条約の精神と決議に基づき、
湿地の大規模開発を根本的に見直し、創造的な保全と再生を求める

ラムサール・ネットワーク日本
韓国湿地NGOネットワーク

2010年3月26日から28日まで、東京の在日本韓国YMCAアジア青少年センターにおいて、第5回日韓NGO湿地フォーラムが開催された。

第1回から第3回までのNGO湿地フォーラムは2008年10月の第10回ラムサール条約会議(チャンウォン市)を目標に行われ、第4回は同条約会議の総括、そして第5回フォーラムは2010年10月の第10回生物多様性条約会議(名古屋市)を目標に行われている。これは、この二つの条約が湿地を保護する上で深く関連しているためであり、私たちは、湿地保護を国際条約の視点で考え行動することを目指しているからである。

また、フォーラムでは、毎回、開発事業で破壊される重要湿地(ホット・スポット)について報告し、情報を共有し、保全対策と協働の方法を探ってきた。

今回の3日間にわたるフォーラムでは、生物多様性条約会議への対応といくつかのホット・スポットについて議論され、特に、以下の事項が強調された。

生物多様性条約会議(CBD/COP10)は、湿地の生物多様性を保全し持続的に利用していく上で重要な国際会議であり、日本と韓国の政府、地方自治体、環境保護団体、関係する市民は、その目的を理解し、協力して準備を行い、条約会議に積極的に参加して意見を表明することが期待される。また、CBD/COP10の決議は、国内で重要視され政策として実現されるべきである。

CBD/COP10において、日韓の湿地保護NGOは、ラムサールCOP10における決議X.31を発展させたエコトーンとしての水田生態系の生物多様性を活かす決議案や条約の新しい戦略の実施を世界のあらゆるセクターが支援することを提案する国連生物多様性の10年などの決議案を積極的に支持して実現させること、世界湿地ネットワーク（WWN）およびその他のNGO会議を成功させること、湿地の生物多様性保全に貢献するためにサイド・イベント、ブース展示を行うことにおいて、密接に協働することを確認した。

CBD/COP10での水田の生物多様性に関する決議案については、日本政府と韓国政府が協力して提案し、採択に向けて努力することを大いに期待するとともに、湿地NGOとしてできるだけの支援を行う。

韓国が議長を務めた第10回ラムサール条約締約国会議が、「チャンウォン宣言文」と「水田決議」を採択するなど、湿地保護分野で少なくない前進を示したにもかかわらず、韓国政府は、韓国の生物多様性に深刻な脅威を与える各種の開発計画を主導している。特に名前を変えただけの大運河事業との疑惑が持たれている4大河川事業は、韓半島の固有種と渡り鳥の棲息地を破壊し、川の姿を根本から変えている。また、黄海地域の潮力発電所建設計画、ソンド干潟の埋め立て、セマングム干拓事業、ナクトンガン河口の新空港建設など、いまだに進められている大規模開発計画は、韓国のみならず東アジア全体の生物多様性の維持に多大な脅威を与えている。私たちは韓国政府のこのような開発計画に対して深い憂慮を示し、ラムサール条約常設委員会議長国として韓国政府が模範を示すことを再度要求する。このような日韓両国のNGOの憂慮にもかかわらず、湿地を破壊する事業が続けて推し進められれば、2010年10月に日本の名古屋で開催される第10回生物多様性条約締約国会議で韓国政府は国際的な非難を招くことになるだろう。

日本でも、韓国と同様に湿地の開発が進んでいる。今回のフォーラムでは、大きな問題となっている沖縄泡瀬干潟、有明海諫早湾、瀬戸内海上関、吉野川河口域、東京湾三番瀬、霞ヶ浦、三浦半島北川湿地から開発と保全に関する問題が報告された。特に、諫早湾では潮受堤防排水門の開門を早急に実施するべきであり、泡瀬干潟では、高裁判決に従い、新たな開発計画を断念し、既設の堤防の撤去など、自然再生に取り組むべきである。また、上関では中国電力の原発建設を中止し、豊かな漁業資源と生物多様性を保全するべきである。北川湿地について京浜急行電鉄は残土処分場建設計画を見直し、自然環境の持続的な活用に転換するべきである。吉野川河口域では四国横断自動車道計画を見直し、三番瀬はラムサール登録を急ぐべきである。霞ヶ浦では冬期湛水を見直し、「市民型公共事業」を支援するべきである。

以上、第5回日韓NGO湿地フォーラムの議論をもとに、特に上記の件について、日韓両国政府、関係機関、関係者の理解と協力を求めるために、この声明を発表する。

2010年04月01日掲載

http://www.ramnet-j.org/2010/04/information/405.html

このように、北川湿地の保全は共同声明の中にも盛り込まれた。北川湿地問題が、日本において大きな環境問題となっている沖縄泡瀬干潟、有明海諫早湾、瀬戸内海上関、吉野川河口域、東京湾三番瀬、霞ヶ浦と並んで取り上げられたのである。この共同声明がどのような力を持つか私にはよく理解できていなかったが、このような形で大きく取り上げられたことはありがたいことであった。

スウェーデン自然学校の小沢鋭仁環境大臣訪問

2010年4月9日、レーナ・リンダルからスウェーデン自然学校の一行とともに小沢鋭仁環境大臣(当時)と面談ができたことを知らせるメールが届いた。このことは、事前に知らされていなかったので驚いたが、もっと驚いたのは、面談の中身であった。スウェーデン自然学校のメンバーが、北川湿地の現状をどう伝えるかについて熟慮を重ねたことが読み取れ、胸が熱くなる思いがこみ上げた。遠い外国から来日した人々の支援にあらためて感謝した。また、北川キャンドルナイトの場面が思い出された。

以下は、レーナからの報告である。

「小沢環境大臣とスウェーデン自然学校の面談サマリー」

4月2日(金)、スウェーデンの自然学校代表団は帰国する前の日に小沢環境大臣に会う機会をもちました。16時から16時30分、通訳を入れて30分だけのミーティングでしたが、日本を旅行して経験したことなどを話題にするミーティングでしたのでその様子を伝えたいと思い、サマリーを作りました。関係する書類や写真もホームページで提供しています。実は環境大臣に会えるという話が一週間前にあがった時から、大臣に何を伝えたいか、どうやって伝えるかの打ち合わせを重ねていました。東京のピザ屋さん、北海道に向かう電車の中、北海道の温泉で和風の朝食を食べながら、などなどの場面でその打ち合わせが続きました。ですから当日にはとてもよく準備ができていました。

参加者は自然学校の先生4人(ミアさん、イレーンさん、マッツさん、ローベルトさん)、バルブロさん(持続可能なスウェーデン協会)、レーナ(持続可能なスウェーデン協会、通訳)、佐々木晃子(大臣面談コーディネーター)。

自然学校の皆さんは首相に渡してもらいたい手紙を用意していました。スウェーデン自然学校協会を代表して4人で署名した手紙で、小沢環境大臣に渡せば首相に渡してもらえるだろうと考えました。大臣室に入る前に秘書の方からの説明がありました。ミーティングの冒頭で日本の主要メディア2社の記者が参加し撮影するので大臣に渡すものがあれば最初に渡すとよいというアドバイスがありました。大臣室に入るとまずは挨拶をして席のところまで行きました。そこですぐにミアさんが用意していた手紙を渡し、首相に渡すよう、お願いしました。手紙は公開のものでだれでも読める手紙だということも補足しました。その後メディアは退室し、皆が席について、対談がはじまりました。小沢大臣はまず、私たちが最初に訪問した山梨県の出身だと紹介してくれました。訪問したキープ協会(山梨県北杜市にあるキリスト教系の施設)が位置する清里から少し離れたところ(甲府)ですが、山梨は日本の有名な山、八ヶ岳、富士山、南アルプスが3つほど見える珍しいところだと説明してくれました。(清里に行った日は晴れで富士山を含めて山々がとても美しく見えました。)佐々木さんが日本の旅行先などを簡単に説明してからミアさんが皆を代表して、2週間の経験とその結果考えたことを大臣に話しました。ミアさんはよく準備をしていて、メモを少し頼りにしながら冷静かつ親切に話しました。ローベルトさんがミアさんの補佐として、皆で用意した写真をコンピューターの画面で大臣に見せました。最初の写真はスウェーデン南部にある国立公園の写真でした。Skaralid(スケーラリード)というところで、日本の景色を見ながらローベルトさんが思い出したところです。森に覆われた急斜面に囲まれた谷で、湿地や沼があります。その場所はスウェーデンの最初の自然学校が始まったところで、当時は環境保護庁の施設を使っていました。現在、この谷は国立公園になっています。大臣は最初その写真を日本の景色だと思ったようですが、それはスウェーデンの景色だと確認しました。次に、スケーラリードと景色が似ている北川湿地の写真を見せました。「ここはスウェーデンと同じように、大人も子どもも参加できる環境教育を行う場所として適しているので、これからなくなるということを知って、とても心配しています。というのはこの谷底は土砂で埋め立てられる予定になっているそうです。」とミアさんは説明しました。そして北川湿地の土砂搬入路を作っているブルドーザーの写真も見せました。大臣はスタッフにこの北川湿地のことを知っているかどうかを確認しました。知っているとうなずくスタッフがいました。大臣はローベルトさんが写真を見せ始める時にスタッフに声をかけてかれらも大臣の後ろから写真を見られるようにしてくれました。

次に、日本では子どもたちにお米の栽培について教えていると知ったことを話しました。スウェーデンは子どもたちによくジャガイモの栽培を教えているのでその写真一枚を見せました。「このように文化や歴史のことを学ぶことができる場所は、都会の近くにあることが大事です。名古屋の近くでそういう場所の一つを見つけました。使わなくなった水田や池が残る場所です。その平針(ひらばり)の里山は今開発される予定になっているそうです」と説明して使われなくなった平針の水田の写真を見せました。「子どもが小さい時、楽しみや喜びのあるかたちで自然と触れ合うことができると自然とのよい関係ができます。よい関係ができると、子どもはよい関係の相手の自然を大切にしたい気持ちになります。これは持続可能な開発のための教育の基本です」と続きました。

ミアさんは最後に、大臣にお会いでき、それが2週間の旅行のとてもよい終わりになると感謝の気持ちを伝え締めくくりました。大臣はそこで「終わりよければすべてよし」という日本のことわざを紹介してくれました。そのほかの大臣からのコメントや質問は、「日本の環境教育は不十分ですが、現在は環境教育法の改正を準備しています」、「スウェーデンは、『環境』は科目ですか」。これに対するミアさんの答えは「科目ではありません。スウェーデンの学習指導要領では、持続可能な開発の視点はすべての科目に盛り込む必要があると書いてあります。たとえば経済や健康にも関係します。」

大臣はまた、持続可能な発展の概念は日本社会であまり普及していないこと、それに対して気候変動に対する意識は普及していることを説明しました。大臣はCOP10を機会に生物多様性の理解が気候問題の理解と同じぐらい普及することを期待しているそうです。

次に佐々木さんが事前に送ってあった質問を話題として取り上げ、その1番に答えてもらいました。「大臣にとって貴重な自然はどこか」という質問でした。小沢大臣が取り上げたのは東京南部にある多摩川のことでした。そこに住んで2人の子どもを育てたので子どもと一緒に自転車に乗って河原を走ったことなどが大切な思い出だそうです。そこでイレーンさんは質問の背景を説明しました。「子どもの時に自然とかかわり、自然が好きになることが環境意識のはじまりです。そのため、学校や、子どもが住んでいるところの近くに自然があることが大事です」と。小沢大臣は一度だけスウェーデンに行ったことがあるそうで、ストックホルム市内から少しだけ離れるとすぐに森や湖があり、そのような環境はうらやましく思うと話しました。私たちは北海道にも行ったと大臣が聞いて、「日本には人口密度の高い大都会と全然違う場所もあると見てもらってよかった」とコメントして日本とスウェーデンの国土と人口の違いが少し話題になりました。

その後大臣はCOP10の2つの主な目的を紹介してくれました。

1)2010年以降の生物多様性保全の目標を採択すること

2)遺伝子資源の扱い方に関する合意に達成すること

(ABS =Access and Benefit Sharing)

また日本の「SATOYAMAイニシアティブ」も紹介してくれました。人と自然が共生するという概念です。そこでローベルトさんが北川湿地を土砂で埋めようとする鉄道会社(京浜急行電鉄)のことを取り上げ、COP10はその会社にとってのPRチャンスだと指摘しました。京急が北川湿地を土砂で埋める代わりに環境教育の拠点として保全し活用すれば、皆がそこに行くために使う電車を「みどりの電車」と呼んでPRができるだろうと提案しました。

大臣は、日本が今まで開発中心の社会作りをしてきたが、より自然保護を重視したり、環境保護とのバランスをとったりする社会作りに切り替えたいという自身の考えを伝えました。

時間が終わりそうになったのでイレーンさんは最後に大臣に大きめの虫眼鏡をプレゼントしました。ガラス面が少し霞んでいることに気づいたのでスカーフできれいに拭くと皆がひと笑い。渡す前に歴史のことを話しました。約250

年前、スウェーデンの植物学者カール・フォン・リンネの弟子、カール・ペーテル・テュンベリが日本にやってきました。目的は植物など日本の生き物を観察することでした。「私たち自然学校の教員はテュンベリと似たような形で来ました」と言ってリンネが自身の教育活動でよく言っていたことを紹介しました：「世の中の大きなことと複雑な関係を理解するために小さいものをよく観察する必要がある」。大臣は喜んで虫眼鏡を受けとって、「最近は年をとったので字を読むためにも必要になるかもしれない」と冗談を言ってくれました。皆が大きく笑って、ミーティングが終わりました。最後に集合写真をとって、秘書からたくさんの英文資料と、COP10に向けてのPRグッズを全員分もらいました。

（Sustainable Swedenの記事「小沢環境大臣とスウェーデン自然学校の面談」に当時掲載されたものから一部を改変して引用した。）

市道472号線

北川湿地の中には車や自転車などが通ることができる道路はないが、前述のように市道472号線という市道があった。この市道は、東京電力の送電線（三崎線）に沿ってあった道だ。北側からの入路では、京急の事業所近くの畑脇からマテバシイの茂る中を東電が作った金網製の急な階段を下りると湿地面に出た。湿地面には電柱に使えるくらいの太さの丸太が1本渡してあって、あわよくば長靴でなくとも歩くことができたが、たいがい丸太から落ちて泥だらけになった。湿地面を十数m歩くとすぐに反対側の急斜面だった。こちら側にも金網製の階段があって、コナラ林の斜面を登ることができた。階段の上は平坦で歩きやすい尾根道となっており、湿地を渡ってきた風がいつもざわざわとコナラの葉を揺らしていた。この市道沿いの斜面には、クロムヨウランなどの貴重なラン類が見られた。尾根道を南へ突き進むと畑が開け、小網代の森との境界の尾根道へとつながっていた。

北側の階段は市道上に設置されていたが、南側の階段は少し市道からずれていたようである。しかし、私たち市民が通行しても誰にも文句を言われることがなかった。東電は、発生土処分場建設にあたって、埋め立てが完成した場合には送電線の高さが確保されなくなることから、南側の鉄塔を高台に移設する工事を行った。

この市道472号線は、2009年と2010年のそれぞれゴールデンウィークに照準を合わせて封鎖された。市民がうららかな陽気のもと自然観察をする季節に、市道が封鎖されたのであった。まずは先述の通り、おそらく2009年4月28日に、南側入路の脇に「私有地につき立ち入り禁止(地主)」の木製の看板が立った。また、北側入路では、「市道の上」に鉄パイプを組んで同様の内容の看板が設置された(図2-3-4)。これらと同時に、京急から私たちの弁護団宛に立ち入り禁止申し入れ書が届いた。なおこの申し入れ書は北川湿地のことが大きく取りあげられた毎日新聞(4月24日付)の記事の影響も大きかったと思われた。この立ち入り禁止に対しては、ただの看板だけだったので通行することは可能であったが、私たちは極力看板に従うこととした。

図2-3-4　2009年8月28日　市道の違法封鎖

私たちは、2009年7月2日に、市に対し道路法24条に基づく市道472号線の道路自費施工承認申請を行った。申請目的は、市道(公道)なのだから市民が通行する権利があるわけで、通行や自然観察が容易にできるように道路を自費で整備しようというものであった。一方で、京急からは工事に伴い埋め立て後に市道を付け替えるような自費工事申請が出されていた。同年7月10日、市は、市道472号線の道路自費施工について京急の承認と、連絡会の不承認を行った。同じ場所の自費工事申請に、一方を承認し他方を不承認にする理由が説明されていなかったので、市に対して異議申し立てを行ったが、同年9月に、市は異議申し立てについて審査基準に触れることなく異議を棄却および却下した。そこで、同年10月、県に対し市道475号線の道路自費施工についての異議申し立てについて異議を棄却および却下したことについて不服審査請求の申し立てを行ったが、県にも不服審査請求について棄却および却下された。

この経緯と法的な解釈については、「北川湿地事件報告－身近な自然を守ることの難しさ－」に詳述されている。そして、2010年のゴールデンウィークには、4月27日付で三浦市によって本格的に市道が封鎖された。北側入路の入り口と、南側入路から入った尾根筋にバリケードが築かれたのであった。市に抗議の電話を入れたが、「自費工事に伴い合法的に封鎖した」と言う。埋め立てはまだなので、埋め立て後の市道の付け替えを申請した京急の自費工事は、早くとも7年以上先のはずである。全く埋め立てられない現状で封鎖する必然性がない。市は、京急と一体となって市道を封鎖しているとしか考えられなかった。

実は、私たちはこのゴールデンウィークにたくさんのイベントを企画しブログに公表していた(この後詳述する)。それを見た京急関係者が、たくさんの人々が訪れて素晴らしい自然だと感じたらまずいと思ったのであろう。表向きには、「工事中につき安全を確保する」などと言えばそれですむ。醜さが際立っていた。三浦市はこれまで市道472号線の保全を一切してこなかったが、私たちの問い合わせに「工事のためにやむを得ない」とした。2009年に通行止めされたときは、三浦市の指導で撤去したが、2010年では、三浦市が市道の通行止め許可という暴挙に出たのであった(図2-3-5)。

2010年5月5日。手つなぎプロジェクト(後述)でたくさんの人々が北川湿地外周道路を歩き、市道472号線の立ち入り禁止の看板のところまで近づこうとしたときのことである。その手前に、警備会社の警備員が原付バイクを置き、その向こうにバリケードの通行止めをしていたのであった。私たちは、その警備員と争うことは避けて、イベントを平和のうちに終了した。警備員の向こう側に行かなかったのであった。

この通行止めに怒りを持って対処したのが、三浦市民で原告団にも加わった金子 豊であった。金子は警備員の封鎖が違法であることは疑う余地がないので、イベントが終わった昼過ぎに警察を呼び、現場検証した。この通行止めは、5月14日には解除された。警察か三浦市役所による撤去命令があったものと思われた。

さらに金子は、尾根筋のバリケードについてもくり返し抗議を続けた。市の担当者が「数日前に京急と協議し、ゴールデンウィークにたくさんの人の通行が予想され、数日後には閉鎖した先の工事が進行するので危険とのことで三浦市が許可をし、京急が29日か30日に通行止め柵を施工した」と回答したのに対し、あらためて違法な封鎖であることを抗議した。すると、担当者は「口頭だが通行止め柵の撤去要請をした」というではないか。違法だから撤去要請したのだ。市には違法行為という認識がありながら通行止めを許可し、抗議が来ないと撤

図2-3-5　2010年5月1日　市道の違法封鎖

去しないのだ。また、金子からの督促により、6月9日には三浦市が京急に対して市道472号線の封鎖解除を求める文書を郵送したとのことであった。不当な通行止めだと解除要請をした5月6日から1ヵ月も経ってのことだった。6月25日には南側入路の東電階段前までの違法封鎖が解除されたが、道路として整備されていないその先は市役所内で来週協議するとされた。京急が設置した通行止め柵は何ら効力のない物なので、三浦市が市道の自費工事の進捗状況を文書で質問したのに対し、京急は「環境アセスにもとづいて、希少動植物の移設する時期を待っている」と、全く関係のない回答書を提出したという。さらに、「市道の通行止めを解除すると希少動植物が盗まれる可能性がある」とまで書いてあったとのことだった。そして、最終的にこの違法封鎖は撤去されなかった。2010年7月9日、市道472号線通行禁止位置の変更に関して、副市長の決済で不支持となり却下されたのだ。理由は「京急が7月8日付の文書で、来週12日より市道472号線の小網代側の北川上流部に重機を入れ工事を始めると通告してきたため」とのことだった。重機は谷戸底に入る。尾根筋には小さなユンボがあるだけだ。却下の理由がこじつけであることは明白であった。

手つなぎプロジェクト

陽気がよくなると、土日ともなれば三崎口の駅前は、小網代の森の散策などを通して温暖な三浦半島の自然の豊かさを感じたいと思う人たちのグループでにぎやかになる。私たちは、4月27日から5月9日にかけて、北川湿地から近く、小網代の森入り口になる「和風レストラン小網代の森」のご厚意により、店内で「北川湿地フォトギャラリー」を展示することができた。北川湿地で見られた動植物の写真や、これまでシンポジウムやフォーラムで使用してきたポスターなどを展示させて頂いた。小網代の森の散策に訪れた人々に、ほとんど知られることもなく残土処分場として埋め立てられようとしている北川湿地のことを少しでも知ってもらいたかった。このお店は、3月27日にスウェーデン自然学校の一行と交流会を開いた場所でもあった。はるかスウェーデンからでさえも真剣に北川湿地を守ることにアプローチしてくれているが、私たちは何ができているのだろうかという焦りが増していた。

北川湿地を守りたいと願う人々の輪は少しずつ広がっていった。いわゆる「生き物好き」の集団を基本とした私たちの連絡会は、「人とつながる活動」がどちらかというと苦手であったのだが、2010年春頃から急速な展開を見せた。それは、下社 学・敦子夫妻と、三浦では珍しかった有機農業のたかいく農園とのつながりに端を発して、葉山・鎌倉地域の自然を大切にしたいと考えている人々とつながっていったことにはじまる。また、東京・池袋でオーガニックバー「たまにはTSUKIでも眺めましょ」を経営し、後に「減速して生きる　ダウンシフターズ」(幻冬舎)を著した高坂 勝も、連絡会と葉山のメンバーとの架け橋となった。特に、葉山でトランジション・タウンの活動をしているメンバーが、北川湿地を守る活動の強力な仲間になった。メールでのやりとりやパタゴニア鎌倉ストアのイベントなどを通して、少しずつつながりが広がっていった。私は、新しい仲間の要請にできるだけ応えた。まずは、北川湿地とは何か、どんな問題が起きているのかを説明するところからはじまった。新しい仲間は、真剣に話に耳を傾け、協力を申し出てくれた。

葉山での話し合いで、いくつかの企画がまとまった。まずは、「京急の社長にハガキを書こう」という企画であった。北川湿地の生き物たちのために、どうか湿地を守ってくださいというハガキをできるだけ多くの人に出してもらおうという考えだ。動物たちのイラストが入ったたいへん素敵なデザインのハガキが、新しい仲間の手によって考案され手渡されていった。また、2010年のゴールデンウィークのイベントとして、5月1日から4日まで「北川湿地の周りを歩こう」、さらに、5月5日の「2000人で手つなぎ＊北川湿地の生き物たちのために」が企画されたのである。この手つなぎプロジェクトは、「北川湿地を守るために、人々が参加してできる行動・イベントは何かないか」という問いに応えたものだった。人と人が手をつなぐとき、1人が両手を広げた長さを仮に1.5 mとすれば、2000人では3 kmの輪ができる。ハンカチや手拭いを用いれば1人で2 mだから、2000人で4 kmの輪となる。この「人の輪」で北川湿地の外周をつなげ、立ち入ることができなくなっている湿地に向かって、湿地に生きる生き物たちが守られることを祈ろう、という計画だ。この計画をネットや口コミで、たくさんの人を誘って参加者を広げようというアイデアであった。2000人を呼ぶイベントとなると、相応の人数のスタッフが必要となる。連絡会の独自イベントでは無理と思われたが、北川湿地を守りたいと願う葉山のメンバーとその賛同者によって、みるみる計画ができあがっていった。このメンバーは、「北川湿地を守りたいひとびとの輪」というブログと独自のMLを立ち上げ、連絡会とは別に北川湿地を守るためとその大切さを広めるための活動を行った。

(ブログについては、http://kitagawasicchi.blog27.fc2.com/参照)

「北川湿地の周りを歩こう」では、1日に10名、2日7名、3日5名、4日7名の参加者があった。10時に三崎口駅前に集まった人々を対象に、三戸入り口から御用邸道路を入り農地造成側の搬入路を見学してから、旧クリ畑だった所のとぎれた市道から湿地だった谷戸底を眺めた。谷戸底には悲惨な状況が広がっていた。そして、畑道を通って小網代の森との境の尾根道から国道に戻るルートであった。私は、シンポジウムの時に作ったのぼり旗をもって先頭をゆっくりと歩き、ときどき立ち止まって北川湿地の説明をした。参加者は湿地に入ることができたらどんなに素敵なのだろうと思っていたにちがいなかった。三戸の農家が農作業をしているそばで、のぼり旗を持って歩くことは衝突を招く可能性があった。しかし幸いなことに衝突はなく安堵した。

4日には、こんな出来事もあった。旧クリ畑のところで搬入路の工事が完成に近いのを参加者と眺めていると、畑で作業をしていた農家のYさんが農作業の手を休めて近づいてきた。「話を聞いてもいいですか？」と私の話を聞いた後、「ちょっと話をさせてください、皆さんどちらから来られました？」と、Yさんの話が始まった。Yさんはこれまでのシンポに2回参加し、税金を払い続けている農家の立場を主張されてきた方だった。話を要約するとこうだ。「昭和45年に住宅が足りないからと三浦市が市街化区域にして、住宅ができることを三代前からずっと信じてきた。やっと宅地化の第一歩だと思ったときに自然が大事だと言われても困る。自然が貴重と言うが、農家への補償はあるのか。三浦市の言う通り住宅ができてもらわなければ困る。エコパークなんて本当に採算が取れるのか。もっとちゃんとしたのを持ってこないと。」そこで、私はYさんに、「県は京急から宅地にするなんて聞いていないと県議会建設常任委員会で言ったそうですよ。こんな経済状況で昭和の時代の宅地開発50 haができると本当に思っているんですか？残土処分場で終われば、ハチだっていなくなりますよ。カボチャとか受粉大丈夫なんですか？」と話した。Yさんは、「この人たちが現れて…、やっと宅地化への第一歩となる時に…」と言われたので、「宅地になるといいですね。」と言ってYさんと別れた。参加者は静かにこのやりとりを聞いてくれた。

最大のイベントは、5月5日の「2000人で手つなぎ＊北川湿地の生き物たちのために」であった。この日は本当にいい五月晴れで、やわらかで暖かい空気が、抜けるような青空の下に吹いていた。

図 2-3-6　2010 年 5 月 5 日　手つなぎプロジェクト

入念な準備と計画のもと、スタッフは協力者のたかいく農園自宅に集合した。葉山のスタッフが自作してくれた段ボールのゼッケンにはイベントのチラシが貼り付けられ、胸と背中に見えるようにしてあった。連絡会では10本の「北川湿地を未来に残そう」ののぼり旗とリーフレットを用意した。

参加者の集合は10時に三崎口駅前ということだった。電車が駅に着くたびに、私たちののぼり旗やゼッケンを目印にたくさんの人々が集まってきた。それらを、のぼり旗を持ったスタッフがひとかたまりの人々を先導して国道314号線の方へと導いた。駅前から国道を渡り、三戸入り口の交差点から小網代の森の入り口の信号まで歩いた。小網代への道を左に見ながら旧法務局前を過ぎて畑道を歩いた後、新しくできた東電の送電用鉄塔の脇を、市道472号線に向かって歩いた。市道のコンクリートの途中で警備員に通行止めされたが、先頭を歩いていた私はそこにとどまり、1パーティー毎に北川湿地をめぐる経緯と私たちの思いを説明した。1パーティーが終わると次のパーティーが到着し説明する。これを何度も何度もくり返した。説明が終わると、のぼり旗を持ったスタッフがパーティーを先導してもとの畑道に戻り、北川湿地の南側を農地造成された道路のところまで歩き、立ち止まって手をつないだ。後続のパーティーは先着していた手つなぎの列に出会うと、改めて手つなぎの列を伸ばした。こうして長い長い手つなぎの列が、三戸の畑道につながっていった。

予定通り、12時ちょうどに集まった全員で手をつなぎ、北川湿地の方へ向かって祈りを捧げた(図2-3-6)。誰からとなくウェーブをしたり、ジャンプをしたりした。このときの参加者の胸には、どんなに熱い思いがあったことか。

人数を数えてくれたスタッフによれば、300名近いとのことだった。1人2 mとしても600 mしかつなげることができなかったのだが、終わってみると距離や1周できるかどうかは問題ではないことが分かった。手をつなぐという行為が、こんなにも心をつなげることができるということが分かったのだ。

私たち連絡会だけでは成し得なかったこんな大きなイベントができたのは、いうまでもなく葉山のメンバーをはじめとしたスタッフのおかげであった。素晴らしいイベントを企画・運営してくれたスタッフのみなさんと、近くから遠くから駆けつけた参加者のみなさんに、改めて心から感謝したい。このときの私の説明や手つなぎのようすはYou Tubeにアップされている。「北川湿地を守りたいひとびとの輪」のブログにはリンクもあるので、ぜひ見て頂きたい。

手つなぎに参加した方からは、連絡会のブログにたくさんのコメントが寄せられた。ここに一部を紹介する。

- 静かに感動しました。京急、三浦市にはこの何物にも代えられない貴重な財産を自らの手で破壊しようとする愚行に一日も早く気づいて欲しい。同時に、長年期待を抱かされ続けてきた地権者にも配慮すべき。このままでは誰もハッピーにならないことは明白です。
- 破壊は瞬く間ですが、壊れたものは元に戻りません。失ったものは還りません。地球の宝を守る大切さを教えて頂きました。ありがとうございました。5月5日は忘れられない日になりました。これからも微力ながらずっと応援させて頂きます。
- 三浦半島住民です。とても感動しました。300人が手をつないでジャンプした感じ、皆の思いが繋がった一瞬は忘れられません。京急さんも企業としては必死だと思います。でもこれから違った方向で地域への貢献と持続可能な会社のありかたを模索して欲しいです。これからは本当に必要なものしか残らない、本物しか残らない時代です。ヒントは市民の声ではないのでしょうか？一緒に考えましょう！

短期間の呼びかけで集まった感動的な手つなぎの後、たかいく農園の庭先にはたくさんの人々が押しかけた。参加者は心を通わせ、子ども連れの若い家族、大学生などの若者や年配のご夫婦など様々な層の方が、用意された出店の料理を食べ、音楽など織り交ぜながら気づいたことやアイデアなどをグループ毎に考えて、北川湿地を守るために力を合わせようという雰囲気が高まっていた。スタッフや連絡会メンバーだけでなくこの日はじめて集まった人々も、よいアイデアをどのように行動に起こすか、どのようなアクションにつなげるかを考えていた。

ゴールデンウィークのイベントと前後して、鎌倉、逗子、葉山では、北川湿地のことをもっと多くの人々に知ってもらうための「お話会」がそれぞれ企画された。鎌倉ではソンベカフェや手拭いカフェ一花屋、逗子ではカフェCOYA、葉山ではレインボーカフェなど、カフェの店内にPCとプロジェクターを持ち込み(あるいは貸して頂き)、連絡会のリーフレットやエコパーク構想の冊子、「北川湿地問題を考える」と題したチラシなど様々な資料を持ち込んで、少しでも多くの方に北川湿地のことを話した。5月30日には鎌倉の由比ヶ浜で「鎌人いち場」が開催され、テントを張りブース出展するとともに野外ライブを行った。

どの会場でも訪れた人々に北川湿地の問題を真剣に深刻に捉えて頂けたと思う。しかし、いちばん問題だったのは、「北川湿地を守るためにはどうすればよいのですか？」という質問に答えられないことだった。このとき既に湿地へ残土を運ぶための準備工事は着々と進行しており、湿地の中には立ち入ることができず、差し止めを求めた裁判を行っているだけの状況だったからである。それでも、ハガキ作戦以外にどのようにして京急にアプローチするのか、県や三浦市に対してはアプローチの余地はないのかなどが議論された。ブログに、あるいは後日のお話会に、北川湿地の窮地を知って積極的に京急や県にアプローチしてくださった方々からの報告が届いた。そのエネルギーの尊さをしみじみと感じ取ることができ、また自分たちの非力を感じざるを得なかった。このように、京急や県に対するアプローチが連絡会の活動としてではなく実行されていったことは、まさに活動の広がりといえるものであった。

土砂が入り始めた

手つなぎプロジェクトの熱い余韻がまださめやらない5月14日、とうとう北川湿地に本格的に土砂が入り始めた。この日の11時50分から12時までの10分間で、三戸側ゲートから10台のダンプカーが土砂を搬入したという報告が、メールや電話を通して私たち連絡会や北川湿地を守りたい人々のあいだに電気のように駆け抜けた。報告によると、お昼前だったので1分に1台というペースだったのだろうが、想定していた以上のペースであった。「谷戸底は少なくとも2年間は保たれる」とした環境影響評価書は何だったのだろう。これでは全くの虚偽記載である。そして、訴訟の最中でありながらこれを無視して埋め立てを強行し、ここが湿地だったことさえも消し去ろうとしているように思えた。

私は何としてでも土砂の搬入を止めたいと考えた。力ずくの抗議行動は取れない。昼間はそれぞれ仕事を持っている。せめて土砂の搬入状況だけでもチェックできないかと協力者を求めたが、応じてくれる者は少なかった。

そんな中で、5月21日の土砂搬入状況が報告された。これによると、搬入車両のナンバーからダンプ5台でのピストン輸送により、約40分で現地と搬出場所とを往復していたようで、8時50分から17時05分の間に45台のダンプが土砂を搬入したとのことだった。現地から40分のところに土砂を供給できる場所があったのだ。土砂の供給源については様々な憶測が飛んだが、ここでは述べないこととする。どんな土砂であっても湿地を埋める土砂に変わりはなかった。

また、6月7日には、北川湿地の現場を出発したトラックを連絡会の一人が尾行すると、佐島の丘に入って行った。既に区画整理が終わって分譲された場所だが仮置き残土があった模様だった。佐島も京急の事業なのでここの残土を受け入れても自社に受け入れの利益はない。この日、トラックは佐島だけでなく何方向からか集まっていた。

ホタルの最期と湿地の終わり

急激に大量に土砂が入り始めた頃、私たちの気がかりは、「今年、北川湿地でホタルを観ることができるか」ということだった。明るく青白い光を放つゲンジボタルと、やや遅れて現れて黄色に淡く光るヘイケボタル。このどちらをも無数に見ることができることが、北川湿地の特徴であり誇りだった。ひとりでも多くの人々にホタルの乱舞を見てもらいたい。ホタルに感動した人々の声が大きくなり、湿地を守って欲しいという世論が大きくなれば、湿地を埋めることにストップがかけられるかも知れない。土砂が大量に運ばれる中ででも、一縷(いちる)の望みを消すわけにはいかなかった。私たちは、違法侵入とならない方法でホタル鑑賞会をどうやって開くか知恵を絞ろうとしていた。

連絡会のブログやいくつかのネットワークで、ホタル鑑賞会の話題が交わされはじめた頃だった。北川湿地のゲンジボタルは、過去2年間の観察からすると、引橋の反対側の水間様のゲンジボタルに比べて約1週間遅れて、北川最上流部(図2-3-7)の谷戸に現れたことや、ヘイケボタルは下流部から現れはじめ、徐々にゲンジボタルが発生する上流部へと広がったことなどが発言されると、5月末日近く、居ても立ってもいられない若者たちが、最上流部の湿地への斜面を下りてホタル発生の様子を見に行ったらしい。そして、彼らから衝撃的な事実が伝えられたのであった。

「北川湿地の7割は既に約2 mの高さで残土が入っており、斜面林も半分くらいの面積で皆伐され、北川湿地の生態系は完全に破壊されていた」というではないか。青ざめた顔で谷戸の斜面を駆け上がってきたという彼らの話では、ゲンジボタルが多産した最上流部の奥はまだのようだが、7割が埋め立てられていた。2 mの高さの土砂は湿地だった地面をことごとく塞ぎ、ダンプや重機が移動できるように、その上に鉄板を敷き詰めていたとのことだった。ホタルのようすを見に行って、最も見たくなかったものを見てしまった彼らの驚きは想像を絶した。湿地の息の根が止められたに等しかった。北川湿地は失われたのである。

図 2-3-7　2010 年 6 月 4 日の北川の上流部
（下社敦子撮影）

先述のとおり、工事の差し止めを求めて3月19日に提訴されて係争中の湿地が、被告の手によって裁判の進行中に息の根を止められた。酷い話だがこれを現実として受け止めなくてはならなかった。土砂が本格的に入り始めて半月のうちに土砂を谷戸底に薄く広げて、湿地に生きる生き物たちを生き埋めにした。「谷戸底は少なくとも2年間は」…嘘だ。裁判の中で私たちが主張したたくさんの「守られるべき自然としての根拠」や、被告の京急が主張した「環境保全対策」は何だったのか。永遠に失われたゲンジボタルとヘイケボタルの乱舞する姿を思うと、取り返しのつかないことをしたあまりにも乱暴な企業への怒りに震えた。この開発・埋め立て方法が正しいかどうかは別として、京急が本気で埋めようとしていることに確信を持たざるを得なかった。

私たちは5月29日に緊急に会議を開いて情報を共有した。また、6月5日には連絡会臨時総会を開いて今後のことを検討した。まず、京急が本気で埋めにかかっていることが確認され、谷戸底は少なくとも2年間は保たれるといった記述を鵜呑みにして、着工後でも2年以内に保全活動を盛り上げていけば何とかなるかもしれないといった私たちの希望的観測は、甘かったとしかいいようがなかったことが確認された。また裁判が京急に急いで湿地を埋めさせる結果につながったのではないかという意見も出された。私たちにできることは何か。いくつかの意見交換の後に、次の2つの可能性について情報を収集することになった。

図2-3-8　2010年5月30日「鎌人いち場」にて

1つめは北川湿地の空撮であった。「貴重な湿地だから埋めないで欲しい」という裁判と同時進行的に埋め立てが強行されていく現場を撮影し、環境影響評価書に反した事業が行われていることを問う考えだった。いくつかの知恵が持ち寄られたが、高圧の送電線が通る地域で安全に空撮をする技術が見つからなかったため、この作戦は実行されることはなかった。2つめは土壌分析で有害物質が出れば埋め立てを止められるのではないかという予測に基づき、土砂を搬入しているダンプから何らかの方法でサンプルを得て分析にかけるという考えだった。これも残念ながら実行できる方法が見つからなかった。私たちに残された手は、これまで通り市民として北川湿地を守って欲しいという情報の発信を続けることと、裁判で戦うことだけとなった。

5月末日近くに京急の事業地内に入った何人かの若者は連絡会のメンバー以外の者だったとはいえども、「湿地の消失」を公にできる根拠にはならず、裁判の証拠にはできなかった。連絡会のブログに公表することも控えた。5月30日の「鎌人いち場」のイベント・野外ライブ(図2-3-8)や7月3日の「北川湿地を未来に残そう」のブース出展(鎌倉パタゴニア店前)と署名集め、7月20日の「いのちのつながりギャザリング～命のキーワード“生物多様性”をちゃんと知ろう～」(世田谷区三軒茶屋「ふろむあーすカフェ・オハナ」)における講演などは、このような状況の中で行われ、「消失した湿地のことを守りたいという訴え」になったことも新たな苦悩の材料となった。また、弁護団会議では、まだ残されているゲンジボタルが発生していた3割の部分について仮処分を申請することが検討された。このことは裁判の経緯の中で述べることにする。

小網代の森

小網代の森とは、北川湿地のある谷戸とは尾根道ひとつで隔てられた南側にある面積約70 haの谷戸で、水田放棄後に成立した二次林とコナラが優占する斜面林の総称である。谷底面の上流部はミズキ林やハンノキ林で、下流部になるとヨシが優占する草地となり、河口部は干潟となっている。

本項では、北川湿地と小網代の森を客観的に比較するとともに、小網代の森が保全される中で北川湿地が埋められていった事実を書く。

2つの谷戸の比較が第1部の各所でされているが、改めて概要を記すことにする。北川湿地と小網代の森は、三浦半島に特徴的な台地状の丘陵の辺縁部に成立する谷戸で、薪炭林として維持されなくなった斜面林であることと谷底面が水田放棄後の二次的自然であること、昭和45年に三浦市により一部または多くが市街化区域とされたことが共通点であった。どちらも三浦半島に残された貴重な自然であることは言うまでもなく、神奈川県は1990年(平成2年)の地域環境評価書で北川流域と小網代を連担して保全すべきと評価した。相違点は、北川湿地の下流部約半分(市街化調整区域部分)では農地造成により畑地になったが、多くが市街化区域になっていた小網代の森ではそれが行われなかったこと、北川湿地では植生の二次遷移がほとんど進行せず水田放棄後50年以上を経ても草地の景観を維持したが、小網代の森では二次遷移が進行し二次林となっていたことであった。2009年5月の時点での希少種の数は、北川湿地96種に対して小網代の森59種であった(**表2-3-1**および第3部資料参照)。そして、最大の相違点は、北川湿地では埋め立て計画が発表されるまで私たちを含めて誰もが保全を訴えなかったことに対して、小網代の森では開発計画に対して早くから保全を望む声が上がっていたことであろう。

ただし、**表2-3-1**「北川湿地と小網代の森の絶滅危惧種数比較」(連絡会作成、非公表)では、北川湿地の方は事業者がアセスに記載した周辺で見られる海岸性の種が含まれ、当然のことながら小網代の森は海岸に接することから海岸性の種が含まれる。また、北川湿地の「保全上重要な生物種リスト2009年5月11日版」(連絡会作成)からは、事業者が記載した海岸性の希少種を除いている。

小網代の森は、1985年の「5つの土地利用計画」では市街化区域となりゴルフ場が建設されることになっていたが、1992年に神奈川県知事の土地利用計画

表 2-3-1　北川湿地と小網代の森の絶滅危惧種数比較

		北川湿地			小網代の森				
		業者アセス	業者アセス＋連絡会調査による追加分	小計	国		県		小計
植物		8	2	10	1	エビネ	4	エビネ・クロムヨウラン・アイアシ・シオクグ	4
動物	哺乳類	7	0	7	0		1	キツネ	1
	両生爬虫類	6	4	10	0		9		9
	鳥類	30	11	41	4	オオタカ・ミサゴ・ハヤブサ・チュウサギ	12	オオタカ他	15
	汽水・淡水魚	3	0	3	0		14		14
	甲殻類	0	0	0	1	ハクセンシオマネキ	15		16
	昆虫	18	16	34	0		0		0
	底生動物	3	0	3	0		0		0
	（動物小計）	67	31	98	5		51		55
小計		75	33	**108**	6		55		**59**

への表明によりゴルフ場計画が中止された。2005年に国交省により「小網代近郊緑地保全区域(約70 ha)」に指定されると、2009年2月には京急が小網代の森に持っていた社有地1.6 haを神奈川県に寄付し、2010年7月には、神奈川県は小網代の森70 haを保全するための必要用地を確保した。2011年10月、三浦市は小網代の森のうち65 haを都市計画の変更として市街化区域から市街化調整区域へ逆線引きし、近郊緑地特別保全地区を指定した。

近郊緑地保全区域とは、首都圏整備法(昭和31年法律第83号)第24条第1項に定める近郊整備地帯において良好な自然環境を有する緑地のうち、無秩序な市街化のおそれが大きい場所について、地域住民が健康的に自然とふれあう場所、または災害や公害の防止に効果がある場所として保全するために国土交通大臣が指定するもの(首都圏近郊緑地保全法、昭和41年法律第101号)である。指定されると、近郊緑地保全区域内において、建物の新築、増改築、土地の形質の変更、木竹の伐採などを行う際には、あらかじめ知事へ届け出ることが必要となり、都県知事は必要があると判断したときには、届出者に対して、助言または勧告をすることができる。また、区域の指定にあわせて、国土交通大臣は小網代区域の「近郊緑地保全計画」を決定することになっている。

また、三浦市による近郊緑地特別保全地区の決定では、「三浦半島の南部に位置する小網代の森では、河川の源流から海に至る変化に富んだ自然環境がまとまって残っており、首都圏全体で見ても貴重な緑地であることから、首都圏近郊緑地保全法に基づく近郊緑地保全区域に指定されている。その中でも、浦ノ川流域を中心とした地区は、この緑地の自然特性を顕著に示す重要な地区であり、将来にわたって現状凍結的な保全を図る必要があることから、近郊緑地特別保全地区に指定することとし、地権者の合意が得られたことから、その良好な自然環境を保全し、首都圏の住民の健全な心身の保持および増進に資するため、小網代近郊緑地特別保全地区を都市計画決定する。小網代近郊緑地特別保全地区の決定にあわせて区域区分を変更し、これまで市街化区域に指定していた地区を市街化調整区域に編入するとともに用途地域について廃止等の都市計画変更を行う」とされている。

小網代の森の保全の経緯については、「奇跡の自然－三浦半島小網代の谷を流域思考で守る」(岸 由二, 2013)に詳しく述べられていて、その中にも「北川湿地が埋め立てられることに決まったこと」や、「将来宅地になるとのこと」などが記載されている。

2009年2月の京急による小網代の森の社有地1.6 haの神奈川県への寄付は、表向きには小網代の森の保全に協力したことになっている(県知事から表彰状が送られた)が、実際は国交省により保全が確定された塩漬けの土地を「有効利用」しただけのことと思われた。

第3部資料の年表にもあるとおり、小網代の森が小網代近郊緑地保全区域に指定された2005年に、京急による三戸地区(北川流域)の発生土処分場計画が表面化した。2009年2月、京急が小網代の森内の社有地1.6 haを神奈川県に寄付したのとほぼ同じタイミングで、第1回公開シンポジウム「首都圏の奇跡の谷戸、三浦市三戸『北川』の湿地を残したい！」が開催され、北川流域に貴重な自然が残されていたことがはじめて公表されたものの、同年7月に土砂条例により県から埋め立てが許可された。2009年3月時点の連絡会の調べ(公図の閲覧)では、この頃までには既に北川湿地のすべての土地が京急の所有地になっていた。また、2010年5月に埋め立て土砂の搬入が本格化した頃、神奈川県は「小網代の森保全に関する用地買収が完了」とした。このように、北川湿地の消失は、小網代の森の保全が進むこととほぼ並行して進行したことが分かる。

なお、小網代の森を守ろうと言ってきた人々は誰ひとりとして北川湿地の保全にかかわることはなかった。私たちは、ともに自然の保全を目指す市民団体として北川湿地保全についての協力と市民団体としての連携を依頼したが、全く残念なことに返事はなかった。

差し止め訴訟の経緯

2010年3月19日に提訴の手続きが行われた三浦市三戸地区発生土処分場建設事業の差し止め訴訟は、代理人・復代理人合わせて150名を超える弁護士が関係する裁判となった。この訴状は、第3部資料の2、または連絡会HPでも読むことができる。

http://www.kndmst.net/mito/kitagawa-sojyo.pdf

提訴にあたり裁判所に提出した原告らの主張要旨の全文を掲載する。

(北川湿地の希少種数は、1種追加で発見されたため97種となっている。)

横浜地方裁判所平成22年(ワ)第1463号

発生土処分場建設事業差止請求事件

原告ら主張要旨

1　一般に自然の湿地は多くの生き物を育み、そこに豊かな生態系を造ります。北川湿地は神奈川県最大規模の平地性湿地であり、そこには国や県の絶滅危惧種をはじめとして多くの希少な生き物が生息しています。事業者サイドが実施したアセスの調査によればその数は70種とされていますが、我々が確認した希少種の数は97種にも及びます。因みに、豊かな自然が残っていると言われる隣接する小網代の森ですら、希少種の数は50数種にとどまると言われています。これをみても、開発が進んだ首都近郊において、北川湿地がいかに傑出した数の希少な生き物を育んでいるか理解していただけると思います。

たとえば、北川湿地には太古の昔から枯れることのなかった小川が流れており、そこには人が持ち込んだものではない野生のメダカが生息しています。神奈川県内では、こうした生態系の中で野生のメダカが生息している場所は、北川湿地だけです。生物多様性保全の観点からすれば、本来、北川湿地は何としても保全されなければならない場所なのです。これについては、異論をとなえる研究者や学者は誰もいないと思います。県のアセスの審査書も、このような前提に立っています。

2　翻って、本件事業は、この貴重な北川湿地を残土処分場として埋めてしまうというものです。北川湿地の自然環境に影響を及すとか及さないというような事業内容ではありません。北川湿地という生態系の存在そのものを無くしてしまうというものなのです。こんな乱暴な話はありません。ビオトープを整備するとされている蟹田沢には蟹田沢の生態系があり、そこを壊してビオトープとするのは保全ではなくただの環境破壊です。

多様な生き物や生態系がどんどん消失して、奇跡的に残った最後の砦とも言うべき、北川湿地。そんな湿地をどうして埋め立ててしまうような乱暴なことができるのでしょうか。事業者と県や市は、小網代の森の保全を取り上げて「環境に対する配慮はできている」といいますが、森と湿地は異なる自然であり、どちらかを保全すればよいというものではありません。どちらもつながっているのです。

さて、事業者である京浜急行電鉄が北川湿地の地権者であり、地権者が埋め立てをしたいからと言うことです。しかし、本当にそうなのでしょうか。地権者であれば法律で禁止されていないかぎり、どんな土地利用をしてもよいのでしょうか。私どもはそうは思いません。土地が私財であるとしても、そこに貴重な生態系があるとすれば、生態系は公共財的性格が極めて強く、土地利用についてもこれを損なわないようにすることが土地所有者に課せられた当然の社会的義務ないし制約だと思います。一つの生態系の破壊は、そこに生息・生育する生物の種を絶滅させるだけでなく、周辺生態系にも計り知れない影響を及し、そこに生息･生育する生物種の存続にも大きな影響を及します。そして、極めて重要なことは、そうした生態系やそこに生息する生物種は、私たちすべての人々と子孫の生存を支えるかけがいのない資源なのであって、特定の企業や個人が自儘な土地利用で消失させてしまうようなことは絶対に許されるはずのものではありません。地権者といえども、公共財を損なわないような土地利用をすべきです。我が国でも、憲法で、私権は公共の福祉による制限が認められており、また、民法でも、私権は公共の福祉に適合しなければならないと定められています。いかに土地所有者といえども、貴重な生態系を根本から消失させるような土地利用は公共の福祉に適合するわけがなく、法的にも決して許されないと思います。

こうした考えは、先進諸国では今日極めて常識的なことであり、北川湿地に足を踏み入れた国内外の教育者・研究者は、北川湿地の生物多様性に一様に驚き、そして、北川湿地が残土捨て場として埋められてしまうことを聞いて、怒りをあらわにします。地権者であれば貴重な生態系そのものを根底から変えてしまうこともできるという現行のシステムが環境先進国ではまったく理解できないのです。このシステムは環境の時代にふさわしいものに書き換えられなくてはなりません。

加えて、事業者は三浦市、地権者、県環境農政部には「早期宅地化のための基盤整備事業」といい、県県土整備部は「事業者から土砂を埋め立てる申請が出ただけで宅地にするという相談は受けていない」といいます。こんな玉虫色の事業があってよいのでしょうか。

3　また、今回の裁判には、本件事業の対象地周辺に居住する住民の皆さんが原告として参加しています。本件事業は、工事開始後、7年以上にもわたって続けられる事業です。この間、一日100台もの大型ダンプカーが住民の居住場所近くを出入りすることになります。住民としては、この間、大型ダンプカーによる交通事故や交通渋滞の危険にさらされるだけでなく、排ガスによる空気汚染や騒音、振動、粉塵などによる生活被害・健康被害にさらされることになります。また、持ち込まれる土砂にしても、粉塵被害だけでなく、汚染残土が持ち込まれないという保証はまったくありません。万一、汚染残土が持ち込まれた場合には、近隣住民が深刻な健康被害を受けるおそれが十分にあります。さらに、湿地の埋め立てで多くの昆虫を失い、農作物の受粉や害虫防除ができないなどの農業被害が出る可能性が予想されます。

そもそも、本件事業の実施区域は、都市計画上も第一種低層住居専用地域に指定されている閑静な住宅地の周辺地域です。本来、発生土処分場事業対象地としては、まったく不適地なのです。原告ら住民は、きれいな空気と自然豊かな住環境、静かな生活環境を本件事業の実施によって一方的に踏みにじられようとしています。本件事業は、住民の人権を侵害するものであって、この観点からも本件事業は絶対に許されないものだと考えます。

なお、先週より土砂の搬入が本格的に始まりました。事業者の「聞く耳持たず」の姿勢は、全くひどいものです。

以上

平成22年5月18日

陳　述　者

原告らを代表して

原告三浦・三戸自然環境保全連絡会代表

横山一郎

私は傍聴席ではなく原告人席に座り、裁判長の求めに従って上記の主張要旨と同様の内容を陳述した。

提訴のあと、横浜弁護士会館の一室を借りて記者会見が行われた。テレビ局数局をはじめ、たくさんの記者が参加した。そしてこの提訴はたくさんのメディアに取り上げられた。翌日の朝刊では、毎日新聞、朝日新聞、神奈川新聞、産経新聞など各紙で取り上げられ、さらにウェブ上でもたくさんの報道記事を目にすることができた。テレビ報道では、NHKやテレビ神奈川が取り上げた。

- 三浦「北川湿地」工事差し止め求め、周辺住民らが京急電鉄を提訴／横浜地裁（神奈川新聞カナロコ）
- 時事ドットコム：湿地埋め立てで住民ら提訴＝京急相手に－横浜地裁
- 貴重な湿地の保全を求め提訴:NHK神奈川動画ニュース
- 原告に「湿地」加え中止求め提訴 京急の埋め立て事業（共同通信）
- 京急に埋め立て中止求め提訴 原告は周辺住民と湿地（中日新聞）

また、提訴に先立って神奈川新聞は大きく紙面を割いて記事を書いた（3月6日）。

- 「湿地」を裁判原告に加えて提訴へ、処分場整備工事の差し止めを求める（朝日新聞）

さらに、朝日新聞は地方版だが「ルポかながわ」という特集でこの裁判の記事を書いた（4月18日）。

工事進む三浦・北川湿地　駅近く光る水辺　ホタルの谷へ搬入路

「同市の人口は94年の約5万4千人をピークに、今年3月には4万8千人まで減少した。『住宅を建てる需要が本当にあるのか』。最後に疑問に残ったことを聞いてみた。吉田市長は答えた。『人を呼び込むのは行政として自然なこと。人口が増えないから自然を保護すべきだ、と言う話にはならない』」（記事から引用）

記事によると、市長の発言は住宅の需要について答えていない。また、「宅地にする」と京急も市長も記者に発言もしたようだ。宅地にする場合、都市計画法に基づき開発許可を得なければ違法行為である。

5月18日(火)10時30分より横浜地方裁判所502号法廷において、差し止め訴訟における第1回口頭弁論期日が行われた。傍聴席がほぼ満席となる状況だった。まず、裁判長より請求の趣旨の確認があり、原告らの主張主旨が口述された。その後、検証の請求がされたが時期の関係で却下された。現地和解が原告代理人より提案されると、裁判長の方から「まずは湿地のビデオ撮影等をしたらどうか」と代理人同士で協議することについて提案がなされた。被告代理人は「検討する」と持ち帰った。

裁判長の意図は、おそらく「貴重な自然を破壊する工事なら、その貴重さが証拠として出されれば証拠として検証する」といったものだったのだろう。5月18日では、本格的に土砂の搬入がはじまったものの、まだ湿地面の多くは残されていると想像していた。私たちの弁護団では、素晴らしいホタルの映像を撮影して提出できれば裁判長はじめ裁判官に印象づけられると考えた。そこで5月26日(このときまだ湿地の中で起きている悲惨な状況は知らなかった)、私たちの弁護団からビデオ撮影の方法等についての「連絡書」が送付された。すると、6月8日に被告(京急)代理人より書面で回答が寄せられた。

「原告のご希望される本件事業実施区域内のホタルのビデオ撮影につきましては、次の理由により、お断り申し上げます。すなわち、本件事業実施区域内のホタルにつきましては、当社は、本件事業に関する環境影響評価手続の対象として選定し、その生息状況をすでに確認しているところであり、原告の希望されるビデオ撮影の必要性は認められないものと考えます。なお、当社と致しましては、本件事業実施に伴い、環境保全対策として、農地造成事業区域の自然環境保全エリアを新たな生息地(蟹田沢ビオトープ)として整備し、動植物の移殖を行うこととしており、すでにそれを開始しております。そして、貴職書面において、撮影期日につき『雨天中止や飛翔時期のずれなどを考慮すると』と記載され、また、貴職書面に(注)として『雨天の場合は原則中止する。』ことが見込まれ、本件事業の進捗に支障を来すおそれがあります。これらのことから、当社と致しましては、原告のビデオ撮影の申し入れについては、お断りさせていただきますので、ご理解のほどよろしくお願い申し上げます。以上、ご回答申し上げます。」

先述の通り、5月末には湿地のほとんどが消失していたのだ。ホタルの撮影はできるわけがなかった。これに対して、私たちが知ってしまった「湿地が既に失われている」という事実を反論のように伝えることはできなかった。

話題が少し逸れるが、6月29日は京急の株主総会が品川駅前のホテルパシフィック東京で行われた。これに間に合うように株主になっていた私は、総会に参加し質問に手を挙げた。「国際生物多様性年であり環境の時代といわれるときに、どうして湿地を残土で埋めるのか？マスコミにも取りあげられ反対の声があるのに、中断できないのか？」といった趣旨の私の質問に対して、佐藤昌弘地域開発本部長は、「50年来の地元との計画があり…小網代の森を保全しており…将来は宅地にするために…」と、これまでと同様の答弁をくり返した。発言の中で「宅地にする」と明言したが、どこまで根拠のある、拘束力のある発言か分からなかった。もし実現したとしても、湿地に残土をぶち込んだズブズブの土砂の上に家が建つのだろうか。今後の推移を見届けたい。

会場の外では「北川湿地を守りたいひとびとの輪」の方たちが、会場に出入りする株主に湿地のことを訴えた。訴えたといっても悲痛に叫ぶのではなく、5月30日の「鎌人いち場」で、「北川湿地を未来に残そう」とたくさんの子どもたちが描いた大きな布絵を持ち静かに語りかけていた。会場内の私とは対照的であった。女性のひとりは和服姿であった。会場内へ流れていく、または出てきた株主たちは、静かに会話しチラシを受け取っていたようだ。

以下は、「北川湿地を守りたいひとびとの輪」ブログからの引用である。

京急株主総会が品川のホテルでありましたが、株主さんたちに北川湿地のことを知ってもらいたいね、と、急きょチラシを作り呼びかけをすることになりました。総会の始まる前と後に歩道に立って、「鎌人いち場」で子どもたちに描いてもらった布絵を掲げ、「北川湿地のことを知ってください」というチラシの配布を総勢9名でしました。京急の方も、私たちが抗議の動きをしているのではなく、ただこの事実を知ってもらうため、そしてそこを守りたいことを伝えているだけ、と分かると黙認してくれていました。京急さんありがとうございます。あともう一歩歩み寄って頂けるといいのだけどな。総会が終わってからも、知らなかった、チラシを欲しいという方が何人もいて、知ってもらうということに関してよい機会となりました。蛍の乱舞する湿地なんて、他にはあまりありません。ものすごい財産です。何万年もの自然の営みが創り上げてきて、そこに、ぽっと残っていた手付かずの地、人の管理を免れたひっそりした場所こそ、いまや人も含めた生き物の、かけがえのない拠りどころでしょう。この前までそこにあったのに、今目の前で、それが残土で埋まっているという現実、やるせないですね。京急は小網代の森を残してくれました。英断だったと思います。感謝します。でも「だからここ（北川湿地）は開発する」ということでなく、さらに保全の動きへ、すでにある豊かな生態系、それを活かした持続可能な未来の事業へと展開して頂くなら、わたしたちはほんとうに応援したいのです。そしてこのことは京急という一企業のCSRの問題以上に、根本的に、県の、環境アセスメントに対する姿勢そのものに根深い問題があることも見えてきました。全国でおこっているこうした問題は、結局行きつくところ根っこはおなじ。それらに向かい合い、その仕組みを変えて行くために足もとのことから。いろんな力や方向性、そしてしなやかで遊びのある、強い行動と結びつきが、そこここで湧き上がっていくことが必要のように思います。そしてその輪は今、実際にどんどんと重なってきている。引き続き、大きな視点でかろやかに動いていきたいですね。（以上ブログより引用）

まさに胸を打つコメントだ。しかし、京急の動きに変化はなかった。湿地は埋め続けられたのである。

5月18日の第1回口頭弁論から、第2回口頭弁論が行われることになった7月6日までの間は1ヵ月半以上開いていた。裁判の遅々とした進行とは裏腹に湿地がどんどん埋め立てられていくことを危惧した私たちは弁護団と相談し、7月1日に裁判所に証拠保全申立書を提出した。しかし、この申し立ては認められなかった。

7月6日（火）10時30分より横浜地方裁判所の前回と同じ法廷において、第2回口頭弁論期日が行われた。たくさんの傍聴者が見守る中、裁判長は被告代理人に対して、提出された書面の内容が酷いことを痛烈に指摘した。「北川湿地とビオトープの位置関係を含め、説明になっていない。これでは、ビオトープを宅地開発して北川湿地の自然を保全すればいいとの見方も出てきます。」「合意があったとしているが、どんな合意があったのか証拠としてきちんと提出してください。証拠書類があまりにもないので進められません。」裁判長の声は怒っているように聞こえた。被告代理人は蒼い顔をしてそれらを聞いていた。まさに「サンドバッグ状態」だった。私たちの弁護団によれば、そうそう見られる光景ではないとのことだった。情報公開でも出てくることはなかったので合意文書などそもそもないのだ。一方、私たちは、たくさんの証拠をきちんとした形で提出していた。

また話が逸れるが、これまでに頂いた10870名分の署名を、7月6日に京急本社に提出した。これには、紙の署名に加えて署名TV(国内オンライン署名サイト)やCare2(海外オンライン署名サイト)に集められた署名も含まれていた。泉岳寺の本社では、京急側は広報課が応対した。私たちは努めて穏やかに冷静にお願いがあることを伝え、名刺を渡した。課長補佐ともう1名の社員の名刺には、赤いジャケットを着たお笑いタレントの2人組がポーズをとって笑っている姿が描かれていた。「この署名を社長様へお渡し頂きたいのでお受け取りください」と話すと、「はい」と言って受け取った。「ウェブでの署名には日本語・英語ともに社長様へのメッセージが書かれておりますのでお読みください」と話すと、「分かりました」と回答した。ほかにも短時間ではあったが私たちの主張とお願いを手短に伝えた。残念なことに、対応した社員は私たちの発言をメモにとることすらしなかった。

8月12日(木)午後16時30分より横浜地方裁判所にて、第3回口頭弁論期日が行われた。今回もたくさんの方に傍聴して頂いた。被告第2準備書面についての陳述が行われた。被告が提出した書面には、「原告北川湿地に当事者能力を認めるべき法的根拠はなく、原告北川湿地に当事者能力が認められないのは明らかである。」とあった。私たち連絡会の原告適格にしても、「曖昧かつ抽象的」という理由で「請求に理由がない」とされていた。日経エコロジーの記事にもあるとおり、これが日本の現状なのだ。さらには、原告住民らの指摘についても、「原告住民らの生命身体への危険を生じさせたり、原告住民らが指摘するところの平穏な生活を営む権利を侵害する恐れがあるものでないことが、それらの予測評価結果から明らかである」とされており、普通に読めば住宅にひびが入ったり、住民に喘息が出たりする可能性は絶対にないという判断だ。先述したブログ「北川の杜」には既に近隣では家中砂埃だらけになっていることが報告されていた(例えば2010年6月12日)。

今回提出された書証は、

- 環境影響評価書(概要):県に提出された評価書の一部にビオトープ関係の事業報告の一部を付け加えたもの
- 土地登記簿の写し2点:被告が小網代の森に土地を有していること、県にわずかな土地を寄付した証拠
- 神奈川県のHPの写し:小網代の森が保全されていると神奈川県が言っているウェブページの写し

の3点であった。これが裁判長に督促されて出てきた事業の正当性を示す「証拠」である。評価書はアセスの手続きだし、小網代の森に京急社有地があることは本件とは無関係だ。驚愕に値するものであった。

ましてや、「埋めるな」と裁判を起こされているのにもかかわらず、被告代理人は「もう湿地はほとんど埋められていますから…」と言い放った。その上で、「ビデオや写真に撮ったものはブログに挙げたり公表したりしないで欲しい」と要求があった。公表されてはまずい景色がそこに広がっているのだ。被告第2準備書面にあるとおり、本件事業が「相当性・合理性」を持っているのであれば、胸を張って公表できるはずだ。

振り返って2009年3月9日、私たちが民事調停という手段を選んだのは、次のような理由からであった。まず、所有権のある市街化区域の土地に対する環境享受権の主張はたいへん厳しいということ、また、あまりにも唐突にはじまった残土処分場建設計画に対して、訴訟で戦う材料や客観的証拠の準備に時間がかかるために十分な準備なしで判決が出ることを恐れたこと、そして、政治的な決着がおそらく唯一の解決策だとすれば、市・県だけでなく環境省(国)を巻き込んで大きな問題として主張した方がいいと考えられることなどであった。さらに、仮処分を行うには、相応の保証金が必要であったが、仮に認められたとしても莫大な金額を用意する財力がなかった。しかし、いよいよ本当に湿地が埋め立てられていったとき、上流部に残された一部を対象に仮処分の申し立てを行った(7月22日)。京急が出した環境影響予測評価書案の意見書に対する見解書(平成20年10月)には「工事は北川の下流域から着工し、上流域の谷戸の環境は工程計画から見ても着手後2年程度は保全されることになり、実施区域に生息する動物が工事により移動する期間や繁殖期の確保が出来るよう可能な

限り配慮いたします(p.83)。」と書いてあったが、湿地だったことをすべて消し去るような工事の進行状況に歯止めをかけるとすれば、仮処分しか考えられなかった。8月12日の第3回口頭弁論期日は、このような状況の中で淡々と行われた。

湿地に入った裁判官

本件の裁判長は、「ホタルがすごいというのなら双方でビデオを残したらどうか？」と提案したり、裁判官による現地視察を提案したりした。被告側がまともな証拠を出さない姿勢をとったことも、このような提案の背景にあるのではないかと考えられた。5月18日の裁判長の発言に関して、湿地がまだ十分な価値を持っていた状態で、ビデオ撮影なり視察なりをすることには意味があっただろう。しかし、それは叶わなかった。8月下旬、湿地がことごとく破壊された状況でそうすることは、「破壊の記録」であって「貴重な自然の記録」とはならない。

それでも理不尽な埋め立てであることを裁判官に見てもらうために、現地視察が計画された(この「現地視察」は第3部資料の年表では「進行協議」と書かれている)。被告の京急側が最初に示した案(コース)は、京急事務所〜埋め立て実施区域〜一時ストックエリア〜蟹田沢ビオトープ〜小網代の森〜京急事務所、人数は「代理人2名・担当者1名の計3名なので原告側もそれ以下の人数でお願いしたい」という乱暴なものだった。原告側としては、住民被害の観点から住民宅周辺の視察が必要であり、具体的には初声町三戸と初声町下宮田の原告自宅2軒、最重要ポイントである(この部分の保全を仮処分申請していた)湿地最上流部に時間をかけることを要望した。小網代の森は今回無関係なので必要なく、説明・質疑の場所として京急事務所を用いることは構わないとした。原告側参加人数については、連絡会も住民たちもいて実働代理人も多数毎回の期日に出廷しているので、被告側の人数と揃えるのは無理があり、連絡会3名(うち1人はビデオカメラ係)、住民2名、代理人8〜11名の参加が必要とした。結果、コースと人数はほぼ原告の主張通りとなったが、移動は「安全上の理由から」京急の社用車を用い、全員ヘルメットをかぶることとなった。裁判所からは若い女性裁判官1名と男性書記官1名が参加した。

現地視察の日程は双方の代理人と裁判官の都合を中心に決定された結果、8月25日となった。この日、私は仕事でどうしても外せないことが分かっていたが、その日程を逃すと9月中旬以降に先送りになることが予想されたため、連絡会のメンバーには申し訳なかったのだが、現地視察のメンバーから外して頂かなくてはならなかった。現地視察のメンバーには、「おそらく裁判官が現地に入ること自体に意味があると思う。貴重な自然がどこにあって、どのように破壊され、保全対策はどのように実行されたのかを明らかにできるとよい。京急はビオトープとストックエリアで環境保全対策を見せるようなので、審査会が指摘した種が現在どのような形で保全されているかを確認すべきだ。例えば、アズマヒキガエル・クロムヨウランはどこに移したのかなど。また、チャイロカワモズク(環境省準絶滅危惧種)の移植先も確認すべきだ。最上流部は時間をかけて視察して欲しい。」と依頼した。また、私は奥田との会談を受けて、「京急が25日の視察を待たずに埋めてしまいたいのは、判決前に原告の利益が失われることをねらってのことだろう。裁判官は現地和解を提案するのではないか。京急がそれを拒否すれば裁判所のメンツはつぶれる可能性があり、判決では原告勝訴となる可能性がある。ただ、京急が控訴すればその時点で原告の利益は一部を除き失われており、最終的に敗訴するだろう。現地和解でうまく最上流部だけでも残すことで、原告住民の皆さんの利益を守り、事業の一部を止めることで、今後の進展にもつながるのではないか。残念ながら北川湿地の豊かな生態系は失われたが、少しでも環境保全の足跡を付けることには意義があると思う。どちらからにしても控訴して争うならば、原告の利益のうち豊かな生態系は既に失われていることから、原告敗訴となるのではないか。現地和解の落としどころを見つける努力を最大限するのがよいのではないか。」との推測を現地視察のメンバーに述べた。

8月25日当日。夏らしく晴れ渡った空から熱い日差しが注いでいた。この日、連絡会のメンバーの目に飛び込んできた光景は、筆舌に尽くし難いものであったという。撮影された写真(図2-3-9, 10)やビデオの記録からは、その驚きと落胆が手に取るようだった。長靴でさえ歩きにくかった湿地面は白く乾いた土砂できれいに整地され、中央部は重機が移動できるように分厚い鉄板が何枚も敷き広げられていた。清らかな水が流れていた北川は跡形もなく消え失せ、谷壁斜面上部に残る樹木以外に生き物の気配は全くないに等しかった。京急が一時ストックエリアとした箇所では、水位の管理が不適切なようでハンゲショウ群落が水中に沈んでいた。蟹田沢のビオトープでは、むき出しの土嚢袋で直線的に作られた水路が見られ、これがビオトープか？といった状況だった。ビデオ

図 2-3-9　2010 年 8 月 25 日　北川谷戸底

図 2-3-10　2010 年 8 月 25 日　蟹田沢ビオトープ

には、自宅のベランダや庭先から壊れていく湿地と環境被害について切実に語る住民の方々の姿があった。5月末日近く、ある若者たちによって報告された北川湿地の終焉は、8月25日に公となり裁判官と原告の目に曝されたのであった。さらに酷い状態となった現地の景観は、湿地の保全を願って裁判まで起こした私たちに絶望的な追い打ちをかけた。

私たちは被告との約束を守り、この様子をブログに掲載しなかった。

数日後、現地に入ったメンバーのひとりであった天白牧夫から次のようなメールが届いた。

「みなさま、25日の裁判の現地視察に同行しました。谷底面は全て埋め立てが完了していました。言葉になりませんでした。連絡会としては事業差し止めとその後の自然再生の方向で進んでいるところではありますが、保全生態学的な目で見ると北川の再生は全く不可能なように映ります。京急が破壊した環境の価値、さらには保全団体の失敗の足取りを教訓として将来に残せるような、しっかりとした資料を残す責任があるように思えます。25日は現地で声を大にして不当な事業であることをアピールする機会でしたが、一言も発言できませんでした。北川の保全活動家としては死んでいるような気がします。」

それに対して、連絡会の瀬能 宏はこう答えた。

「ふり返ると、我々の活動が実を結ばなかった最大の原因は北川の存在がある時点までほとんど知られていなかったこと、そのことにより我々が北川の価値に気がついた時には開発計画の進行が外圧によるストップも含めて後戻りできないところまで進んでしまっていたことに尽きると思います。なので、保全団体＝連絡会の意味であるとすれば、『保全団体の失敗』という表現は微妙です。」

後日、私たちは、北川湿地の消失を無駄にしないよう、自然科学として客観的な資料と保全活動の経緯を記録として残し、後世の環境保全に役立たせなくてはならないと考えた。本書編集の所以である。

仮処分の申請については、上流部に残されたわずかな湿地の名残さえもほとんどなくなったと思われたため、この後、10月15日付で取り下げることになった。

判決と北川湿地保全活動の終焉

9月に入ると、12月14日の証人尋問のための準備がめまぐるしく開始された。

私たちは、弁護団とともに原告代理人から被告側への尋問内容を精査した。また、原告としての陳述書が準備された。本件事業が土地利用計画に沿わず、環境保全対策が不十分で県環境影響評価審査会の指摘を遵守していないこと、北川湿地の自然を見続けてきた市民団体の一員としての意見、生活被害の懸念と事業者の不誠実な対応のこと、子育てや住環境の問題のこと、生活環境の悪化と市道472号線をめぐる不誠実な対応のこと、生活環境の悪化と搬入される土砂についての疑念、そして、振動等の住環境の実害について、原告となった連絡会の一員や住民らがそれぞれ陳述書を作成し提出した。証拠説明書とともにたくさんの証拠が提出された。一方、被告側からも陳述書と証拠が提出された。

11月4日(木)に第5回口頭弁論期日が行われた。この日は12月14日の証拠調べ期日(当事者・証人尋問等)の具体的内容が調整され、原告側3名、被告側2名の尋問が行われることと、それらの順序と時間が決定した。それを受けて、証人尋問の席に立つことになった、下社 学、中垣浩子、筆者の3人が弁護団の弁護士と尋問を想定して答弁の練習を重ねた。

12月14日(木)、11時から16時30分とほぼ終日を費やし、差し止め訴訟の証人尋問が行われた。原告側3名、被告側2名についてそれぞれ主尋問と反対尋問がなされた。順序は、被告側担当課長、原告側中垣浩子、被告側環境アセスメント担当者、原告側筆者、原告側下社 学の順序であった。虚偽のないことを宣誓し署名捺印した。証人尋問の中で、「5つの土地利用計画」に関して合意文書がないことが明らかにされた。原告側からは、環境保全対策が不十分なことや、住民に対する対応の不誠実さを浮き彫りにさせた。この日もたくさんの方々が傍聴席を埋めた。尋問内容は書記官に記録された。3月31日の11時に

図 2-3-11　2010 年 12 月 10 日　北川上流部
（下社敦子撮影）

図 2-3-12　2010 年 12 月 23 日　土砂搬入ゲート付近

判決が発表されることとなった。

その間も、湿地だった谷戸には土砂が運び込まれ続けた（図2-3-11, 12）。

12月26日、連絡会の臨時総会が開かれた。裁判の進行状況と証人尋問の報告が行われた。被告が「連絡会の原告適格を争わない」ことを条件に今回で結審すること、いずれ裁判所から議事録が公表されること、被告が「手続きに従って」「モニタリングを行う」から保全対策は適当であるという主張をしたこと、被告が「市・県・京急の合意文書の必要はない」と述べたことなどが報告された。

3月23日には神奈川県環境農政部環境計画課に要望書を提出した。私たちは、北川湿地の保全に関する県知事宛の署名を提出する機会を見失っていた。知事の松沢茂文の任期切れが迫っていた。以下が要望書の要旨であった。

私たち三浦・三戸自然環境保全連絡会は、北川湿地に生息していた希少生物の保全と生物多様性の保全のために、神奈川県に対し次のことを要望します。

(1) 少なくとも三浦市三戸地区発生土処分場建設事業環境影響評価書に書かれた環境保全対策が事業者により実行され、神奈川県として生物多様性を確保するよう事業者に対する指導を求めます

(2) 事業者の環境保全に対する対応が不十分な場合、事業を中断する指導を求めます

(3) 神奈川県環境影響評価条例において、事業者に対する適正な指導および罰則規定を設けることを検討するよう求めます

しかし、3月30日付の県からの回答にはこう書かれていた。「環境保全対策

は適切に行われている」、「神奈川県環境影響評価条例に違反する事実がある場合は、勧告および公表を行うこととしており、罰則規定を設けることは考えていない」。これが現実なのだ。

3月31日(木)は、横浜地方裁判所前に傍聴整理券の列ができ、傍聴席は満席となった。11時に判決が出された。判決では、原告連絡会と住民の請求は棄却された。判決の内容は、ウェブ上で公開されている。

http://www.kndmst.net/mito/hanketsu2.pdf

最も重たかったのが、「結局のところ、本件事業の見直しを求めるには遅きに失した面を否定できない」という記述だった。「遅かった」=「手遅れ」という判断である。しかし、判決理由の中で、宅地化の見通しには疑問があり、処分場建設の緊急性がないとされ、本件事業の公共性が認められなかった。また、事業者の移植作業は不十分で環境保全に対する配慮が不十分であったこと、生物多様性保全対策が裁判所として甚だ遺憾であることが述べられた。裁判所として差し止めを認めることはできないが、事業については問題点があることを認定したことと受け止められた。「事業を進めることの合理性・公共性を法的に認めている判決」とは読めない内容だ。京急はこの判決をどう受け止め、環境保全対策にどう反映させるのであろうか。これまでの計画どおりの環境保全対策ならば、裁判所の判決を無視したことになろう。

裁判官という法律家は、法律をとおして開発と生物多様性保全について判断をした。それが今回の判決であろう。残念だったのは、「二次的自然の評価」が的確ではなかったと思われる点である。手つかずの大自然を守ることは、法の網をかければ、ある意味容易である。里山的自然、都市近郊の二次的自然の価値が、法的にも正当に評価される日が来ることが望まれる。

なお、自然の権利訴訟としての「原告北川湿地」は認められず却下された。

判決を受け、連絡会の臨時総会が開かれた。控訴するかという検討をはじめ、北川湿地問題の裁判の総括が冷静に行われ、住民運動や公害被害の実証不足が、私たちの訴訟の中で不足していた点だったと思われた。最後に、守るべき湿地が残土の搬入により消滅したことから、控訴する必然性が既になくなっていたため、控訴は見送られた。裁判という手段を使って湿地を守ろうとするのであれば、何としてでも湿地が残っている状態で戦わなければならなかったのだ。

終わらない埋め立ての日々

連絡会のメンバーは、失意の内に日々が過ぎていった。しかし、埋め立ては日々続いており、近隣住民の不安と怒りは収まらなかった。現地の看板によると工期が1年延びていたからである。三浦市によれば、2013年10月の時点での埋め立ての進捗率は約38%のようだ。市の担当者によれば、京急はこう言ったとのことだ。

「本開発事業については、県環境影響評価条例、県土砂適正処理条例、市開発指導要綱の関係法令の適用と手続きを経て工事着手し施工している。そのうち、工期変更の手続きが必要な県環境影響評価条例等については、工期の変更手続きを行っている。工期の変更は、完成が平成28年から平成29年の1ヵ年に延期されており、延期した理由は、関係する民事調停の手続きで工事延期したことにより土砂搬入の着手が遅れたことによる。これにより約1年の期間延期になるが、当初の土砂搬入期間の7.5年は変更されていない。区域内に設置された標識については、この変更手続きを経て書き替えされたものである。」

嘘だ。民事調停でも、差し止め訴訟でも、京急は自ら示した工期を早めることはあっても、遅らせることはなかった。

また、事業者は事後調査報告書という冊子を年度末に県に提出している。2015年には第6回の報告書を縦覧することができた。私たちは、北川湿地の環境保全対策の真実を今後もずっと監視し続けるだろう。

北川湿地は、今も埋め立てが続いている。

第4章　北川湿地が語るもの

1. 失ってしまったという思い
～三浦半島の自然を後世に残すために～

金田正人

三浦半島からまたひとつ大切に思える場所がなくなった。たった50年にも満たない短い自分の半生で、地形改変を伴う著しい自然破壊を、自分の住まう地域で目の当たりにするという苦過ぎる経験を幾度味わえばいいのだろうか。身近な自然とちゃんと向き合って真面目に暮らす、ということをせず、安易さや便利さに流されがちな生活を送っていることへの戒めなのだろう。

2009年3月21日に、「首都圏の奇跡の谷戸 三浦市三戸・北川湿地を残したい」と題するシンポジウムを開催した際に、会場から「あの場所は、奇跡で残っているのではない。私たちが京浜急行と約束をして、残してきた場所だ」という声があがった。

開発の爪は、交通の便の良し悪しや人口密度にかかわらず、首都圏では本当に隅々にまで伸びている。神奈川県下では丹沢に次いで自然が残っていると考えられている三浦半島では、20年程前には横浜から半島へと丘陵が続いており、このままひとつなぎの自然として残していかなければという思いがあった。ところが、次から次へと持ち上がる開発計画、いつの間にか着工されている大規模工事によって三浦半島の自然は虫食いでしか残っていなくなってしまった。せめて、虫食いで残っている自然を少しでも本来の生物たちでにぎわう自然の場所としてかかわっていきたいと考えていた。

恥ずかしながら、三戸北川については1997年に歩いたきり、虫食いになって残った一ヵ所として注目していなかった。…どころか、僕にとっては、南下浦の大規模な農地改良によって失った広大な水田地帯のショックから、あまり近づきたくない地域だった。皮肉にも、今回、京浜急行による埋め立て計画によって改めて目を向け、これだけの場所が未だ残っていたのか、と再認識した。これだけの生態系機能の高い場所が、三浦半島に(首都圏に)まだあるというのは「奇跡的」だと感じた。

そうして始まった運動の中での「あの場所は奇跡で残っている訳ではない」という地元の声に、ある意味でとても共感を覚えた。自然破壊が進むなかで、残されている自然は、いずれも奇跡的に残されたりはしない。その地域に住まう人間がその土地の価値を認め、財産として尊重しなければ今日の開発至上主義的な人為から自然を守る術はないのだろうと思う。人々の暮らしが今ほど忙しくない時、少しでも多くの収穫を得ようと大地を開墾していく中で、例えば、鎮守の森として神的な価値を見いだして残されてきている場所も、その価値観が変容すると単なる「未開発の場所」になってしまう。それぞれの場所について、少々乱暴に表現すると、自然を自然のままにしておくことで守られる価値と、人為的に改変することでお金に換える、またはお金を生み出す場所に変える価値があると理解している。そして、日本中のほとんどすべての陸地（場合によっては海域も）が、お金に置き換えられる価値だけで語られるようになってしまった結果が、首都圏から自然が残っていると言える場所をほとんど失ってしまった元凶であろうと思う。

僕が、三戸北川が“奇跡の谷戸”だと感じた理由。

「ごく近年まで開発によって土地改変するよりも、自然な谷戸のまま残すことに価値を見いだし、その土地を大切に継承してきた人がいたということ。」「21世紀になって開発されるよりも前に、改めてその自然の価値を見いだす人に恵まれたということ。」

三浦半島は、これまでに何度か開発ラッシュに見舞われている。全国の例に漏れずに日本列島改造論の持ち上がった1970年代には沿岸部の埋め立てや広域住宅地整備の開発が進んだ。1980年代には神奈川県の環境アセスメント史上最も注目された池子米軍住宅の開発、県と三井不動産による第3セクターで反対運動に自殺者まで出した湘南国際村開発などの超大規模開発が進められた。二十世紀の終わりを目前にして、自然環境の価値が社会的にも認められるようになってきているにもかかわらず、横須賀リサーチパーク（YRP）、佐島の丘は第3セクターや大手デベロッパーによって、芦名産業廃棄物最終処分場は県の公共事業として実施された。三浦市南下浦の大規模農地改良もこの時期である。こうした数度の開発ラッシュを経て、もう半島に大規模開発をする余地はないだろう、と思っていた。既にほとんどの土地の地権者は、土地を受け継いだままに大切にすることよりも、お金に換えてしまうことによる価値に重きを置いているのだと思っていた。ゆえに今の世代に相続するまで、祖先が残してきた姿のままでの谷戸を引き継いできている三戸北川に奇跡を感じた。

また三浦半島は、神奈川県どころか全国でも、自然に目を向ける人の多さではトップクラスの地域である。今や、一般名詞になった「自然観察会」は今から半世紀前に三浦半島自然保護の会が全国ではじめて開催している。横須賀市自然・人文博物館は1954年に創立した神奈川県下で最も古い博物館である。そうした背景もあって、多くのナチュラリストや、プロ・アマチュア自然研究者が三浦半島の自然を観察してきている。自然観察の記録も、どの分類群に関しても非常に多く残されている地域である。それゆえに、どこが特に優れた自然を有している場所であるのかといった情報には事欠かない。にもかかわらず、京浜急行が開発計画を明らかにするまで話題にあがることがほとんどなかったし(このことは、僕自身に情けなく思うばかりだが)、そうした場合の多くは気づかれないままに開発されてしまうのが常であるが、三戸北川に関しては、直前ではあったが開発の前に気づくことができ、そして改めて注目すると、その自然のポテンシャルの高さに驚かされた。

それ故に「奇跡の谷戸」だと感じていたのだ。

そしてもうひとつ、僕は「三浦・三戸自然環境保全連絡会」の他のメンバーに言えずにいたままの「奇跡」を考えていた。公共事業であっても、大手デベロッパーや第3セクターによるそれであっても、大規模開発事業計画がいったん立ち上がると、特に環境影響評価に入ると、その計画が微修正されることがあっても、計画を完全に白紙化することは極めて困難である。三浦半島における50年以上の自然保護史のなかでも、環境影響評価の段階にまで開発計画が進捗してから、完全撤回を勝ち得た自然保護運動はほとんどない。まれにデベロッパーが経営困難を理由にしたり、倒産したりするなどして開発が止まることはあるが、それとて自然の価値を見いだして、お金の価値よりも自然の価値を高く評価しての中止ではない。一般的に公平な目で見れば、三戸北川の自然破壊問題は、気がつくのが遅すぎたのだ。それでも、三浦・三戸自然環境保全連絡会の事務局をつとめた天白牧夫氏から、最初の相談の連絡をもらって、独自の会を立ち上げた方がいいとアドバイスしてからひと月と経たないうちに「連絡会」は参集し、メンバーは地元で熱心に自然を見続けてきた方、県下でも(全国でも)その分野では最も著名な研究者、全国規模の自然保護団体に努めるプロなどそうそうたるメンバーで、運動を始めると、あっという間もなく賛同者に弁護士会が加わったり、非常に多くの大学生などが集まったり、さらにはこれまで自然保護や自然観察に関心がなかった方なども加わって活動は発展した。全国での自然保護関係のMLでも、連日のように話題にあがり全国で湿地の保全に尽力されているグループからも注目されていた。タイミングも、第10回生物多様性条約締約国会議が愛知県で開催される目前だった。そんな背景が重なったがゆえに、「環境アセスメントの手続きに入っていたのにもかかわらず、その自然の価値を尊重し企業が保全のために全面的な計画の見直しに基づく方向転換をした」という日本の自然保護史上に華々しく刻まれる「奇跡」を勝ち得るのではないか、と信じた。

結果、奇跡は起きなかった。

裁判でも敗退し、ずさんともいえる基礎調査に基づく環境影響評価書案は、再調査がなされるまでもなく受理され、強制執行とも思える強引さで工事計画は、その予定を遵守された。谷戸は埋まった。

三浦半島での最期の大規模自然破壊。

乱暴な資本主義にもとづく自然破壊が強行されるたびに、思う。にもかかわらず、努力が十分でなかったのか、くり返される。僕以外の連絡会のメンバーが、生活によもや健康にまで影響するほどの尽力を払ったにもかかわらず、僕自身は存分に努力できていただろうか、後悔だけが残る。

僕たちは、三浦半島のすべての自然を伐り開き、掘り返し、埋め立てるまで、すべての土地を人工的に改変するまで、その自然破壊を終わらせることはできないのだろうか。また一ヵ所、三戸北川というかけがえのない、そして僕たち人間だけではなく、すべての生命にとっての偉大な財産を失った。

わずかばかりに残る三浦半島の自然を後世に引き継ぐこと。そのために、僕たちがしなければならないのは、次なる開発による問題に目を凝らし、反対の大声を張り上げるべく身構え、幾ばくかの賛同者とともに疲弊を恐れないこと、だけではないはずだ。

三戸北川の谷戸におり、歩いたこと。

三戸北川の谷戸で生き物たちと出会い、感じたこと。

三戸北川の谷戸を思い、考えたこと。

決して忘れないこと。

それが、僕たちができることではなくできなければならないことだ。そして、わずかばかりとはいえ残る三浦半島の自然をしっかりと見つめ、対峙し付き合っていこうと強く思うことが、「運動」と同等に必要だろう。その自然と対峙し付き合っていくためには、各々の価値観を変えていく必要もあろう。生活を見直す必要もあろう。

世の中は、この10年程で自然保護、エコ、生態系保全、生物多様性の保護、様々な文言を受け入れ、戦後の経済成長だけを求めてあらゆる犠牲に目を瞑ろうとしてきた社会の在り方に見直しを求めるようになってきている。しかし、僕たちはまだちゃんと目を開けてはいないのではないだろうか、と訝しく思う。

自然を守ろうと口にした時に、具体的にその自然は目に浮かんでいるのだろうか。

言葉だけではない自然との対峙。

おそらくは、のんびりと楽しく自然の中での発見を楽しむ、自然を観る喜びを体得する、ということだけではもう間に合わないのだろう。自然と対峙して、人間と自然とが共存していく将来を考えることは、時に苦しいことかもしれない。けれど、これまでの半世紀、僕たちが安易に軽薄に思慮なく、回りを見渡すことなく暮らしてきたことへの贖罪なのだろう。

これ以上、三浦半島の自然を損ねない。失われた三戸北川の生命たちからの赦しを請う意識だけが、将来へ三浦半島の自然を引き継げる原動力なのだろうと考える。

Column

活動に参加してみて

目の前に広がるうっそうと生い茂った森が決め手となって、この地に引っ越したのが2008年5月。当時は北川湿地という名前すら知らなかった。程なくして湿地が埋め立てられるという話を連絡会の方から聞く。2011年3月の判決は残念だったが、活動に参加しなければ思い至らなかったことや得られなかったことも多い。備忘録として記しておきたい。

1つ目。当初は住民としての住環境の保全を訴える立場から活動に参加したが、時を経て、生物多様性の確保がひいては我々人類の繁栄にとって極めて重要である、そうした点に気づいた。そこまで大上段に構えなくても、絶滅種の持つ機能性や薬効成分が莫大な商業価値を有する場合もある。

2つ目。人間の便利さの影には常に自然破壊があった。それは今回のように一企業の利益優先で行われてきた歴史のくり返しであった。今日、自分たちが享受する利便性が、その上に成り立っているのは事実。しかし、物質的な豊かさを追求しすぎて、失ったものの大きさも十分知るようになった現代人が、これ以上の愚行をくり返す必要はない。

3つ目。行政のふがいなさを痛感。県の環境アセス、市のまちづくり条例など、役所の都合しか考えられていない。奇しくも2011年4月以降の職場で行政の考え方というものが、今まで以上によく分かるようになった。著名な県議をしても当時の知事に陳情すらしえなかった湿地の保全。一般人の想像を超えた利害が交錯しているのか。

4つ目。活動を通じて得た友人のネットワーク。見知らぬ土地で得がたい財産となった。自然との共存を真剣に探求する若い世代やそれを説く教諭に、今後の明るい展望を期待したい。崇高な信念で我々の活動を支援してくださった弁護士の先生方の存在も、裁判がなければ知ることはなかっただろう。

単身赴任先から帰省すると、そのたびに埋め立てが進み姿を変えていく北川湿地。家人やご近所さんに聞いても、吹き付ける風が一段と強くなったとか砂埃が例年になくひどいといった話が出る。生活の場を追われたからか、鳥獣の類の生態系も素人の私でさえ気づくような変化が出ているようだ。北川の森を見るにつけ、この地を選ばなければ敗訴といった惨めな思いをせずにすんだのかとの思いも胸をよぎったが、今は人として考えるべき材料を提供してくれた北川湿地に感謝し始めている。将来は、この三浦の自然の魅力を生かした街づくりが実現し、次世代が心豊かに暮らせるようになってほしい。

最後に、住民のために本当にご尽力くださった岩橋先生のご冥福をお祈りいたします。

（下社　学）

2. 北川湿地をめぐる環境保全活動と教育の問題を中心に

横山一郎

ここでは、実際に起きた北川湿地問題という事例と環境教育の問題点についての考察と、私と北川湿地とのかかわりから北川湿地問題に取り組んだ人々との関係など雑感のようなものの2本立てとなるが、読者の皆様にはお許しを頂き、教育に携わる者にとっての「北川湿地が語るもの」とさせて頂きたい。

環境保全をめぐる教育の問題

私は私立中学校高等学校一貫校で理科・生物の教師をしている。授業の中でも環境保全を取り扱うことがあるが、北川湿地の問題にかかわるようになって、教育現場と現実とのギャップを痛感することがとても多かった。それは、学校教育の中での環境教育と社会の現実との違い、学校教育だけで学んだ者とフィールドで環境保全を実践する若者との違いである。この違いは何に起因するのだろうか。

まずは学校教育における原因を考えたい。中学校では自然の中での生物同士のつながりや自然と人間のつながりを扱う単元があるが、これに関係させて環境を守るためのいくつかの法律や条約があることを授業で取り扱った。例えば、生物多様性基本法や外来生物法などである。さらに、ラムサール条約、ワシントン条約、生物多様性条約などの国際条約についても触れた。すると、まじめな生徒たちに限って、法律や条約によって環境保全は実行されると理解するのである。北川湿地の保全活動を薄々知っている生徒は、「先生、環境が守られることになって、よかったね」と真顔で言うのであった。これには参った。日本の教育は、疑問を持つ力(critical thinking)が弱いといわれているが、ここまで鵜呑みにできるものであろうか。そう驚くとともに、教育の問題がどこまでも大きく痛感できたのであった。環境アセスメント法で環境が守られる…こんなことが教育の現場では通用しようとしている。

もちろん、環境アセス法がなかった頃よりは少しは良いのかもしれないが、法整備はまだまだ未完成であること、環境を破壊する側は法の抜け穴をしつこく探してくることなどは学べていない。このように教育を受けた子どもたちが大人になり市民となったとき、どのような世の中になるのか恐ろしくも感じた。

子どもたちが悪いのではない、現実を自発的にcriticalに学ぶことを教えない教育の仕組みが悪いのだ。スウェーデン自然学校の先生方と交流をする機会があったときに、このように言われたことがあった。「スウェーデンの教育では、critical thinkingをとても大切にしています。そのため日本の教育のようにたくさんの知識教育をすることができていませんが、critical thinkingを教えるためには時間がかかるのです。」なるほどと思った次第である。

また、この単元は中学校3年の最後に学習するよう文部科学省では指導している。教科書の順番がそうなっているのだ。私は公立中学校に勤めた経験はないが、高校受験直前の時期では受験勉強の方に重点が置かれ、この単元を重視して授業が行われるとは思えない。また、高等学校における環境保全の学習は、2013年度までの旧学習指導要領では、おもに高校3年生で扱う「生物Ⅱ」という全国の高校生の十数％（つまり5人に1人以下）しか授業を選択しない科目の単元である（鳩貝, 2007）。しかも教科書の中で最後の章に登場するのである。この問題は、生物教育の世界でも問題点としてずっと言われ続けてきたことであった。新学習指導要領で比較的多くの生徒が学ぶ科目となった「生物基礎」においても、植生の多様性をはじめとする生物多様性は取り扱われるので生物多様性という概念は学ぶが、それに関係した環境保全は扱われておらず、旧来と同様の割合の生徒しか学べないのが現状である。

さらに、環境基本法、生物多様性基本法、ラムサール条約、ワシントン条約、生物多様性条約等々、法令や条約は、学校教育の中では「社会科」の範疇とされている。環境アセスメントについても、「アセスとは何か」くらいの解説があるものの、現行の環境アセスメントが持つ問題点や本来の理想などを考える機会はない。高校生物の教科書にはこれらの用語だけが紹介されている現状で、生物多様性を保全するための教育になっているとはいえない。一部の生徒にあっては、よくて用語だけを丸暗記、悪ければ「先生、法律や条例は社会科の勉強でしょ？！」とまで言う始末である。先進諸外国のように、自分たちの環境を守るための学習ではなく、テストで点数をとるための学習が染み込んでいると思われた。

さらに、教科書の問題を置いておくとしても、子どもたちに「きちんと」自然体験をさせることがたいへん困難になってきている。安全管理の問題や、形ばかりが優先されて授業への位置づけが問われ、「今日は天気がいいからちょっと学校の外に観察に出ようか」などという機会が激減しているのではないだろうか。まして、仮に可能であったとしても、子どもたちに植物や昆虫などの小動物や鳥の名前を教え、身近な自然とそれらの持つ価値を語ることができる教師がどれだけいるであろうか。現在の新しい学習指導要領における高校生物の教科書は、DNAとタンパク質の構造と機能を柱とした構成となっている。これが学校教育での現状である。この教科書を学んで生物の教師になったとして、どこでフィールドの生き物たちのことを学べばよいのか。

このように学校で環境教育を受けた世代は、環境保全は大切で環境破壊はよくないという認識を持つ。しかし、現状がどうなっているのか知る力や、問題が生じたときに解決しようとする力を学んでいない。場合によっては、誰かが、国や自治体が「ちゃんと対処してくれる」と思って任せていることもあるのだと思われた。また、マスコミ報道がされれば「マスコミを通した考え方」を知ることができるが、自分の考えを持つことができないのではないか。

一方で、自然体験豊かに育った若者たちや、大学生となって改めて自然を学ぼうと努力している学生たちの姿を見る機会もあった。たぶん私が教えてきた学校の生徒たちとは一味違う学生たちであった。彼らは自分たちで観察会を企画して、植物、昆虫、鳥など、一つひとつの名前を覚えることにはじまり、自然体験をしていく。さらに仲間や後輩の学生を導く自然体験豊かに育った学生たち。泥だらけをいとわず、湿地の中、藪の中、どこへでも入ることができる。むやみに殺虫剤を使わず、小さな命にもそれなりの価値があると考え、それらを大切にすることを普通のこととして行動することができる。さらに驚いたことに、一部の学生は鳥の鳴き声をまねて合図にさえしていた。自然についての議論をすれば自分なりの意見を持っていた。私は、自分が教える生徒たちをどのようにすればこうできるのかと考えた。私も、部活動の生徒等をできる範囲で積極的にフィールドに連れ出しているが、不十分である。豊かな自然体験を積んだ学生は、学校で生物を学んだのではなく学校外で自発的に学んだ、たぶん本当に一握りの「絶滅危惧」の学生なのだと思う。北川湿地をめぐり、このような学生たちの姿に出会えたことなどを雑誌に連載する機会を頂いた(横山, 2009)。この連載は、私が北川湿地問題にかかわって感じた大きなギャップを教育関係者に問い、教育の問題として共有し提案につなげる予定であった。しかし、この連載は北川湿地の消失と先を争うようにして「雑誌の休刊」という現実により、途中で中断となった。

話を教育の問題に戻そう。環境教育のあり方について私見を述べたい。別項で述べたスウェーデン自然学校の教師たちから贈られた“ATT LÄRA IN UTE ÅRET RUNT”という本は、「1年中外で学習するには」と訳すことができる自然学校の教科書だ。奥田・佐々木ほか(2011)によれば、スウェーデンには基礎学校(小学校・中学校に相当)や高等学校とは異なるしくみの自然学校という「学校」があり、活動目的は野外を教室とした学びの推進という。児童・生徒は1年に1日は自然学校で学ぶことが国によって義務づけられている。野外での活動を通して、理科だけでなく多くの教科について学ぶことができる。この教育活動は、日本の学校教育にはない画期的な環境教育であり、それを義務づける政策は大いに見習う必要がある。教科教育(科目)の中に横断的に環境教育やESD(Education for Sustainable Development;持続可能性教育)の概念を存在させている(ドイツの環境教育の特徴が科目横断的であることに共通する)。我が国においても、自然学校の取り組みは1990年代にはじまり(阿部ほか, 2007)、また、ESDの取り組みが拡大されてきた(阿部, 2013)。しかし、教育の成果が社会に顕在化するには時間がかかる。早期にこれらの教育的取り組みが私たちの身近で起きていれば(私たちが起こしていれば)、市民や企業である京急、三浦市や神奈川県の行政担当者の価値観を変えることができたかもしれないと考えた。

地域の自然が破壊されていく中で、何とか保全をしたいと思う若者はその場所の保全に力を注ぐ。しかし、首都圏に近くて狭い三浦半島では、自然破壊が各所で起きているのが現状だ。三浦半島を動物の体に例えれば、各所で出血を起こしており、各所の止血は緊急課題である。北川湿地は、もしかしたら三浦半島の心臓部に近いところの大出血だったかもしれない。各所の出血に対して止血をすることは緊急を要し、かつ重要だが、出血する原因を正さなくては出血と止血が永遠にくり返されるだけであり、やがてはどうにもならなくなると思われた。

さらに、近年ではESDをCSR(Corporate Social Responsibility;企業の社会的責任)と関係させた環境教育や企業内教育の中で活用する議論がなされてきた(阿部, 2013)。この中でも「次世代」、「人材育成」がキーワード的に使われていた。現状の企業が抱える環境問題をCSR的側面として判断するかどうかは経営陣に求められるが、環境についてのCSRが企業の判断につながっているかどうかは(一部の先進的経営者のいる企業を除いて)疑問が残る。乱暴にいえば、教育の問題が市民や企業に昭和の時代の開発の夢を追い続けさせ、北川湿地を埋め立てることになった原因であると断定することもできる。教育の持つ責任は重い。しかし、今後も自然の破壊が続いていくだろうということを考えれば、ESDの視点が教育制度や教師の実践や企業のCSR担当者の実践に真剣に取り入れられるべきであろう。

さらに、スウェーデンの環境教育やESDは、環境に関する知識や技術を習得することにとどまらず(日本ではこれだけでも秀逸であるのに)、複雑かつ地球規模の環境および社会問題を解決するために、多様な価値観が入り交じる中で科学的根拠のある情報をもとに解決策を見出し、実行する能力を養うこと、議論を重ねる中で民主的なプロセスを学習することを目標としている(奥田・佐々木ほか, 2011)。このような、民主的に自然環境を尊重する価値観と社会を形成する能力は、北川湿地問題を振り返るとき、私たちをはじめ、事業者、行政、市民のすべてに重要だったと考えることができた。スウェーデンの教育に学ぶべき所は大きい。

自然観察から環境保全活動へ

さて、三浦市において北川湿地の自然を愛していた市民の思いを知って頂くために、まずは時間をさかのぼり、私が北川湿地とかくも深くかかわり合うことになった経緯から述べさせて頂きたい。

三浦の自然を学ぶ会の元代表で植物観察の恩師ともいえる鈴木美恵子から「ミニ尾瀬の植物調査をしたいのだが、植物社会学による植生調査とはどんなものなのか教えて欲しい」という趣旨のハガキが届いたのは2007年のことだった。ミニ尾瀬とは北川湿地のことで、学ぶ会の中では以前からそう呼ばれていた。1979年に設立された学ぶ会は、三浦の自然を楽しく学んで仲間作りをする、学んだことを地域や社会に役立てる、すばらしい三浦の自然を次の世代に伝える、の3点を活動の柱として、初期には三浦市内各地のフロラを中心とした定点観測を行い、その後は黒崎の鼻、小松ヶ池、水間様(みずまさま)などの清掃活動を通した環境保全活動を行ってきた団体である。これまで、三浦市美化功労団体(1993年)、安藤為次奨励賞受賞(1993年)、建設大臣賞受賞(1997年)など功績も多い。

鈴木の依頼は、「ミニ尾瀬」と呼び親しんでいた北川湿地への危機感からに他ならないと思った。学ぶ会に入会して植物を研究したい気持ちが芽生え、大学院で植物生態学を学んだ私にとって、うれしい恩返しの機会だった。この植生調査の依頼を機に、学ぶ会がミニ尾瀬と称して密かに楽しみにしていた場所である北川湿地が埋め立ての計画にさらされていることを知ったのである。また私自身としても、かつて学ぶ会の方々に案内されて、生命の息吹に溢れ自然の音しか聞こえない中、湿地に足を取られながら歩いた瑞々しい記憶がよみがえってきた。

学ぶ会では、これまで様々な自然観察会や保護活動を行ってきたが、環境保護をめぐって「戦い」はしない方針を持ち、自分たちでできる実践活動を通して地域の自然を守り伝えていくという会の申し合わせがあった。戦いを始めれば戦うことにエネルギーの消耗が偏り、会本来の目的から逸脱するのではないかという戒めであったに違いない。高度経済成長期における仕事や家庭や子育ての傍らで、手作りの市民団体活動を通して自然とふれあうためにはやむを得ない方針であったのだろう。そのような学ぶ会のご年配の方々(多くの方が私の両親と同じ世代で70代となっていた)と植生調査を行いながら、この湿地がなくなってしまうのはもったいないね、寂しいね、という声を聞くうちに、この湿地を守りたいという気持ちが強くなっていった(このときの調査の結果は「ミニ尾瀬」自然環境調査中間報告書という手作りの冊子にまとめられた)。そして、すばらしい三浦の自然を次の世代に伝えることを活動の柱のひとつとしてきた学ぶ会の方々が、戦うにはあまりにもご高齢となっていた現状を見て、代わりに戦うべきは次の世代ともいえる私ではないかという気持ちになっていった。

学ぶ会のほかに三浦市における環境保全団体には、小網代の森のことに特化した小網代の森を守る会や小網代野外活動調整会議、後で知ることになった緑の油壺を守る会、三浦メダカの会、三浦ホタルの会などがあった。しかし、三浦市は環境保全活動を展開する上でハードルの高い地域であった。一般的に三浦市民は自然を守る活動には敏感ではなく、高度経済成長期までの古い価値観から脱却できていない感じがしていた。開発イコール発展であり、都市化へのベクトルが市政の柱であり、お上と大企業には逆らわない風土があった。開発指向の反面、マグロを中心とした漁業は衰退の局面を迎え、大規模化と画一化に走る農業は経済性以外の視点を忘れたかのように見えていた。

このような状況の中、連絡会が設立されたことについては、第2部第1章で詳述されたとおりである。代表を誰にするかという議論では、地元三浦市在住の方がよいという意見があったが誰からも手が挙がらなかった。メンバーの中には手がけている環境保全で手一杯の方もあり、私にはこれまで環境保全に積極的でなかった自分への反省があった。また、ミニ尾瀬植生調査をした学ぶ会の方々の顔が浮かんだ私は、学ぶ会から代表が出ることに必然性を感じていたし、学ぶ会のご年配の方々に北川湿地にできた木道の上に立って頂きたいという夢があったので、代表に手を挙げた。

ところで、くり返しになるが、設立当時の連絡会の達成目標は概ね次のとおりだった。

- 神奈川県で他にない規模の湿地である北川の湿地を少しでも残す。
- 現状では開発中止は難しいので、最低でも現況の把握と生態学的根拠のある手法でのミティゲーションを求めていく。
- 蟹田沢と小網代への移植・移殖計画は不十分かつ実現不可能であるので、着工前に確実に蟹田沢ビオトープと小網代の森の中に適切な移植・移殖環境の整備をすることを強く要求する。

このように、開発中止が非現実的であるという認識は連絡会設立当初からあった。それにしても事業者の環境保全対策があまりにも酷いものであることから、せめて適切な環境保全対策を求めることとした。そしてそれも認められないのであれば、連絡会として開発に合意することは到底できないというものだった。この方針は、当時は熟考を重ね打ち出されたものであったが、事業者が差し止め訴訟中に北川湿地に大量の土砂を搬入し、湿地の存在そのものを亡きものとして湿地の保全を求める原告の権利の主張理由そのものを消滅させた手法に照らし合わせると、湿地が埋まってしまった現在となっては、戦いの手法としては結果として甘かったのではないかと思えることもあった。

北川湿地を通してできた人々のつながりと隔たり

(1)環境を守る弁護士たち

北川湿地の保全活動を車両に例えるならば、弁護団の活動は連絡会メンバーの活動とともに車両の両輪そのものであった。弁護団に加わった弁護士は皆手弁当で連絡会を支援した。また、訴訟に際して100名を超える全国の弁護士が復代理人となって連絡会の訴訟を支援した。北川湿地訴訟弁護団事務局の小倉孝之弁護士は、私によく「連絡会には体力がないからね」といった。「体力」とは、活動が認知されているという知名度に加え、活動に加わる実質的人数、開発までの時間に対して活動に割ける時間、活動を広げるための人脈などである。結成当初から法的な手続きで北川湿地を保全することはおそらく無理だろうという予測があったのは、民法における所有権を越える環境保全に関する権利があるとは考えられなかったからだった。もし劇的にこの開発にストップがかかるとしたら、企業トップの判断(方針転換)か、政治的解決を見たときであろうとよく話をした。しかしそのような解決が自然と訪れるわけがなく、「体力」をつけながら政治的アプローチや地元での活動を継続させようという方針であった。いきなり訴訟をせず、仮処分の申請も行わず民事調停を選択したのはそのためだった。

裁判の内容と意義については別項に譲る。裁判としての北川湿地問題は判例時報(2115)にも取り上げられ、判決のもつ意味が法律の世界では意義があったと認められた。また、裁判の手続きと見解については小倉の著述にまとめられた。これらを読むと、北川湿地問題は少なくとも法律の世界に小さくはあるが一石を投じたといえよう。

なお、北川湿地訴訟弁護団長として活動された岩橋宣隆弁護士は、北川湿地の後を追うようにして2011年12月8日に逝去された。先生は団長として指揮を執られただけでなく、弁護団会議や様々なご支援を頂くとともに、北川湿地訴訟の精神的支柱であった。本当に残念でならない。改めてここに感謝の言葉をしるし、ご冥福を心よりお祈りしたい。

(2)連絡会の人々

一方で連絡会の活動は、北川湿地の重要性を示すための資料作り、その資料を用いた広報活動、シンポジウム、マスコミへの投げかけと対応、市民への普及が柱だった。市民に北川湿地がいかに素晴らしい場所かを知ってもらうには、現地を紹介する観察会が最も有効な手段だった。連絡会では精力的に小さな観察会をくり返したが、マスコミが湿地の開発の問題を取り上げるようになると、当然のように地権者である事業者は湿地への立ち入りを拒んできた。市道472号線は最後の生命線であったが、三浦市も市道の封鎖により事業者に協力したことは、第2章に詳述したとおりである。湿地へ立ち入ることができなくなった連絡会は、「合法的に立ち入ることができないのならば立ち入りはしない」という方針を打ち出した。この判断は、あくまで戦い抜く方針に基づき何も恐れない覚悟で活動する全国の環境保全団体の方からは、甘いというご指摘を受けるかもしれない。連絡会はその後、広報活動や政治家へのロビー活動を続けた。

連絡会は、設立当初いくつかの自然関係の団体の連絡会的な性質として立ち上げられた。自然関係の団体は調査研究の対象が生物の分類群(鳥類、昆虫、植物など)に分かれている場合が多かったため、立ち上げた当初は議論も神経質に対応した。反面、アセスの意見書を作成するときなどは、メンバーが各自の自宅で夜を徹して意見書の内容作成にあたり、リアルタイムに近いメールで議論を重ねた。連絡会の活動は北川湿地の問題をはじめとする三戸の自然をどうしていくのかということに特化されていたため、いわば独立したNGO的な団体として活動せざるを得なかった。意思決定がほとんどの場合において急を要したので、方針案を傘下の団体に降ろして意向を吸い上げるといったことがたいへん難しかった。協議はほとんどMLの場で行われ、後半では弁護団会議が連絡会の会議とほとんど重なっていた。

連絡会の設立当初のメンバーは、多くは自然関係の団体のメンバーから構成されたが、活動が広がるにつれて、連絡会の活動に賛同する個人、または、北川湿地が守られることに希望を託す個人が連絡会のメンバーに加わっていった。中には、三浦半島外からネットを通じて参加する方や、北川湿地に隣接する住民の方々も会員となっていった。学ぶ会は全面的に連絡会の活動を応援したが、湿地が立ち入り禁止となり、準備工事がはじまり、いよいよ残土搬入がはじまると、いくつかの自然関係の団体のメンバーはあまり参加しなくなっていった。活動が裁判だけになっていったせいと思われた。また、「北川湿地を守りたいひとびとの輪」のメンバーのように情報を発信し活動を広げることができなかった。

(3)連絡会を支えた人々

一橋大学名誉教授で学校法人湘南学園前学園長の藤岡貞彦は、原告の一員となることで弁護団を支援し、連絡会の活動を陰で応援した。ある人に「この人はね、所有権と戦っているんだよ」と私のことを紹介したことがあった。その単純明快な説明は、私たちの戦いの敵は一企業ではなく、途方もなく大きなものであることをあらためて実感させた。

環境法研究者の奥田進一(拓殖大学政経学部教授)は、陰に日向に連絡会を支援した。法的論点の整理や、情報公開で得られた膨大な資料を検討し、また、研究室の学生とともに現地を訪れ、連絡会とともに精力的なフィールドワークを行ったり、講演やシンポジウムを通して連絡会と北川湿地の紹介を行ったりした。裁判後は学者の立場で判決を検討した。

ネットを通して連絡会を深く支援した方もいた。のんき氏である。「のんき」とは彼のハンドルネームである。行政への情報公開や、政治家とのやりとりの場面で、実に論理的に法的整合性を問い、北川湿地問題に解決の糸口を見出だそうと努力した。特に京急の鉄道免許の扱いと土地開発の関連性を追求した。「この戦いは勝てる戦いである」ともいわれたが、残念ながら連絡会の力不足からか、方法論の誤りか、戦いには勝てなかった。

JAWANやラムネットJといった湿地保全のネットワークにもたいへんにお世話になった。連絡会設立当初は北川湿地を広報しようにも右も左も分からないような状況の中で、JAWANの幹部は京急の社長を訪ね、北川湿地問題を提起した。また、ラムネットJは第5回日韓湿地フォーラムにおける声明文の中に北川湿地の保全を強く訴えた。私はラムネットJの活動を通して、韓国で行われた4大河川事業という河川環境のとんでもない破壊を行う公共事業の視察をしたことがあった。そこで出会った韓国の活動家たちへも北川湿地の情報を伝えることができた。

運動の後半では、「北川湿地を守りたいひとびとの輪」のメンバーを中心に、三浦から鎌倉にかけてたくさんの方々が連絡会の活動を支援した。

(4)小網代の森との隔たりと世界との隔たり

連絡会は、三浦の自然を学ぶ会や三浦半島自然保護の会をはじめ多くの市民団体と、北川湿地を残す活動に賛同する個人から構成されたが、全く不思議なことに北川湿地と隣接する小網代の森の関係者(活動を小網代に特化した団体)は最後まで一切かかわることがなかった。ひとりも北川湿地問題にはかかわらないというのは、何らかの方法で意思統制がされているということである。北川湿地の保全活動に意図的に参加しなかった(させなかった)証拠があり、かつ、県の環境農政部担当者が「小網代で精一杯だった」と漏らしたことからも、北川湿地は小網代の森を守る代わりに見捨てられ埋められたと解釈できた。

2010年は、名古屋でCBDCOP10(第10回生物多様性条約締約国会議)が行われた年であった。北川湿地の埋め立てはこれと時を同じくして行われたのであった。私はNGOのひとりとしてこのCOP10に参加したいと考えた。北川湿地の問題を世界から参加している環境保全の活動家たちに訴えたい、日本で起きているこんなにも前時代的な開発の合意を伝えたい、日本の人たちにも神奈川県の三浦半島の小さな湿地で起きている問題を伝えたいと思った。連絡会代表として参加すべきとも考えた。しかし仕事を休んで名古屋に駆けつけることはできなかった。原則として仕事に穴をあけないことを自分のルールとしてきた私は、仕事を終えて夕方の新幹線に乗りフィナーレが行われている会場へ辿り着くのがやっとだった。そこで感じたことは、北川湿地で起きていることや連絡会の活動と、世界で起きていることや他の環境保全団体の活動との隔たりであった。晩秋の名古屋の夜風の中で私は本当に情けなかった。「保全活動の成果は、準備にかける時間が決めるのか？」そう思わざるを得なかった。

今後に向けて　～北川湿地が語るもの～

北川湿地を守るための活動は、エコパーク構想という事業対案を作成することができたものの、三浦市による宅地化推進の幻想と神奈川県による「やむを得ない許可」に後押しされた、名実ともに昭和の時代の開発計画によって完敗した形となった。湿地に立てられたはずの訴訟という旗は、訴訟中の埋め立てという行為により、訴えの利益が消滅させられたために、残土の上の旗となっていた。

私にとって北川湿地を失ってしまったという思いは大きかったが、結果そのものは想定内であった。起こそうと思った奇跡は起きなかった。私がこの活動から学んだことは、法律や条例をチェックすることをはじめとする理論武装の重要性、環境保全活動を行うための「体力」の蓄積、情報を得るためのアンテナと情報を発信するためのネットワークの必要性、地域住民との連携の必要性、行政と政治は先手必勝など、環境保全活動を行うためには様々なものが重要であり必要であるということだ。北川湿地問題は残念な結末となったが、北川湿地の行く末はきちんと見届けなければならないし、三浦半島にはまだまだ守るべき自然がある。

連絡会のメンバーのうち自然を愛好し研究している者は、残土で埋められた北川湿地には興味がことごとく消え失せているのだと思われた。しかし、北川湿地の自然を愛し住居を構えながらも工事中の現地に隣接し暮らしている住民にとって、まだ北川湿地問題は終わっていない。騒音や粉塵などの公害が本格化するとすればこれからである。ともに戦った住民の方々は、残土処分場となっていく北川湿地に背を向けることができない。保全の立場からも、事業者の今後の対応には注視する必要があり、事後報告書に書かれた環境保全対策、特に、移植・移殖した動植物が予定通り定着しているのかどうかチェックすることが必要であると思われる。市政の方針として開発したものの失敗で終わりそのまま放置されている二町谷(ふたまちや)などとともに、北川湿地問題は三浦市の大きな環境問題として（または開発の問題としても）何も解決されていない。

参考文献

- 阿部 治, 2013. 立教大学ESD研究センター活動記録(2007-2011年度). Rikkyo ESD Journal, (1): 4-17.
- 阿部 治・広瀬敏通・鹿熊 勤ほか, 2007. 新・自然学校概論2：ESDを指向した自然学校のあり方を探る. 異文化コミュニケーション論集, (5): 17-29.
- 判例時報社, 2011. 判例時報2115(8/11号).
- 鳩貝太郎, 2007. 学習指導要領と生物教育の課題. Anthological Science (Japanese Series), 115(1): 56-60.
- Mats Wejdmark & Robert Lättman-Masch, 2007. ATT LÄRA IN UTE ÅRET RUNT. ÅkF-9. Nynäshamns Naturskola.
- 三浦の自然を学ぶ会, 2008. 「ミニ尾瀬」自然環境調査中間報告書. (自主制作.)
- 小倉孝之, 2011. 北川湿地事件報告－身近な自然を守ることの難しさ－. 専門実務研究, 横浜弁護士会.
- 奥田進一・佐々木晃子・有馬廣實・田野武夫, 2011. 欧州環境教育の最前線～スウェーデン・ドイツの事例～. 拓殖大学政経学部.
- 横山一郎, 2009. 湿地をめぐる環境と教育. 子どもと教育, (512): 8-11；(513): 38-41；(514): 36-39.

Column

北川湿地保全活動から得た教訓

2006年5月、三浦半島の北川に在来と覚しきメダカ(本書のミナミメダカのこと)がいる。その情報は同僚の昆虫担当学芸員から降って湧いたようにもたらされた。そんなはずはないだろう。神奈川県内の在来メダカの生息地は小田原市の桑原地区だけであると認識していた。しかし、その年の11月に現地を訪れてみると、まずは良好な湿地環境とその規模に圧倒された。そして周囲の宅地や道路から隔離された状況から、これは間違いないと直感した。私が北川湿地の重要性を認識した経緯を簡単にまとめれば上記のようになる。しかし後になって分かったことであるが、北川に大規模な湿地環境が広がり、「三浦メダカ」が生息している事実は、地元の自然愛好家たちにはよく知られており、知らなかったのは私を含む魚類の研究者だけだったようだ。ましてやこの時点で造成のための行政手続きが進行しているとは知る由もなかった。

いずれにしても、まずは調査と標本の確保からというのが研究者であり博物館の立場である。生物種であれば、本当に保全対象となるべき要素を備えているかを標本に基づき検証し、保全策立案の基礎となる生物種目録であれば、その生物種がその時点その場所に確かにいた証拠となる標本を、公的機関に保管しておく必要があるからだ。つまり、ある生物種あるいは地域を保全対象として位置づけるためには、科学的な「お墨付き」と調査研究の世界ではお決まりの「手続き」が必要なのである。どんなに同定が容易な生物でも、このプロセスなしに研究者が動くことはできない。目撃(観察)記録を積み重ねて生物種目録を作ったとしても、正統な研究者は相手にしない。科学には「信じる信じない」ではなく、「再検証できるかできないか」が問われるからである。

だが、こうした研究者の姿勢は自然愛好家にはあまり知られていないし、たとえ説明したとしても受け入れられないことが多い。研究者に相談しても小難しいことをいろいろ要求されて面倒だし、調査結果によっては自分たちが守りたい自然の価値を必ずしも同等に認めてくれるとは限らないという無理解や誤解があるからだ。そして何よりも観察対象として大切にしている生物たちを採集し、標本にする(殺してしまう)こと自体が受け入れ難いといった感情的な問題もある。密かに守り、楽しんできた自分たちのテリトリーを荒らさせるような感覚になるのだろう。

神奈川県には県内の自然誌情報の集約施設として県立の自然史系博物館があり、県のレッドデータブックの発行をはじめとして、県内外の保全活動を推進してきた実績がある。また、県の水産試験場では全国に先駆けて希少淡水魚類の調査や系統保存に取り組んできたし、植物や昆虫、魚類などの分野でプロやアマを問わず多くの研究者が活動している。その中にあって北川湿地の重要性の認識が遅れたのは、上記のような理由から地域住民と研究者間のコミュニケーションが不足していたことが一因ではないだろうか?

もし、もう少し早く、厳密に言えば環境アセスメントが開始される前に北川湿地やそこに生息するメダカの重要性が様々な保全活動に取り組む研究者に認知されていれば、その後の状況はまったく違ったものになっていたかもしれない。行政手続きが開始される前であれば、いろいろと打つ手があったという意味である。北川湿地を教訓として、研究者はより一層地域の自然誌情報を集める努力をすべきだし、何よりもふだんから直接現場に接している地域住民は、地元の情報を保全活動に理解のある研究者に伝える努力を惜しんではいけない。二度と同じ轍を踏まないために。

(瀬能　宏)

第5章　北川湿地訴訟事件が示した法的論点

奥田進一(拓殖大学教授)

はじめに

本章では、北川湿地訴訟にかかる横浜地方裁判所平成23年3月31日判決(判例時報2115号所収)について評釈を行うとともに、判決において示された主な法的論点について解説を加えることを目的とする。なお、判旨の採り方に関しては、通常の判例評釈において採りあげられるような最重要点のみだけではなく、法学を専門としない方の理解を促進するために、事件の詳細や裁判官の判断手法が明確に理解できる部分も採りあげた。他方で、法学的観点から最重要とされる部分は、太字ゴシック体にて強調していることを付言しておく。

ところで、本件判決に関する評釈等としては、不動産判例研究会(大杉麻美氏執筆)「最近の不動産関係判例の動き」『日本不動産学会誌』第25巻第3号(2011)110〜111頁があるほか、本件事件の原告訴訟代理人が事件の詳細な経緯を紹介するものとして小倉孝之「北川湿地事件報告〜身近な自然を守ることの難しさ〜」横浜弁護士会『専門実務研究』第6号(2012)166〜178頁がある。

1. 訴訟までの経緯

(1)発生土処分場計画

北川湿地の地権者かつ事業者である京浜急行は、北川湿地を発生土処分場として埋め立てる計画を立てた。京浜急行によれば、事業対象地は、昭和40年代から土地利用のあり方について検討されてきた「三浦市三戸・小網代地区」(約160 ha)内に位置しており、その事業は、平成7年に京浜急行・三浦市・神奈川県の三者で調整した5つの土地利用計画に沿って行われるものであって、市街化区域である三戸地区宅地開発区域における土地区画整理事業の早期完成のための基盤整備事業としての位置づけであるという。事業の実施のためには、土砂条例による埋め立て行為の許可が必要となるが、この許可を得るために平成18年10月、神奈川県環境影響評価条例に基づくアセス手続が開始された。これがきっかけとなって埋め立て事業が表面化した。

ちなみに上記5つの土地利用計画とは、①農地造成区域(約40 ha、市街化調整区域、平成12年に逆線引きで約10 ha増加)、②三戸地区宅地開発区域(約50 ha、市街化区域、土地区画整理事業を予定)、③保全区域・小網代地区(約70 ha、市街化区域、平成17年に近郊緑地保全区域に指定)、④都市計画道路西海岸線(市街化区域内)、⑤鉄道延伸区域(市街化区域内)であるという。

(2) 反対運動と地元の反応

平成18年10月からはじまった環境アセスメントにかかわる手続は、平成20年5月に事業者である京浜急行から予測評価書案が提出され、これに対して研究者などから50通もの意見書が提出された。それでもアセス手続が進んでいく中で、危機感をつのらせた研究者らは、平成20年11月に北川湿地の生き物を研究していた大学生らの呼びかけにより、三浦・三戸自然環境保全連絡会を結成し(代表横山一郎氏・事務局長天白牧夫氏。以下、連絡会という)、これにより組織的な反対運動が展開されるに至った。

しかし、こうした反対運動に賛同する地元住民や農家は極めて少数で、むしろ反対運動に対する地元の反応は冷ややかであった。すなわち、北川湿地はもともとそのほとんどを多数の地元農家が所有しており、これを京浜急行が上記事業の一環という建前のもと事業者として買い上げてきた。そのため、こうした多くの地元農家は、京浜急行による事業推進を望んでおり、また、農家以外の地元住民も将来の宅地化による地域の活性化を歓迎し、三浦市長や市会議員の圧倒的多数もこれを支持していた。また、地元には、京浜急行の従業員やその関係者が多く居住し、京浜急行の事業に正面から異を唱えることにはかなりの抵抗があった。

(3) 弁護団の結成

平成20年12月、横浜弁護士会の公害環境問題委員会に対し、連絡会より、北川湿地を保全したいとの相談が持ち込まれた。これを受けて、翌年1月に公害環境問題委員会の有志数名が連絡会のメンバーの案内で北川湿地に入った。湿地は冬枯れの状態であったが、それだけに大きく開けた谷底の状況がよく分かり、神奈川県最大級といわれる平地性湿地の全貌をよく観察することができ、北川ではメダカやチャイロカワモズクを確認した。北川湿地に入った有志一同、あまりに良好な湿地環境に驚嘆し、誰いうともなく、「奇跡の谷戸」の名称がここでつけられた。同日、北川湿地に入った有志一同は、連絡会から正式依頼があった場合には事件を受任することを内諾し、平成21年2月に連絡会からの正式依頼により弁護団が結成された。

平成21年2月に、弁護団と連絡会との間で、埋立事業を法的に阻止することは当事者適格の問題も含めて極めて困難であることや現状では反対運動が地元住民や農家の理解を得られていないことを踏まえて、本件について、次のような反対運動の基本方針が定められた。すなわち、①北川湿地の貴重性を世に広く知らしめ、北川湿地保全の賛同者を1人でも増やすこと、②北川湿地の埋め立て反対に終始するだけでなく、事業者や地元にも受け入れられるような北川湿地の生物多様性に配慮した持続可能な活用方法を提案すること、③事業者との全面対決といった手法はできる限り避け、対話により事業者の自主的事業転換を目指すことであった。

(4)民事調停

前記のような基本方針のもと、弁護団は、連絡会に対し、京浜急行、三浦市、神奈川県、国を相手方として、大学生を申立人の中心に据えた民事調停の申立を提案し、平成21年3月9日に横浜簡易裁判所へ民事調停を申立てた。これは、「大学生らが申立てた民事調停」ということでマスコミに大きく取り上げられ、事件を広く世に知らしめるきっかけとなった。

ちなみに、この調停の申立人は、自然人たる大学生らと法人でない社団たる連絡会であり(民事訴訟法29条)、いわゆる「自然の権利」に基づき「北川湿地」(生態系)を申立人に加えるという手法は取らなかった。これは、そもそも、北川湿地自体が世に知られておらず、「自然の権利」というだけでは、今日、もはやプロパガンダとしての大きな効果は期待できないこと、また、「自然の権利」に基づく申立ての適法性といった入り口の議論で時間と労力を費やすことをおそれたことによる。

調停は、国も含む相手方らすべてが出頭し、4月23日、6月11日、7月23日の3期日が設けられたが、結局、事業変更の余地はないとする京浜急行の主張により不調となって終了した。

この間、連絡会は、水面下で、京浜急行の幹部や県知事や環境大臣など有力政治家への接触を試みるとともに、北川湿地エコパーク構想のグランドデザインを作成し、また、地元でシンポジウムを開催するなどの活動により、急速に反対運動の賛同者を増やし、極めて短期間の間に1万人を超える事業見直しを求める署名を京浜急行に提出した。

ここで大学生や連絡会が提案した北川湿地エコパーク構想は、地域の多様な生態系を持続可能な形で、環境教育の場として活用していくというものであり、事業者側にとっても持続可能な収益事業としての可能性を十分示唆するものであって、生物多様性基本法が定める事業者の責務(同法6条)に合致するものであったが、事業者側が受け入れるところとはならなかった。

(5)県及び三浦市に対する法的対応

上記調停係属中にアセス手続が終了し、平成21年7月8日付で土砂条例による埋め立て行為の許可処分が出された。これにより、事業者側の着工が現実的なものとなり、連絡会としても傍観しているわけにはいかず、同年9月に連絡会は、県に対して土砂条例許可処分不服審査請求(同執行停止)を申立てた。

論点は、①本件許可処分の名宛人ではない連絡会も「処分に不服がある者」(行政不服審査法4条)たりうるか(申立人適格)、②本件許可処分は、県アセス条例の横断条項(同条例81条)との関係で、裁量を逸脱した違法な処分または不当な処分かであった。これに対し、県は行政不服審査法4条の「行政庁の処分に不服がある者」の範囲は、行政事件訴訟法9条が定める取消訴訟の原告適格と同様に、当該処分について不服申立をする法律上の利益がある者と解すべきとしたうえで、連絡会は、本件処分について不服申立てをする法律上の利益を有する者と言うことができないと判断し、連絡会の審査請求を不適法として却下した(同年10月、②の論点については判断せず)。

また、公図上、北川湿地には三浦市道が通っており、これにつき、京浜急行からも連絡会からも、三浦市に対して道路法24条に基づく道路自費施行承認申請がなされた。連絡会の申請は通行及び自然観察のための木道設置の自費施行であり、京浜急行の申請は周辺地盤の変更に伴う機能確保のための自費施工であった。これに対し、三浦市は平成21年7月10日に京浜急行の申請を承認し、連絡会の申請を不承認とする決定をした。連絡会は、同年翌月、三浦市に対して自らに対してなされた不承認決定と、京浜急行に対してなされた承認決定のいずれについても異議申立をした。

論点は、前者につき、審査基準が存在しない不利益処分の違法性(行政手続法5条)及び不利益処分が合理的理由にもとづかないことの不当性であり、後者については、①本件承認決定の名宛人ではない連絡会も「処分に不服がある者」(行政不服審査法4条)たりうるか(申立人適格)、②承認処分の不当性であった。以上について、三浦市は、同年9月に、前者につき、審査基準に何ら触れることなく、連絡会の申請には合理性が認められないとして異議を棄却し、後者については、申立人適格がないとして異議を不適法却下とした。以上の三浦市の決定に対し、連絡会は、平成21年10月、県に対して、不服審査請求を申立てた。論点は、前記と同様である。これに対し、県は、前者につき、処分庁に審査基準がなかったことは不備としつつも、だからといって直ちに処分が違法又は不法になるわけではなく、連絡会の自費施行申請には合理性がないとして不服審査請求を棄却し、後者については、京浜急行への承認処分について連絡会は、法律上の利益を有する者とはいえないとして不適法却下の裁決をした。

(6) 公害調停

連絡会の活動がマスコミで大きく取り上げられ、一方で、北川湿地の埋め立て工事が現実化したことにより、工事現場の周辺に居住する住民も、本件事業による騒音・振動・粉じんなどによる公害の発生や豊かな自然環境が失われることによる住環境の悪化などを問題視するようになっていった。この結果、平成21年10月に、5家族10名の工事現場周辺に居住する住民より、弁護団に対し、公害調停申立ての依頼があり、弁護団は、京浜急行を相手方として、翌月、県の公害審査会に対し公害調停を申立てた。平成22年1月25日に第1回目の公害調停が開かれたが、公害発生のおそれは存在しないから話し合いの余地もまったくないとする京浜急行の主張により、同日公害調停は不調となった。

以上の経過を経て、平成22年2月に連絡会と工事現場周辺に居住する住民らは最終手段として、京浜急行に対して事業差止の訴訟提起を決断し、弁護団は同年3月19日に横浜地方裁判所へ事業の差止請求訴訟を提起した。

2. 判決の概要

【事実の概要】

原告北川湿地、原告三浦三戸自然環境保全連絡会(以下、原告連絡会とする)および原告周辺住民らは、三浦市三戸地区発生土処分場建設事業(以下「本件事業」という)の事業主体である被告京浜急行電鉄株式会社に対し、本件事業の実施により、原告らが有する自然の権利、環境権、自然享有権ないしは学問・研究の利益に基づく活動の利益、生命・身体の安全及び平穏な生活を営む権利を違法に侵害されるとして、土地所有権の制限法理による差止請求権、不法行為による差止請求権若しくは原告らの自然の権利及び人格的利益に基づく差止請求権に基づき、本件事業の差止を請求した。

【争点】

①原告北川湿地には当事者能力が認められるか否か。

②原告連絡会および原告周辺住民らが本件事業の差止請求権を有しているか否か。

【判旨】

(1)争点①について

北川湿地は、本件事業対象地内に存する、北川流域における湿地帯を呼称するものであるところ、民事訴訟法28条は、当事者能力について、同法に特別の定めがある場合を除き、民法その他の法令に従う旨を定めており、自然物たる湿地に当事者能力や権利義務の主体性を認める法令上の根拠は存しない。したがって、北川湿地を原告とする訴えは、当事者能力を有しないものを原告とする訴えとして不適法である。

(2)争点②について

①生物多様性に関する人格権、環境権、自然享有権及び研究の権利に基づく差止請求権について

原告らは、本件事業の差止めの根拠として、生物多様性に関する人格権、環境権、自然享有権及び研究の権利を主張するが、これらはいずれも、実体法上の明確な根拠がなく、その成立要件、内容、法的効果等も不明確であることに照らすと、それが法的に保護された利益として不法行為損害賠償請求権による保護対象となる余地があることはともかく、差止請求の根拠として認めることはできない。

なお、原告らの主張する生物多様性に関する人格権について付言するに、原告らの主張する生物多様性基本法の前文は、…(略)…、「人類は、生物の多様性のもたらす恵沢を享受することにより生存しており、生物の多様性は人類の存続の基盤となっている。」、「また、生物の多様性は、地球における固有の財産として地域独自の文化の多様性をも支えている。」と規定しており、その法条に照らして考えれば、地域における生物多様性が保持され、その中で生活することが望ましいことはいうまでもない。

また、ある事業の実施により、…(略)…、環境が破壊され、周辺住民の生命·健康が被害を受け又は受けるおそれがある場合には、周辺住民はその人格権に

基づき、当該事業の差止めを求めることができると解される(最高裁平成7年7月7日第二小法廷判決・民集49巻7号1870頁参照)ものの、そうした生命・健康の侵害行為に至らない場合に、地域における生物多様性が侵害されることから直ちに、周辺住民に、人格権に基づき、当該事業の差止めを認めることは困難といわざるを得ない。

②土地所有権の公共の福祉による制約の法理について

日本国憲法29条1項は、「財産権は、これを侵してはならない。」と定める一方で同条2項は、「財産権の内容は、公共の福祉に適合するやうに、法律でこれを定める。」と規定している。したがって、土地所有権を含む財産権については、他の基本的人権と同様に内在的制約に服するのみならず、弊害防止のための消極的規制や社会的・経済的な政策遂行のための積極的規制にも服することを認めているものと解される。

しかしながら、土地所有権を含む財産権が公共の福祉のもとに制約されるとしても、それは、立法に基づき、内在的制約や消極的規制、積極的規制に服することを意味するのであって、公共の福祉による制約の法理をもって、私人である原告らの差止請求権を根拠付けることには無理があるといわざるを得ない。

③土地所有権の濫用論について

そもそも権利濫用論は、権利行使を受けた相手方が、権利行使者の権利主張を制限する際の理論であるから、積極的な権利の発生原因にはならないものであり、原告らの差止請求権を基礎付けるものとは解されない。また、本件事業の実施手続及び事業内容を検討しても、以下の通り、本件事業の実施が被告の有する土地所有権の濫用にあたるとまでいうことは困難である。

…(中略)…

三戸地区宅地開発区域における将来の宅地開発計画については、…(略)…、三浦市主導による宅地開発は困難な状況にあることが認められるし、…(略)…、被告は、組合施行による区画整理事業を計画しているというだけで、付加価値をつけないと宅地化は難しいことを認めつつ、その付加価値の内容については検討中というにとどまっているから、宅地化の見通しがたつのか定かではない。また、神奈川県内において建設発生土の処分場建設が急務であるとの事情も見受けられない。

そうすると、本件事業の公共性についてはそれほど高いものではないといえるが、…(略)…、被告は、既に三浦市三戸・小網代地区において、小網代の森を保全するため積極的な協力をしていることや、北川湿地がもともと放棄された水田により形成されたものであり、一切の開発を経ていないというわけでもないことも考慮すると、北川湿地が豊かな生態系をはぐくんでいることを前提にしても、「回避」あるいは「提言」措置をとって本件事業対象地を保全しなければ、土地所有権の濫用にあたるとまではいい難い。

…(中略)…

本件事業における代替措置の適切性については、…(略)…、北川湿地の自然の代償措置として、蟹田沢ビオトープの整備と移植をすることで十分とはいえないし、…(略)…、そこでの定着を確認することなく、既に生息していた流域を埋め立ててしまっていることが認められ、被告の行った前記移植作業については、環境保全のために十分な配慮がなされているのか疑問があることは否定できず、当裁判所としても、生物多様性の保全という面では甚だ遺憾であるというほかない。

もっとも、…(略)…、専門家の指導を受ける体制がとられていることなどを考慮すれば、その現実的な実施状況に不十分な点がみられるとしても、本件事業における環境保全対策が、その内容からして土地所有権の濫用に当たるほど不適切な内容であるとまでは言いがたい。

…(中略)…

被告による蟹田沢ビオトープへの保全対象種の移植状況については配慮が十分でなく、原告らが、神奈川県に残された貴重な生態系を保存していた北川湿地を含む本件事業対象地を建設発生土で埋め立てる必要性に疑義を唱え、本件事業の見直しを求める心情は理解できるものの、本件事業の実施が土地所有権の濫用に当たるとまではいうことができない。…(略)…、本件口頭弁論終結時点において、準備工事の実施により、本件事業の実施区域内における湿地部分は既に消滅し、原告らが本訴で保全しようとした平地性湿地の生態系もまた既に破壊されたものと評価せざるを得ない。…(略)…、結局のところ、本件事業の見直しを求めるには遅きに失した面を否定できないというべきである。

3. 自然の権利訴訟について

北川湿地訴訟のように、自然物を原告とする訴訟を「自然の権利訴訟」と称する。自然の権利という考え方は、1972年にアメリカの哲学者、クリストファー・ストーン(Christopher Stone)が、その論文「樹木の当事者適格」において提唱したのが原初とされる[1]。その後、アメリカではウミガメ、サーモン、リス、フクロウ、ハイイログマ、ハクトウワシ、ハワイカラスなどの野生動物に加え、山や川、森林等の自然風景そのものが原告となる自然の権利訴訟が頻発することになる。このうち、1978年に、ハワイでパリーラという鳥が原告となって、放牧されている家畜による自然破壊を防除すべく、家畜をパリーラの生息地から除去することを求める自然保護訴訟が提訴され、パリーラの生息地からの家畜の排除が命じられる判決が下された[2]。ただし、アメリカでは、日本と比べて原告適格要件が緩やかであることから自然保護訴訟が提起しやすいというのが実態であって、自然物に原告適格を認めているわけではないという点を意識しなければならない[3]。

他方で、わが国ではアメリカとは似て非なる動向にある。わが国では、平成7年2月23日に提訴された「アマミノクロウサギ訴訟事件(鹿児島地裁平成13年1月22日判決、福岡高裁宮崎支部平成14年3月19日判決)」を皮切りに、「オオヒシクイ訴訟事件(水戸地方裁判所平成12年3月28日判決、東京高裁平成12年11月29日判決)」、「生田緑地・里山訴訟事件(横浜地裁平成13年6月27日判決)」、「高尾山天狗訴訟事件(東京地裁平成13年3月26日判決、東京高裁平成13年5月30日判決)」など多数の自然の権利訴訟が提起されている。そして、これらすべての訴訟において、動植物等の自然物が原告となっている訴えは却下あるいは訴状が却下され、自然人や法人等が原告となっている訴えについても請求棄却あるいは訴えが却下されている。

自然物の原告適格については、アマミノクロウサギ訴訟事件において、野生の動物は民法239条にいわゆる「無主の動産」に当たり所有の客体と解され、わが国の法制度は権利や義務の主体を個人(自然人)と法人に限っており、自然物そのものはそれがいかにわれわれ人類にとって希少価値を有する貴重な存在であっても、それ自体が権利の客体となることはあっても権利の主体となることはないという判断を下している。また、オオヒシクイ訴訟事件では、民事訴訟法28条の当事者能力及び訴訟能力に関する原則規定を根拠として自然物の原告適格を否定したのを受けて、その後の自然の権利訴訟の多くがこれにならっている。本件判決も「民事訴訟法28条は、当事者能力について、同法に特別の定めがある場合を除き、民法その他の法令に従う旨を定めており、自然物たる湿地に当事者能力や権利義務の主体性を認める法令上の根拠は存しない」として、北川湿地の当事者能力を否定した。この点に関する裁判所の判断については、現行法の解釈としては当然の帰結といわざるを得ない[4]。

4. 生物多様性保全のための差止請求

本件判決は原告らの差止請求の可否について、「原告らは、本件事業の差止めの根拠として、生物多様性に関する人格権、環境権、自然享有権及び研究の権利を主張するが、これらはいずれも、実体法上の明確な根拠がなく、その成立要件、内容、法的効果等も不明確であることに照らすと、それが法的に保護された利益として不法行為損害賠償請求権による保護対象となる余地があることはともかく、差止請求の根拠として認めることはできない」と判示した。

差止請求とは、他人の違法な行為により自己の権利が侵害されるおそれのある者が、その行為の停止を求めるように請求する権利である。損害賠償請求が事後的救済手段であるのに対して、差止請求は事前的救済手段であり、公害訴訟をはじめとする環境訴訟において多用されている。差止請求の法的根拠は、民法には明文の規定が存在せず[5]、①所有権等に基づく物権的請求権説、②人格権説、③不法行為に基づく請求権説、④環境権説など争いがある。そもそも、差止請求は損害賠償請求訴訟とともに不法行為の救済手段のひとつとして構成されることが多いが、不法行為の効果が金銭賠償を旨としているため、差止は不法行為以外の効果として構成する必要があるとされる[6]。本件判決も、不法行為に基づく差止請求権については、実体法上の根拠がないうえに、民法が不法行為の効果を原則として金銭賠償としていること、その要件、効果等が明確ではないことからこれを認めないと判示した。

また、本件において原告は「生物多様性に関する人格権」に基づく差止も主張したが、裁判所は「周辺住民はその人格権に基づき、当該事業の差止めを求めることができると解される(最高裁平成7年7月7日第二小法廷判決・民集49巻7号1870頁参照[7])ものの、そうした生命・健康の侵害行為に至らない場合に、地域における生物多様性が侵害されることから直ちに、周辺住民に、人格権に基づき、当該事業の差止めを認めることは困難といわざるを得ない」と判示して、生命・健康の侵害行為に至らないような生物多様性に関する人格権に基づく差止請求を否定している。

いずれにせよ、本件において原告らが求めた各種権利に基づく差止請求はすべて認められなかった。しかし、前述のように、判例上、差止請求が認められる事案は極めて限られている。本件判決において触れられることはなかったが、公共性の高い生態系保全を保護法益として差止を求める手法は、とくに「環境を破壊から守るために、環境を支配し、良い環境を享受しうる権利」である環境権の存在を主張する論者によって主張されてきた[8]。この見解はさらに、大気、水、日照、経験等は人間生活に不可欠の資源であり、万人の共有の財産であるから、その侵害には共有者たる地域住民の同意を必要とするという「環境共有の法理」から、差止請求権者の範囲は当該地域の住民全体に及ぶと主張する[9]。このとき、前者は公共的利益ないしは集団的利益として、後者は個別的利益としてそれぞれ評価することができよう。個別的利益としては、①海浜、河川、湖沼に出入りし、利用する利益ないし権利(入浜権等)、②日照を享受する利益ないし権利(日照権)、③眺望、景観を享受する利益ないし権利(眺望権・景観権)、④静穏を享受する利益ないし権利(静穏権)、⑤安全を守られ、不安のない生活を送る利益ないし権利(安全権)、⑥公園などの一般に開放された施設をその目的に従って利用する利益ないし権利(公園等利用権)など、極めて広範な権利利益が考えられている[10]。しかし、個別利益だからといってすべてが民事訴訟における保護法益の対象となるわけではなく、対象となったとしても請求が認められるまでのハードルはまだまだ高いといわざるを得ない。もっとも、個別的利益とされるものの中にも、景観権のように地域的で、公共的利益として構成されるのが本来的には適切なものも存在する。例えば、眺望利益ないし権利は、私人が特定の場所において良い景色を享受できる個人的利益であり、その侵害に対しては私法的救済(損賠賠償、差止)が与えられるのに対して、景観利益ないし権利は、客観化、広域化して価値ある自然状態を形成している景色を享受できる利益で、その侵害に対しては公法的救済(行政訴訟、都市計画)が適合すると説明される[11]。この景観利益につき、「国立高層マンション景観侵害事件(最高裁平成18年3月30日第一小法廷判決・民集60巻3号948頁)」は、景観権を否定し、さらに結果として差止請求は認めなかったものの、「良好な景観に近接する地域内に居住し、その恵沢を日常的に享受している者が有する良好な景観の恵沢を享受する利益(景観利益)は、法律上保護に値する」と判示し、「他人のもの」である景観について法的利益性を認めた画期的な判断とされる[12]。

5. 生物多様性保全と土地所有権

本件事件において、原告らが「土地所有権制限法理による差止請求」および「土地所有権の濫用論」を主張していることは特筆すべきことではないだろうか。

本件判決は、「土地所有権を含む財産権が公共の福祉のもとに制約されるとしても、それは、立法に基づき、内在的制約や消極的規制、積極的規制に服することを意味するのであって、公共の福祉による制約の法理をもって、私人である原告らの差止請求権を根拠付けることには無理がある」と判示した。しかし、土地所有権の内在的制約が立法に基づき実現すると解される部分については、すでに生物多様性基本法が、「生物多様性の保全に配慮しながら、自然資源を持続可能な方法で利用すること、環境を脅かす可能性のある事業などが開始される前に問題を「予防的」に解決すること、またそれらの実施に際して一般市民の意見を考慮すること」などを規定していることとの関係において異論なしとはいえなくもない。同法6条は、「事業者は、基本原則にのっとり、その事業活動を行うに当たっては、事業活動が生物の多様性に及ぼす影響を把握するとともに、他の事業者その他の関係者と連携を図りつつ生物の多様性に配慮した事業活動を行うこと等により、生物の多様性に及ぼす影響の低減及び持続可能な利用に努めるものとする」と規定している。努力規定とはいえ、果たして本件事件において被告がかかる努力を十分に尽くしたのか否かは疑問が残り、この点は原告らがさらに主張する「土地所有権の濫用論」において明確となる。本件判決は、「権利行使を受けた相手方が、権利行使者の権利主張を制限する際の理論」が権利濫用の内容であると定義したうえで、原告らの主張する権利濫用論では「積極的な権利発生原因にはならない」としてその差止請求権を否定したのである。つまり、相手方の権利を制限するためには、それ相応の権利侵害を受けたと主張しなくてはならないという。また、本件判決は、被告における本件事業の実施手続及び事業内容を検討し、結果として、本件事業の実施が被告の有する土地所有権の濫用には当たらないと判断しているが、その理由付けは極めて薄弱で整合性に欠けるといわざるを得ない。例えば、三戸地区宅地開発区域における将来の宅地開発計画については、三浦市主導による宅地開発は困難な状況にあることが認められ、宅地化の見通しがたつのか定かではなく、神奈川県内において建設発生土の処分場建設が急務であるとの事情も見受けられないから、本件事業の公共性についてはそれほど高いものではないと判断した。他方で、被告は、既に三浦市三戸・小網代地区において、小網代の森を保全するため積極的な協力をしていること、北川湿地がもともと放棄された水田により形成されたものであり、一切の開発を経ていないというわけでもないことを考慮して、土地所有権の濫用にあたらないとも判断した。しかし、公共性の有無と地域における環境保全活動への協力とは、そもそも比較衡量の対象とはならないであろうし、保全の対象から二次的自然を除外している点は極めてナンセンスである。

さらに、本件事業における代替措置の適切性についても、代償措置として、蟹田沢ビオトープの整備と移植をすることで十分とはいえないし、そこでの定着を確認することなく、既に生息していた流域を埋め立ててしまっていることが認められ、被告の行った前記移植作業については、環境保全のために十分な配慮がなされているのか疑問があることは否定できず、当裁判所としても、生物多様性の保全という面では甚だ遺憾であるというほかないとしながらも、専門家の指導を受ける体制がとられていることなどを考慮した結果、本件事業における環境保全対策は土地所有権の濫用に当たるほど不適切な内容ではないと判断する。専門家の指導体制の整備が、不十分な代替措置の担保になるというのはかなり乱暴な見解ではないだろうか。

本件判決では、せっかく「土地所有権の内在的制約」や「土地所有権の濫用」に対する原告らの主張を受け止めて、比較的詳細な判断をしているにもかかわらず、幾分以上に的外れな議論に終始してしまい、土地所有権の濫用に当たらないことの結果が「本件事業の見直しを求めるには遅きに失した面を否定できないというべきである」という判断に至ったのは何とも残念であったといわざるを得ない。

おわりに

北川湿地は、関係者の努力も虚しく司法的解決を待たずして埋まってしまった。裁判という紛争解決の究極的機能が、これほどまでに鈍足であることに衝撃を受けたのは私ひとりではないであろう。いま、日本の各地で多くの自然環境が、北川湿地と同じ運命をたどり、あるいはたどりつつある。それらは、ひとえに環境法における法理論構成の停滞に起因するといっても過言ではない。他方で、そのさらなる理由は、環境法が抱えている法的課題が、既存の法体系や法理論において十分に説明できないという問題に起因する。環境法は、「現在および将来世代」に関する法であり、「社会的に望ましい方向の決定の手続きと内容」に関する法であるといわれる[13]。北川湿地事件訴訟は、既存の法的枠組みと法理論においては確かに敗訴に終わった。しかし、本件判決において、被告の代替え措置の不十分さに対して「当裁判所としても、生物多様性の保全という面では甚だ遺憾であるというほかない」と述べているのは、環境保護や環境保全に対する法的限界を愚直に表したものといえるのではないだろうか。また、土地所有権の濫用を否定したうえで、「本件事業の見直しを求めるには遅きに失した面を否定できないというべきである」とした判断は、本件のような事件において仮処分制度がほとんど機能し得ないことを指摘している。そうだとするならば、北川湿地訴訟事件においても、将来世代に向けた方向性はある程度明らかにされたのではないだろうか。声をあげることもできずに葬り去られた北川湿地の動植物たちが、裁判を通じて声をあげてくれたものと理解して、環境法分野におけるさらなる理論的展開を期待したい。

引用文献

1) Stone. C. D,"Should Trees Have Standing? Toward Legal Rights For Natural Objects", 45 S. CALIFORNIA LAW REVIEW. 1972, pp.450.

2) PALILA, an endangered species et al. v. HAWAI DEPARTMENT OF LAND AND NATURAL RESOURCES et al. No. 79-4636. U.S. Court of Appeals, 9th Circuit. 1972. 639 F.2d 495, NORTHERN SPOTTED OWL, et al. v. Manual LUJAN, et al., No.C88-573Z. U.S. District Court, W.D. Washington, N.D.Feb.26, 1991. 758 F. Supp. 621, MARBLED MURRELET, et al., v. MANUEL LUJAN, et al., No.C91-522R. U.S. District Court Western District of Washington, Sep.17, 1992.

3) 畠山武道「米国自然保護訴訟と原告適格」『環境研究』114号61頁、横山丈太郎「環境訴訟における原告適格に関する近時のアメリカ合衆国連邦最高裁判例の概説」『国際商事法務』39巻11号(2011)1573～1583頁。

4) 曽和俊文「オオヒシクイ事件」『環境法判例百選(第2版)』(有斐閣、2011)186頁。なお、自然物の代弁者として自然人や法人等の原告適格について、「アマミノクロウサギ訴訟事件」の判決は、その根拠となる「自然享有権」の具体的な範囲や内容を実体法上明らかにする規定が国際法および国内法において未整備な段階にあり、いまだ政策目標ないし抽象的権利という段階にとどまっていることを理由に否定した。

5) 一定の行為に対しては差止請求を明文の規定により認めるものも存在する。たとえば、不正な商号の使用(商法20条)、不正競争行為(不正競争防止法3条)、知的財産権の侵害(特許法100条、実用新案法27条、意匠法37条、商標法36条、著作権法112条等)等がそれである。

6) 内田貴『民法Ⅱ　第2版　債権各論』(東京大学出版会、2007)451頁。

7) いわゆる「国道43号線訴訟上告審判決」である。同事件では、国道43号線沿いの住民らが、道路の騒音および自動車排ガスによる侵害の差止と損害賠償を求めて、道路管理者たる国と道路公団を提訴したものである。

8) 大塚直『環境法(第3版)』(有斐閣、2010)682頁。

9) 同上。

10) 淡路剛久・川本隆史・植田和弘・長谷川公一編『法・経済・環境:リーディングス環境第4巻』(有斐閣、2006)322頁。

11) 片山直也「京都岡崎有楽荘事件」『環境法判例百選(第2版)』(有斐閣、2011)168頁。

12) 北村喜宣『環境法』(弘文堂、平成23年)210頁。

13) 同上9〜14頁。

第3部

資　料

1. 三戸地区エコパーク構想

本編は、三浦・三戸自然環境保全連絡会から自費出版された「三戸地区エコパーク構想」（平成22年1月27日発行）を、本書の編集委員会が一部の文や図表の多くを省略して改変したものである。

目　次

はじめに　自然共生都市・三浦を目指して

私たち三浦・三戸自然環境保全連絡会は、三浦市三戸の北川湿地を保全したいという願いから、三浦市三戸地区発生土処分場建設事業の事業主である京浜急行電鉄株式会社様や三浦市、神奈川県、三戸の地権者の皆様、そして国内外の市民の皆様に保全のお願いをしてまいりました。活動をするなかで、事業が行われる経緯や各主体の利害関係を勉強してまいりましたが、理解を深めて行くほどに、三戸小網代地区の問題点が浮き彫りになって参りました。私たちは単に自然は保護されるべきと考えているのではありません。自然環境のもつ価値を正当に評価し活用することが必要と考えております。この1年、地元三戸の皆様や三浦市や三浦市議会をはじめたくさんの方々と意見交換をさせていただく中で、発生土処分場を建設するより、この事業を中止し、豊かな環境資源である北川湿地をエコパークとして活用する方が、事業主、三戸地区、三浦市など各主体にとってはるかに有益であり、市民の幸福につながるという確信を強めております。

そこで、事業主が市民および自治体と協力して実現させる「三戸地区エコパーク構想」を提案させていただきます。この構想により、三浦市発展へ向けての大きな一歩となると信じております。そして、環境の世紀と言われるこの21世紀において、企業利益と環境配慮型の企業イメージやブランド力を高めながら、地球環境の保全、地域住民の幸福に寄与する企業として、京浜急行電鉄株式会社様が最も先進的な企業のひとつとなられることを期待します。

折しも2010年は、生物多様性条約締約国会議が我が国で開催される年であり、「国際生物多様性年」として位置づけられております。この記念すべき年に、三浦市三戸地区を中心とした「新しいまちづくり」がなされるとすれば、歴史に名を残す事業となるでしょう。一方で、このまま発生土処分場ができれば、記念すべき年に国内外の非難が集まることが危惧されます。

ここでは、エコパーク構想の具体的内容を示すとともに、私たちが発生土処分場建設よりエコパークを中核としたまちづくりが有益であると考える根拠をお示しします。しかし、根拠の不十分な箇所も多々あると存じますので、今後も関係各方面の皆様よりご指導やご助言をいただき、三浦市の発展のために建設的な議論を積み重ねて参りたいと存じます。なお、勝手ながら文中における敬称を省略させていただきます。ご容赦くださいますようお願い申し上げます。

1. 豊かな自然環境を活かし共生するまち　みうら　へ

1-1　時代の変化～人口減少と最近の開発事情

将来にわたり、人口の減少が予想される

国勢調査および三浦市の統計情報(平成21年分)によると、三浦市の人口は平成7年を境に減少しています。また、国立社会保障・人口問題研究所の推計によると、現状のまま何も手を打たないと、将来にわたって三浦市の人口は減少すると推計されています。このことから、今後市内の開発事業をはじめとする地域経済も、年々衰退していくと考えられます。バブル崩壊以降、三浦市の住宅地の価格も例にもれず下がり続け、ピーク時から実に半減しています。

図　三浦市「都市計画マスタープラン」より三浦市の人口の推移(略)

平成17年は49,861人　平成42年は36,201人と推測されている

図　三浦市の住宅地価の推移　神奈川県地価調査結果より(略)

三浦市の開発事業計画の現状

下記の表(略)は、平成21年11月20日現在で、中断しているか6ヶ月以上進展のない開発事業計画と予定通りの計画の対照表です(住宅関連事業のみ)。大規模開発事業は軒並み中断または進展していないことが見て取れます。

1-2　三戸地区・北川湿地が抱える課題

当初の5つの土地利用計画

三戸・小網代地区は、昭和45年に三浦市が当該地域を市街化区域に線引き(宅地並み課税の開始)し、昭和60年からの「5つの土地利用計画(宅地開発約30ha、ゴルフ場約90ha、農地造成約42ha、西海岸線道路、鉄道延伸区域)」の経緯がある地域です。現在北川湿地は、宅地開発区域として位置づけられ、発生土処分場建設事業が進行しています。しかし、農地造成事業を除き当時の計画は実現しておらず、打開策が見いだせない状況にあります。

状況の変化・三者の思惑のずれ

- 小網代の森の保全が決まるが、その他は5つの土地利用計画のまま(1992年)
- 生産緑地法改正に伴い、市街化区域内の農地の増税(1992年)

→将来宅地化されるという理由で、生産緑地指定を受けない誘導が一部で

され、農家は高額な税負担を強いられた。

- 三崎口より先の鉄道事業免許廃止届け提出(2005年)
  →「駅近」という宅地化の最大の付加価値が無くなる。
  →運輸政策審議会の関係上、延伸計画の復活は早くとも2030～2045年か。
- 宅地開発事業ではなく、発生土処分建設事業計画(25ha)が浮上(2005年)
- 地域開発本部部長の三浦市議会での発言「宅地化は大変厳しい」(2006年)
  →三戸地区の宅地価格の推移(134号線沿いにお住まいのA様宅の例)
  平成6年80坪の土地を約1億円で購入→平成19年住宅含め3千万円以下で売却
- 約40haの農地造成事業が完了する(2009年)
  →京急5億1196万円、県1256万円、国1900万円を負担
- 環境影響審査会より環境保全対策が不十分との答申が出される(2009年)
- 土砂条例による許可がおり着工(2009年)

図　ステークホルダーの関係(略・テキスト化)

昭和45年頃

三浦市：「京急に任せておけば市街化・宅地化で三浦市の税収が上がり、人口も増える。行政としてもこの事業を全面的に推進し、地元を説得しよう。」

京急：「自社の利益になる鉄道・宅地・ゴルフ場の開発ができるので、三戸小網代地区の土地の買い取りを進めたい。代わりに圃場整備をしてあげれば地元も賛同してくれるだろう。」

三戸・小網代地区地権者：「市街化に線引きされて課税などの負担がどのくらいになるかはよくわからないが、良好な農地が約束され、宅地も提供してくれるというので、賛同しよう。大手企業の京急が先導してくれるので間違いはないだろう。」

現在

三浦市：「線引きから40年、生産緑地法による増税から18年、事業を急がなければ、税金に苦しむ地権者の農家に顔向けできない。基盤整備事業だけでも良いのでなんとか進めてもらいたい。」

京急：「もはや鉄道・宅地・ゴルフ場はできなくとも、発生土処分場なら自社に一定の収入がある。地元に対しても、「宅地の基盤整備」として体裁を保つことができる。小網代の森の保全では県に、農地造成では市に協力してきたので、

こちらの意向通りの事業ができる。」
三戸・小網代地区地権者：「親の代では実現できなかったが、京急ならきっと地元のために宅地開発と鉄道延伸はしてくれるはず。事業区域内にある土地は固定資産税・都市計画税・相続税も重く、次の世代まではとても待てない。早く計画通りに終えてほしい。」

状況の打開に向けて

三浦半島における発生土の受け入れは現在どの処分場においても低迷しています。発生土処分場建設の必要性・緊急性はあるのでしょうか？そして、発生土処分場を建設すれば、「豊かな自然環境と共生するまち」の魅力はなくなり、地価はさらに暴落します。周辺地域で開発状況が思わしくないことや、鉄道延伸を廃止したことからも、この地域に宅地化の見込みが極めて低いことがわかります。そうなれば、入江の埋立て地や二町谷の開発と同じく、荒廃地やコンクリートのみが将来に残ることになります。まだ発生土の受け入れを開始していない今なら、今後の土地利用方針を再検討することができます。平成18年に行った「三浦市未来のまちづくりアンケート」では、「海や山などの自然環境が豊かなまちが三浦市の将来像としてふさわしい」が46.5％あり複数回答で最多でした。三浦市民も、良好な自然環境に囲まれた街づくりを求めているのです。

図　三浦市都市マスタープランより（略）

1-3　新時代に受け入れられる大規模開発

三浦市の悲願である人口増加の実現のためには何が必要か

人口減少に歯止めがかからず大きな産業もない三浦市は、宅地を増やすことによって人口を増加させようと考えました。しかし、それは実現するでしょうか？駅の近くに宅地を作れば、旧市街地が空洞化し問題は解決しません。東京や横浜などの都市部でも不動産の価格が暴落し販売件数が伸び悩む中、買い手市場となっています。これまで三浦半島で手がけられたニュータウンのような宅地開発は時代遅れとなりました。他の大規模開発事業のほとんどが頓挫していることからも、高度経済成長期時代の大規模な宅地開発の可能性はなくなったことがわかります。

50haもの大規模な住宅団地が現実的でないのは、誰の目にも明らかです。その中で、わざわざ郊外の住宅に住もうという人は何を求めているのか、考えてみましょう。

1. 計画通り50haを宅地造成した場合：売れ残り区画や駅予定地が荒地化する可能性が高い

2. 28haを宅地造成、22haを保全した場合：地域の自然と共生するニュータウンへ(1. 2. ともに将来予想イメージ図)

これからの宅地開発は地域に適した個性ある付加価値を

湘南の海をモチーフにした「京急ニューシティー湘南佐島なぎさの丘」やマリーナに隣接する「京急ベイビレジ油壺」など、これからの宅地開発は個性的な付加価値が必要となります。三崎口駅周辺の住宅地として、そんな付加価値となるものは何でしょうか？それは、豊かな自然そのものです。神奈川県最大規模の平地性湿地「北川湿地」はラムサール条約登録の要件をも満たすすばらしい自然です。ホタルが乱舞するところを夕方家族で散歩しながら観察できるのです！この湿地を中核として、人間と自然が共生できる宅地の開発を私たちは提案します。始発駅より徒歩圏で、都会の喧噪を忘れ湿地をわたる風に癒される…そんな立地はここにしかありません。

北川湿地を中核とした宅地開発では、自然豊かな谷戸を埋め立てることなく、良好な宅地を供給できます。50haという広大な面積による時代の趨勢に反した宅地開発より、谷戸周辺部に比較的小規模な良質の宅地を提供する方が、郊外でも移り住みたいというニーズを引き出すことができると考えます。湿地を残すことが宅地として成功させる鍵を握っているのです。

コラム　三浦市地域再生計画より（略）

2. 環境資産あふれる三戸地区

2-1　三浦の玄関口、三崎口駅周辺の環境

三浦半島の環境の特徴：丘陵地と谷戸

三浦半島は、丘陵地の周辺に谷戸（やと）と呼ばれる地形が無数に存在しているのが特徴です。そこでは、斜面の樹林・小川・谷底の湿地が一体となった環境が形成されています。人々は、この谷戸を利用し、弥生時代から最近まで水田耕作を続けてきました。水田や溜池や里山での営みを通し、メダカやカエル、イタチや多くの野鳥など、様々な生き物と共生してきました。近年の開発によりそのような谷戸は激減し、今ではそれらの里山の生き物はことごとく絶滅危惧種へと転じています。現在、これらの里山の生き物を再認識し、谷戸の環境保全への注目が高まっています。

図　1954年頃の三浦半島の谷戸田（略）

図　2010年現在水田耕作されている谷戸田（略）

コラム　カメノコテントウについて（略）

三崎口駅周辺の環境

三浦半島の谷戸が開発や埋立などにより激減するなか、三戸・小網代・引橋地域には、谷戸がまだいくつも残っていました。三浦市域の緑地の大部分をこの地域が占めています。そして、それぞれの谷戸に固有の魅力があります。これらは、誇るべき地域の宝なのです。

図　三浦市の植生図(略)

三戸・小網代・引橋地区には谷戸が多く残っている。三戸・小網代・引橋地区は森林率が最も高い。

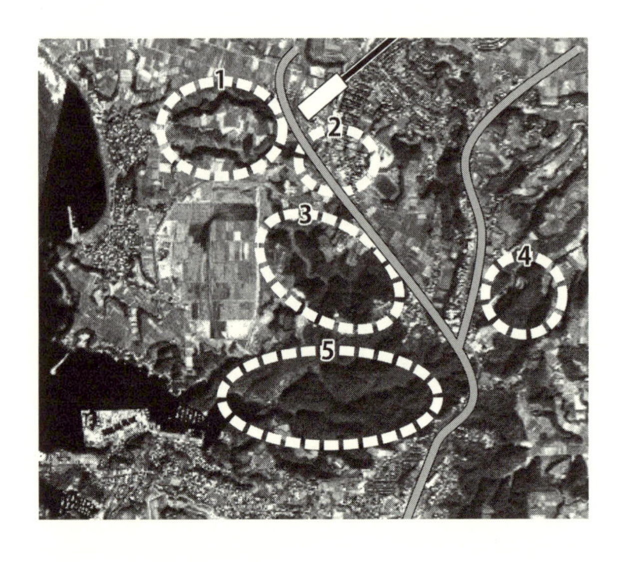

1：神田川が流れる
　釜田・池ノ上
2：今に残る赤坂遺跡
3：北川湿地
4：水間様の自然
5：小網代の干潟と森

神田川が流れる釜田・池ノ上

釜田の谷戸は水量の豊富な湿地が残されており、国際的に希少なオオセッカという小鳥が越冬しています。クイナ・ニホンアカガエルなど県内各地で激減している湿地性の動物の生息も確認されており、保全の重要性の非常に高い場所となっています。池ノ上の谷戸には神奈川県では希少になった無護岸の溜池が残されています。ヨシ・ガマのまとまった群落が残されており、カイツブリなど湿地性の鳥類の貴重な繁殖地となっています。

今に残る赤坂遺跡

赤坂遺跡は、総面積70,000m^2、約2000年前の弥生時代中期から後期にかけて存在した南関東最大の拠点集落で、全体で200軒に及ぶ住居址が残されていると考えられています。三浦半島地域において、農耕･漁労文化の幕開けとなった存在です。現在、国指定史跡にするための検討が行われているほか、歴史公園化などへの構想があります。復元した集落遺跡での生活体験や、谷戸とリンクした農耕体験などのプログラムを充実させ、三浦半島の昔の人々のくらしに対する関心を高めましょう。

北川湿地

北川湿地は、神奈川県でも最大の平地性湿地です。残念ながらその下流部は農地造成により埋め立てられてしまっていますが、上流部には700mにわたってヨシやハンゲショウの湿原が続いています。北川湿地の上流部には、コナラを中心とする落葉広葉樹の二次林が広がっています。森と人の暮らしが出会う場所「里山」の景観を非常によく残しています。近年人間活動の影響で数を減らした生き物たちの最後の砦となっていますが、「発生土処分場」計画が進行しています。貴重な自然環境を未来へ引き継ぐために、環境保全型事業への転換を求めます。

水間様の自然

豊富な湧水があり、初夏にはゲンジボタルが見られる流れです。地域の人だけでなく、遠方からの観光客もこの湧水を求めて訪れています。男の水間様と女の水間様があり、市民団体「三浦の自然を学ぶ会」が定期的に清掃や観察会などを展開しています。

小網代の干潟と森

小網代の森は引橋の交差点付近から海に至るまで、集水域全体がひと塊になって残されており、大きな木が茂りうっそうとしています。森を流れ出た浦ノ川は、河口部で干潟を形成しています。干潟にはカニの仲間・ゴカイの仲間などたくさんの小動物が生息しており、渡りの途中にシギなどの水鳥が羽を休めます。小網代の森は、神奈川県の公園として保全されることが決まっており、周囲の自然環境との調和が望まれます。

コラム　三浦市みどりの基本計画より（略）

コラム　春一番に動き出すニホンアカガエル（略）

2-2　北川湿地の自然環境とその価値

表　神奈川県三浦市　北川湿地　保全上重要な生物種リスト（略）

北川の生態系

北川湿地は、大規模な湿地と、厚い斜面林によって構成されています。京浜急行電鉄および三戸保全連絡会の調査により、97種の保全上重要な種が確認されています。メダカやサラサヤンマなどをはじめとする湿地性の生物の最後の砦となっていることがわかっています。また、北川の上流部に広がるコナラ林も、三浦半島ではほとんど見られなくなった景観です。ここにはウラナミアカシジミやキンランなど、貴重な昆虫類やラン類が見られます。

北川の環境の評価

北川の自然環境について、神奈川県は地域環境評価書の中で「注目すべき環境自然の保全に十分配慮した土地利用を図ることが望ましい」、「小網代地区へのまとまりのある樹林地への緩衝地帯としての機能がある」と評価しました（平成2年）。環境影響予測審査書でも、神奈川県は「自然が残された谷戸地形で、斜面は主に二次林で覆われ、底部には小川（北川）が流れ、ハンゲショウやアズマヒキガエルなどの貴重な植物や動物が生育及び生息する豊かな生態系が形成されている」と評価しています（平成21年）。

北川の歴史

三浦半島南部の台地は、12万年前の下末吉海進期には海底に水没していました。その後、寒冷化とともに陸地が姿を現し、水は台地を削って北川の谷をきざみ、さまざまな生物が定着しました。その過程で、北川の谷には泥炭層が厚く堆積しました。また、弥生時代には赤坂遺跡の人々が水田耕作の場として利用していたと考えられます。数千年前から続く谷戸田を、つい半世紀前まで活用していたのです。

図　北川湿地の縦断面図（略）

北川の環境資産

北川湿地には、約18haの森林と、3haの湿地が存在します。森林はかつて薪炭林として利用されていた二次林で、湿地はかつて水田として利用されていたものです。近年炭焼きや薪ストーブなどがブームになりつつありますが、北川湿地の斜面林を単純な薪炭生産の場と考えると、540トン程度の木材を保有すると考えられます。末端価格1kg 100円の薪として計算すると、5億4000万円相当の資源を潜在的に有しています。さらに近年、地域の樹林・泥炭地は、地球温暖化問題を契機にCO_2の吸収源として認識されつつあります。二次林のカーボン固定量は1haあたり200〜300トンといわれ、北川の樹林の場合3600〜5400トンもの炭素を固定していると考えられます。また、泥炭層は北川湿地の中に約150000m^3存在していると考えられ、その炭素量は実に1200〜2100トンにも及ぶと考えられます。1gの炭素から3.75gのCO_2が生成されることから、これらを合計すると、北川湿地は合計18000〜28125トンのCO_2削減に貢献していることがわかります。これは、京浜急行鉄道事業部門の年間CO_2排出量93643トンの19.2〜30.0%に相当します。そして何より、かけがえのない生態系を有しています。その価値が認められ保全されることで、豊かな自然を地域的特性とする三浦半島の魅力がより一層増し、生物多様性を育む豊かな自然を柱とするあらたな地域活性化と、それに向けての企業戦略構築に大きく貢献するはずです。現在では緑地保全や炭素吸収源保全のため、行政等からの補助金・奨励金も充実しています。

2-3　グリーンビジネスへの可能性

最近、エコツーリズム・グリーンツーリズムが流行っています。自然とのふれあいを求める都会の人々や地域の子どもたちが、非常に増えています。宅地造成をはじめとする大規模開発事業は一過性の大きな収益をもたらしますが、エコツーリズムのようなグリーンビジネスは、環境共生型の持続可能な産業になり得ます。2010年は国際生物多様性条約第10回締約国会議(COP-10)がわが国で開催されます。国際社会が、日本の生物多様性保全策に注目をするのです。日本経団連の自然保護委員会も、さまざまな活動を展開しています。エコツーリズム・グリーンツーリズムは、企業に安定的な経済効果をもたらすだけでなく、非常に公益性の高い社会貢献事業となるのです。三戸地区には、湿地や遺跡などさまざまな財産がぎっしりつまっています。これは決して人工的には作り出せないもので、地域の産業に活かさない手はありません。北川湿地エコパークを中心に、三戸地区にグリーンビジネスを展開しましょう。後述の試算では、5年後に約30億円の利益が得られる可能性が示唆されました。これは、7年半の発生土処分場よりも効率良く同等の収入が得られることを示しています。

長井にオープンした体験型の都市公園：ソレイユの丘

欧米の農村をイメージして近年完成したテーマパークで、まきばのエリア、水のエリア、村のエリア、街のエリアなどがあります。農場体験や食育、牧場体験などが、都心から手ごろな価格で楽しめます。入場無料ですが、豊富で魅力的な有料体験プログラムが用意されてとても人気です。利用者数は以下の通りです。

平成17年度：73万6千人
平成18年度：65万8千人
平成19年度：58万9千人
平成20年度：66万0千人
平成21年度11月現在：52万7千人

平均すると年間およそ66万人の利用者が訪れています。

長井より数km離れていることを考慮しても、同等以上の魅力的なプログラムが展開できれば三戸地区でも約50万人、少なくとも30万人の来園者が見込めます。また、公共交通機関を利用する場合、長井より三戸地区の方が遙かにアクセスが良好です。

北川湿地エコパーク収支概算

	収入	支出
遊歩道整備費		2.0億円(初期投資)
ビジターセンター・駐車場整備費		2.0億円(初期投資)
年間維持管理費		3.0億円
固定資産税(減免が望ましい)		1.6億円
エコパーク運営費		2.0億円
エコパーク入園料・ツアー参加費	人数により変動	
薪・グッズ販売	1.7億円	1.0億円
補助金・奨励金	0.3億円	
企業イメージ向上・交流人工増による間接的利益	算定不能	

図　未来に生かそう北川湿地(略：口絵p.VI　図「エコパーク構想」に同じ)

北川湿地エコパーク5年間決算予測

総利用者数のうち50%が500円、40%が3000円、10%が10000円の利用をした場合、運賃は、50%が電車を利用し、三崎口と品川の中間の横浜駅(往復1100円)から乗車したと仮定。

年間30万人来場の場合：収入(47.0億円)－支出(42.0億円)
＝＋5.0億円(＋電車運賃8.3億円)
年間40万人来場の場合：収入(59.0億円)－支出(42.0億円)
＝＋17.0億円(＋電車運賃11.0億円)
年間50万人来場の場合：収入(71.5億円)－支出(42.0億円)
＝＋29.5億円(＋電車運賃13.8億円)

コラム　三浦市緑の基本計画　エコツーリズムの推進(略)

3. ソフトの活性化　グリーンツーリズム

3-1　KEIKYUが発信する北川湿地のエコツアー(写真をすべて省略)

懐かしい未来への招待

700メートルにわたる湿地面に木道を整備し、各所に魅力的なガイドや展示を設置し、四季の湿地を日帰りで手軽に楽しめます。また、首都圏近郊の客層を対象に、京急観光や地元のNPOが中心となって提供する各種エコツアーも用意します。さまざまなソフトの充実で、北川湿地エコパークの付加価値がいっそう高まります。

入園料：大人500円、中学生・高校生300円、小学生以下無料

年間パス：2000円

オプショナルツアー

ビジターセンターで事前に予約が必要なものと、毎日定期的に催行されるものがあります。充実した解説板と現地のガイドで、さらに魅力的に演出します。

- 湿地の風に吹かれてリフレッシュ！(通年)2時間コース　1000円

緑豊かな北川湿地をガイドがご案内します。スニーカーでも歩ける設置された木道からは、ニョイスミレ・オオシマザクラなど四季折々の花々が目を楽しませてくれます。都会の喧騒を忘れ、なつかしい気持ちを思い出してみませんか。

- 冬の生き物探し(11月～2月)2時間コース　1000円

寒く厳しい冬を、生き物たちはどのように乗り越えているのでしょうか？木の葉にまぎれて越冬するチョウチョ、葉を落とした木々。春待つ息吹きを探しましょう。

• トンボ観察会　(4月〜9月)2時間コース　1000円

古代、日本は「アキツシマ」と呼ばれました。トンボの沢山いるクニ、という意味です。私たちの食料を生産する水田は、トンボたちにとって重要な住みかでもあったわけです。豊かな水系をもつ北川湿地には、20種以上のトンボが生息しています。四季折々のトンボの姿をガイドがご案内します。初夏には美しいサラサヤンマ、秋には舞い飛ぶアキアカネなど、懐かしい日本の風景の代名詞ともいえるトンボを観察しましょう。

• フクロウ・エンカウンター(10月〜5月)3時間コース　2000円

北川湿地に住む森の賢者、フクロウ。夜の北川に入って耳を澄ませば、力強い「ホゥホゥ、ホロッホホッホ」というさえずりが聞こえてきます。秘密の餌場(ライトアップに慣れさせ、ブラインドまたはハイドに入って観察できるようにする)では、その姿を見ることができます。遭遇率は約90%です。

• カエルの合唱(2月〜5月)2時間コース　1000円

北川湿地に住む4種類のカエルの仲間を、ガイドがご案内します。2月の雨の後には、ヒキガエルの壮絶な集団産卵、4月から5月には透き通るようなシュレーゲルアオガエルの美声を聞く事ができます。木道の上から観察できます。

• 春の山菜お料理教室(3月〜4月)3時間コース　2000円

ツクシ、セリ、フキノトウなど、北川湿地で育った天然の野草を食べましょう。摘んできた野草は、ビジターセンター内のレストランで食べられます。自分で採った新鮮な山菜の味は格別ですよ。

• 夏休み自由研究お手伝い(7月〜8月)1日コース　1グループで5000円

自然豊かな北川湿地で、とびきり面白い自由研究をしよう！興味のあることの自由研究をスタッフがサポートします。1日で夏休みのやっかいな宿題を片付けるチャンスですよ。

• どんぐりを食べよう(9月〜12月)3時間コース　2000円

縄文時代、どんぐりは主食の一つでした。北川湿地の斜面に生育するマテバシイなどのどんぐりをクッキー・ピザなどにして食べてみましょう。

• 生物の生きている証を探してみよう(通年)3時間コース　2000円

小学校低学年向けに、野生動物の食痕や糞や足跡、巣、抜け殻を探し、楽しいイラストで解説してまわるツアー。宝もの探しの要素をからめて子供たちと探します。

• 羽化ツアー(4月〜6月)3時間コース　2000円

昆虫の羽化や脱皮の瞬間を探します。子供だけでなく大人でも十分楽しめる、感動的な時間です。トンボやバッタ、セミ、チョウなど、その瞬間に高頻度に出会うことができます。

- 里山管理体験教室（通年）

半日コース/2000円　1日コース/5000円

昔ながらの里山を北川湿地で体験してみませんか？ 草刈り・間伐・薪割りなど、普段はなかなか体験できないことを一からスタッフがご指導します。観察しながら自然の中でいっぱい汗を流した後は、城ヶ島京急ホテルの温泉で疲れを癒してください。

- ホタルとハンゲショウの夕べ（6月〜7月）2時間コース　1000円

北川湿地の水辺には、初夏から夏にホタルが乱舞します。ガイドがみなさまをホタルのポイントにご案内します。6月には青緑色のほうき星のようなゲンジボタル、7月にはプラネタリウムのようなヘイケボタルが沢山発生します。2回参加すれば、すばらしいホタルの舞を堪能できる事間違いなしです。

- 秋の鳴く虫（8月〜10月）2時間コース　1000円

秋の夜長を鳴き通す虫の声、聞いた事がありますか？北川湿地では沢山の種類の鳴く虫が、オーケストラのように美しい音色を奏でています。ガイドが夜の北川をご案内します。

- ナマで絶滅危惧種を見よう＆見つけよう（通年）3時間コース　2000円

北川湿地やその周辺に生息する100種前後の貴重種を探しに行きましょう。テレビでしか見たことのない生き物の営みが、目の前で繰り広げられています。ただし、持って帰れるのは写真と思いでだけです。

- クラフトづくり教室（通年）3時間コース　2000円

北川湿地にある様々な木材や木の実を使って、オリジナルのクラフトを作りましょう。おもちゃ、コースター、プレート、人形など、思いでの一品を残してみてはいかがでしょう。

- 弥生人のくらし体験（通年）1日　ランチ付きコース　6000円

赤坂遺跡で暮らしていた弥生時代の人たちは、どんな自然のものを食べ、使い、生活していたのでしょう。森で生き抜く知識をつけ、食べられるもの、危険なもの、薬草、火起こしなど、現代の道具に頼らずに楽しく過ごしてみましょう。復元された赤坂遺跡を中心に、体験してみましょう。

パッケージツアー

- 四季の北川湿地を満喫(通年)　3000円

　横浜・上大岡・戸塚・藤沢・相模原・川崎・新百合ヶ丘・大和・武蔵小杉など、主要なターミナル駅発のバスツアーです。現地の案内(オプショナルツアー3つ程度)と昼食込みの、格安パッケージツアーとして、親子連れを中心に季節ごとに設定します。

- 学校遠足・環境教育　1000円

　横三地区の小中学校からバスでご案内します。身近な自然の仕組みや多様な生き物など、自然科学を楽しく学べます。総合学習にも最適です。雨の場合はマリンパークに変更します。

- 北川湿地1日フリーきっぷ

　上大岡発4000円、横浜・京急川崎発4500円、品川発5000円など

　往復電車運賃とエコパーク入園料・オプショナルツアー3000円券がセットになったお得な切符です。

- 老人会・シニアツアー　3000円～

　最小催行人数25人で、お好みの集合場所からバスでご案内します。オプショナルツアーと昼食もアレンジできます。

- 地元ガイドによる野鳥観察ツアー　6000円

　全国に約5万人いる野鳥の会会員をはじめとする上級者向けツアー。双眼鏡を持って、トラツグミやヤマシギ、ハイタカやノスリを間近で観察しましょう。早朝から日没までご案内します。

- 海と干潟と湿地と森の繋がりツアー　8000円

　相模湾の豊かな海と、小網代の干潟を船でめぐり、蟹田沢ビオトープから北川湿地へ向かいます。ひとつの水の繋がりの中にも、様々な自然を観察できます。まもなく始まる相模湾周遊の観光船とコラボレーションすることも考えられます。

- 一泊二日で三浦の自然を満喫！　8000円

　北川湿地エコパークの「四季の北川湿地を満喫」ツアーに加え、津久井浜観光農園や三崎のマグロ料理など、三浦の魅力を詰め込んだパッケージツアーです。

3-2　三戸・釜田池ノ上のグリーンツーリズム

オーナー制度とトラスト制度

　自然豊かな民有地を未来に残すための取り組みに、オーナー制度とトラスト制

度があります。これらは、自治体が自主的に設置できる制度です。オーナー制度は、個人が決められたお金を地権者に払い、管理者になることです。トラスト制度は、みんなでお金を出し合って、その土地を残す(買う・借りる)ことです。

全国的な水田オーナー制度の取り組み

各地で農業者の減少により耕作放棄水田が増えてきました。今や貴重になりつつある棚田や水田を将来に残すために、全国に水田オーナー制度が広まりつつあります。その一方、都会の人も水田耕作を通した自然とのふれあいを求めており、水田オーナーへの申込が殺到しています。地権者は1反で毎年2~3万円をオーナーから受け取り、作業はオーナーが主に取り組み、収穫物はオーナーのものになるという仕組みが主流です。その両者の橋渡し役として、行政やNPOなどが活躍しています。一部を下記にご紹介します。

表　棚田オーナー制度の実施例(略)

釜田・池ノ上での可能性

釜田は、休耕田が約150aある大きな谷戸です。オーナー水田と、貴重な野鳥「オオセッカ」保護のためのオーナー湿地を用意し、どちらも1a年間3万円の利用料でオーナーを募集します。池ノ上は、休耕田が約90aあり、約10aの溜池があります。こちらは、上流部をオーナー水田、下流部を水鳥保護のためのオーナー湿地とし、1a年間3万円の利用料でオーナーを募集します。

図　1982年10月の釜田(略)

図　2008年5月の釜田(略)

地権者	保全制度の提案
今はほったらかしてあるが、うちはこの土地を子孫へ引き継ぐつもりだ	オーナー制度を作り、1aあたり毎年3万円をお支払いしますので、水田または湿地としての維持管理作業をさせてください。オーナーと地権者の方との調整役は、NPOや行政が担います。
私はもう農業もできないし、面倒な土地を持っていても仕方ないわ	基金を募り、「かながわトラストみどり財団」の協力を得ながら正当な料金で買い上げます。市民緑地制度などを利用し、湿地として未来に残していきます。今後の維持管理作業は、NPOが担います。

コラム　三浦市みどりの基本計画より市民緑地制度(略)

3-3　推進体制

市民・NPO・事業者・行政の協働の役割

各主体の役割分担を明確にした上で、市民・NPO・事業者・行政など様々な主体が連携・協働し、地域を活性化していきます。

① 市民の役割

- 自然環境をみんなの共有財産との認識を持ち、積極的に関わること
- みどりを育て、活かす地域の活動に積極的に参加すること

② NPOの役割

- 専門的視点を持って調査や保全方針の提案を行うこと
- 市民活動や各主体における調整役を担うこと
- 幅広い視点から地域をサポートしていくこと など

③ 事業者の役割（京浜急行など）

- 所有地内の自然環境を自らの責任で守り、維持・管理すること
- 市民・行政との連携しながら、環境保全に関わる積極的な地域貢献を図ること など

※みどり豊かなまちづくりに参加することは、企業の社会的責任（CSR）として重要です。

④ 行政の役割（環境省・国交省・神奈川県・三浦市など）

- 環境保全活動を推進する法整備を整理し、税制の優遇や奨励制度を推進すること
- 市民・NPO・事業者などとのコーディネーターとしての役割を果たしていくこと など

コラム　三浦市みどりの基本計画より市民協働関係（略）

1. 地域の環境保全へ各主体がアクション

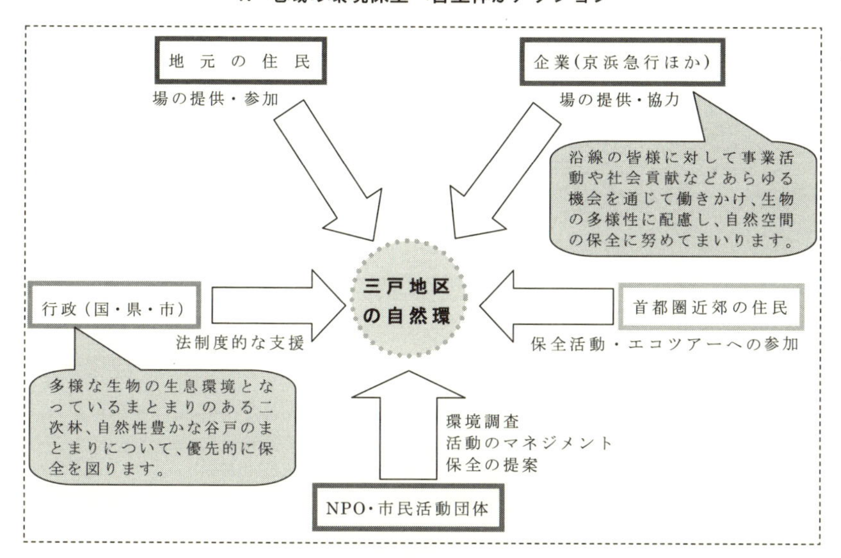

2. 各主体の密接な関わり

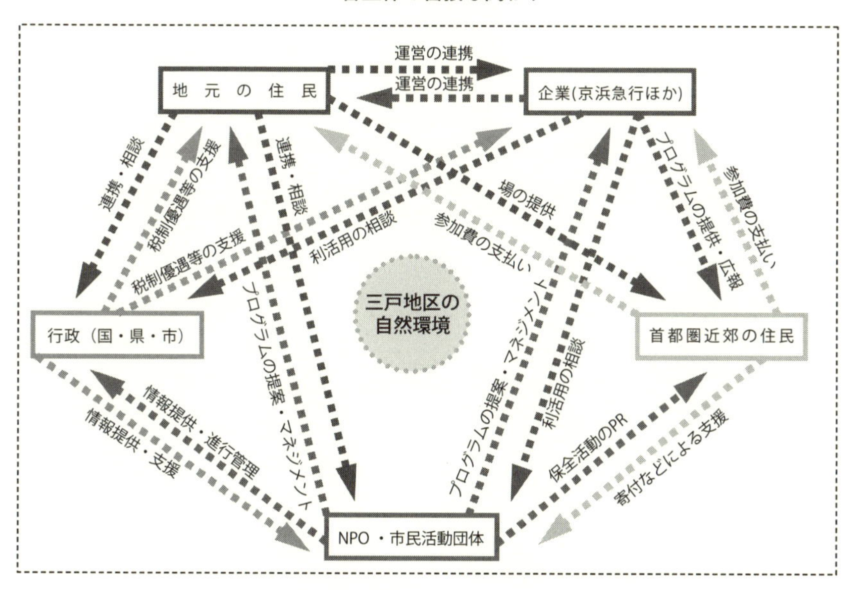

付録・北川湿地で見られる生き物(略)

皆様の建設的なご意見をお願いします

三戸地区エコパーク構想は、産声を上げたばかりです。さらに現実的で魅力的な事業とするために、皆様のご意見をお願いします。三浦市が抱える問題とリンクさせて考えることにより、三浦市の発展を目指しましょう。

私たちは、ホームページとブログで情報を発信しております。ブログには、いろいろな方からの書き込みがされ、活発な議論が展開されております。ご意見を公開してもよい場合は、是非ブログへの投稿をお願いします。非公開をご希望の場合は、Eメールまたは郵便でご意見を頂戴したいと存じます。

三浦・三戸自然環境保全連絡会

協力団体(略)

発行日　：2010年1月24日　　第1版印刷

※この活動の一部にはコンサベーション・アライアンス・ジャパン2009年度「自然保護基金プログラム」による助成金が使われています。

2. 差し止め訴訟訴状

編集委員会により個人情報等を削除し、他はほぼ原文のまま掲載した。

訴　　　　状

平成２２年３月１９日

横浜地方裁判所　御中

原告ら訴訟代理人弁護士　　※　※　※　※（８名）

他復代理人　　（別紙復代理人目録のとおり）

当　事　者　の　表　示　　後記当事者目録記載の通り

発生土処分場建設事業差止請求事件

訴訟物の価額　　金１６０万円

貼用印紙額　　金１万３０００円

第１　請求の趣旨

１　被告は、下記事業を行ってはならない。

記

（事業名）

三浦市三戸地区発生土処分場建設事業

（事業内容の概要）

事業対象地　　神奈川県三浦市初声町三戸４０番外２４５筆

（別紙図面(1)の赤枠に囲まれた部分）

予定工事期間　平成２１年７月８日から平成２８年１２月３１日まで

土砂埋立区域の面積　２１８，０００㎡

土砂埋立行為を行う土地の面積　１９０，０００㎡

土砂埋立行為の最大たい積時に用いる土砂の数量　２，２００，０００㎥

２　訴訟費用は被告の負担とする。

３　仮執行宣言

第２　請求の原因

１　当事者

（１）原告

ア　原告北川湿地

本件事業対象地の中核部分は、通称「北川湿地」と呼ばれる湿地帯である（別紙図面(1)の青枠に囲まれた部分）。北川湿地は、神奈川県内に残る最大規模の平地性湿地であって、後述するとおり、約１００種もの貴重な生き物が生息する地域固有の生態系をおりなしている。

かかる固有の生態系は、それ自体が開発などから保全されるべき存在であって、いわゆる「自然の権利」を有しており、訴訟上の当事者適格を有するというべきである。

イ　原告連絡会

原告三浦・三戸自然環境保全連絡会（以下「原告連絡会」という。）は、「神奈川県で最大規模の湿地である北川の湿地を残し、三戸の自然環境を適切に保全することを目的」として、学生や研究者らを中心として結成された法人格なき団体である。

ウ　原告住民ら

原告北川湿地及び原告連絡会以外の原告ら（以下「原告住民ら」という。）は、本件事業対象地付近に居住し、これまで三浦・三戸地区の良好な自然環境を享受してきた地域住民であるところ、本件事業の実施によって、後述するとおり、良好な住環境を脅かされ、健康被害や人格権侵害の危機にさらされている者たちである。

（２）被告

被告は、東京都港区に本社を置く大手私鉄会社（東証一部上場）で、鉄道事業の他に、不動産事業、ホテル事業、レジャーその他の事業を展開しているところ、本件事業の主体となっている事業者である。

２　本件事業の概要・進捗状況

（１）本件事業の概要

本件事業は、建設工事に伴い副次的に発生する土砂を受け入れる処分場を建設するものとして計画されている事業である。わかり易く言えば、本件事業は、対象地を残土処分場として利用すべく計画された事業であり、残土で湿地を埋めてしまうというものである。

被告は、本件事業対象地について平成２１年７月８日付けで神奈川県から土砂埋立ての許可を受けている。神奈川県土砂の適正処理に関する条例（略称「県土砂条例」）第９条第１項の規定による許可処分がそれである（甲１）。許可処分によると、本件事業の概要は、三浦市初声町三戸４０番外２４５筆の面積２１万８０００㎡の区域のうち１９万㎡について行う土砂埋立行為（工事期間平成２１年７月８日から平成２８年１２月３１日まで・最大たい積時に用いる土砂の数量２２０万㎥）となっている。

（２）本件事業の経緯

本件事業対象地は、昭和４０年代から土地利用のあり方を検討されてきた「三浦市三戸・小網代地区（１６０ha）」の中に位置する。三戸・小網代地区における開発及び整備については、平成７年に被告、三浦市、神奈川県の３者で調整し、次の５つの土地利用計画に沿って事業が行われることとなった。

①農地造成区域（約４０ha）

②三戸地区宅地開発区域（約５０ha）

③保全区域・小網代地区（約７０ha）

④都市計画道路西海岸線

⑤鉄道延伸区域

本件事業について、被告は上記②における土地区画整理事業の基盤整備事業として位置づけている。この５つの土地利用計画では、本件事業のことは触れられておらず、その後、どういう経緯か詳細は不明であるが、②の区域内のおよそ半分の面積を対象地として、被告から本件事業計画が立案されて、事業実施に向け、神奈川県環境影響評価条例に基づく環境影響予測評価が実施された。

（３）本件事業の進捗状況

現在、本件事業対象地は立入禁止にされているため、詳細な進捗状況は明らかではないが、既に残土運搬車両が進入するための２カ所の取付道路の造成が進み、事業対象地内にかなりの重機も搬入され、樹木の伐採や下草刈り、斜面の土砂の削り込み等が行われている。これまでに神奈川県条例に基づく環境影響評価手続を済ませ、土砂埋立処分の許可も得ていることから、被告はいつでも土砂の埋立てに着手できる状況にある。

３　本件事業対象地について

（１）本件事業対象地の地形と過去の利用状況

本件事業対象地は神奈川県内の平地性湿地としては最大規模である。

かつて谷戸田として耕作されたことがあったが、昭和３０年代までには耕作放棄され、その後、豊富な地下水と緩傾斜から植生の遷移が進行せず、現在まで奇跡的に良好な湿地環境が維持されてきたものである。

（２）本件事業対象地の自然と特殊性

ア　本件事業対象地は、別紙(1)の写真が示すごとく、その環境特性から多くの貴重種・絶滅危惧種の生息地となっている。夏にはホタルが乱舞し、メダカの泳ぐ小川（「北川」と呼ばれている）、広大なハンゲショウの湿原が見られる。

別紙(2)のとおりの絶滅危惧種が本件事業における環境影響予測評価書で示されているが、原告らの調査では、それ以外のものも含めて、サラサヤンマ（県・絶滅危惧 IB 類）、シマゲンゴロウ（県・絶滅危惧ＩＢ類）、メダカ（県・絶滅危惧

ⅠＡ類)、オオルリ（県・繁殖期準絶滅危惧種)、キンラン（国・絶滅危惧Ⅱ類)、チャイロカワモズク（国・準絶滅危惧種)、オオタカ(国・絶滅危惧Ⅱ類)、ニホンアカガエル（県・絶滅危惧Ⅱ類)、イタチ（県・準絶滅危惧種)、ヘイケボタル（県・準絶滅危惧種）等が確認された。メダカ、シマゲンゴロウ及びチャイロカワモズクについては、三浦半島での最後の生息地となっている。

イ　本件事業対象地は、まったく人の手による管理を受けることなく、年間を通じて安定した湿地環境を維持し、上記のような希少な生き物をはじめとする多様な生き物を育んできた。この状況は、対象地を流れる北川の下流域が農地造成によって暗渠となった今日でもほとんど変わることがない。県内に残る貴重な森として近郊緑地保全地域に指定された「小網代の森」の乾燥化が進んで、まさに県内から自然状態での湿地環境が完全に消え去ろうとしている現状に鑑みても、その希少性は際立っている。

人が入りにくい地形上の特殊性などから、首都近郊であるにもかかわらず人の手による改変を免れ、とうの昔に姿を消したと思われていた数多の生き物が人知れずその命を繋いでいたのである。ミニ尾瀬とも例えられる本件事業対象地は、まさに「奇跡の谷戸」であり、それ自体が自然の博物館ともいうべき存在である。

ウ　本件事業対象地は、そこに生息する生物だけでなく、自然界の食物連鎖などを通じて、三浦半島やそれを越える地域にも、広く生き物のマザーポイントとなっている可能性が十分にある。

従って、もし仮に本件対象地が、残土の処分場として埋め立てられて消失した場合、周辺の生態系にもどれだけの影響が及ぶか計り知れない。

4　被告の侵害行為

（1）本件事業対象地の動植物及び生態系の消滅

本件事業が実施されることにより、本件事業対象地は徐々に埋め立てられていき、最終的には貴重な動植物のほとんどが死滅し、現在維持されている生態系は消滅することになってしまう。

（2）騒音、振動及び交通危険

ア　大型ダンプの通行

被告は、本件事業対象地への搬入路設置等の作業のため、既に本件事業対象地周辺に大型ダンプを通行させており、その影響で騒音、振動が発生している。

また、被告は、平成２１年８月２６日に実施した住民に対する説明会において、日曜日を除く毎日、１日約２２０台の大型ダンプが残土処分のため本件対象地に２ケ所の進入経路で出入りすることを明らかにした。被告が明らかにしている数字に基づいても、以下のとおり、非常に多くの台数の大型ダンプが原告ら居住地の近傍を通過して、本件事業対象地に出入りすることになる。

搬入出の作業時間を１日８時間と仮定すると、約２２０台÷８時間で１時間に約２７．５台（実際には約２５台～３０台）が２ケ所の取付道路を経由して本件事業対象地に進入し、同数の車両が退出することになる。往復で１時間に約５５台（実際には５０～６０台）である。極端に言えば１分に１台の頻度である。周辺の道路状況や生活環境を一変するような事態である。

なお、平成２２年２月２８日に行われた住民に対する説明会において、被告は、平成２２年３月下旬から１日につき大型ダンプ１８０台を運行させ、平成２２年１２月からはさらに１日につき大型ダンプ４０台を追加して運行させる予定であることを明らかにした。

イ　実際にはより過密な通行状況になること

上記は被告が週６日作業をした場合の計算である。

しかし、実際には天候等により作業が実施できない日が生じる。被告自身、平成２２年２月２８日の説明会において、雨天時には作業ができないため実際には年間作業日数は２４０日程度になる見込みである旨述べた。すなわち、平均すると１週間に約４．６日の作業日数である。

そうすると、１日２２０台の大型ダンプを週６日運行させるという被告の計画どおりに本件事業を進めるためには、週６日分の作業を週４．６日で行うことになる。よって、１日あたりの運行車両台数は約２２０台×６÷４．６＝約２８７台となる。

これを１時間あたりの運行台数に引き直すと、約２８７台÷８時間で１時間に約３６台、往復で約７２台と、通行頻度の激しさは明確である。

実に７年半もの長期間、ひっきりなしに大型ダンプが動き回っている事態であり、走行やクラクションによる騒音、振動の被害が甚大であるとともに、当然、通行人や子どもたちとの間で交通事故が発生する危険性も高いものとなってしまう。

ウ　埋立てするための土木重機も稼働すること

本件事業対象地内では、搬入された土砂の移動及び埋立てをするために、いわゆるショベルカー（バックホー）等の大型土木重機が稼動することになり、それによる騒音や振動が当然発生する。

（３）粉塵の飛散

本件事業対象地周辺は、風が強く、遮るものが少ないため、粉塵の飛散が発生しやすい所であるが、今後の大型ダンプの過密な通行により、ますます大量の粉塵飛散が発生することは明らかである。

さらに、大型土木重機の稼動や、大型ダンプが積載した残土を本件事業対象地に下ろす作業の際にも、確実に大量の粉塵飛散が生じるであろう。

（４）交通渋滞及び大気汚染

ア　交通渋滞及び待機車両の発生

大型ダンプ等の搬入出車両は、唯一の幹線道路である国道１３４号線を利用して２ケ所の進入経路から造成中の取付道路を経て本件事業対象地に出入りするようになるため、必然的に国道１３４号線からの右左折をしなければならない。２ケ所の進入経路とは、具体的には別紙図面⑵にＡと記載がある「三戸入口」交差点とＢと記載がある被告が所有する工事事務所の２ケ所である。

国道１３４号線は片側１車線道路であり、現状でも渋滞が激しい道路であるところ、「三戸入口」交差点には右折専用車線や時差式信号もないため、同交差点で大型ダンプが右折をする場合、右折が完了するまで後続車両は待機状態となって通過することが出来ず、さらに渋滞を悪化させることが予想される。もう一つの進入経路である工事事務所側は、国道１３４号線に直接面していることから、進行車線から左折する場合は歩行者を注意する程度で足りるので比較的スムーズであるが、反対車線から右折する場合は、「三戸入口」交差点と同じか、信号がない分それ以上の問題があり、さらなる渋滞発生源になることは必至である。

また、これだけの台数の関係車両が集中すれば、いわゆる「待機車両」が相当数に上ることが予想される。待機車両がどの場所で待機するかは明確ではないが、周辺の道路状況からすると国道１３４号線は片側一車線と狭隘であるため、工事事務所広場の可能性が非常に大きい。かなりの数の車両がこの広場に待機するおそれがある。

このように、被告が本件事業を行うことによって、交通渋滞及び待機車両の数が大幅に増加し、その結果、本件対象地周辺における自動車排気ガスの排出量が飛躍的に増加することは明らかである。

イ　大型重機の排気ガス

本件事業で使用されると思われるショベルカーは、直噴式の大型ディーゼルエンジンを搭載しているが、これらには自動車と違って排気ガス対策はとられていない。

よって、大型重機から排出される排気ガスも、本件事業対象地周辺の大気を汚染することが明らかである。

（５）土壌汚染及び水質汚濁

本件事業対象地に搬入される残土が、どこから運ばれ、どのような成分を含むのかは原告らには調べようがないが、仮に有害物質が含まれていれば、本件事業対象地の土壌はもちろん、本件事業対象地を流れる川や地下水、そして三戸浜及び周辺海域を汚染するおそれも十分考えられる。となれば、周辺地域住民の健康被害の発生、さらには周辺海域での漁業・農業への壊滅的な打撃となるおそれすらある。

5　原告らの被害

（1）原告北川湿地との関係

前述のとおり、北川湿地は、多くの希少な生物が微妙なバランスの中で生息する貴重な生態系そのものでおり、それ自体が開発等から保全されるべき自然の権利を有していると言えるところ、本件事業が実施されれば、湿地は消失し、生態系は破壊され、自然の権利は侵奪されてしまう。

（2）原告連絡会との関係

原告連絡会は、本件事業対象地の有する豊かな生態系の価値を理解し、調査・保全等の活動を行う学生や研究者らを中心として結成されており、その構成員らの有する環境権・自然享有権あるいは学問・研究の利益といった人格的利益の総体としての活動の利益を有するところ、本件事業が実施されて北川湿地が消失すれば、構成員らの環境権・自然享有権あるいは学問・研究の利益といった人格的利益が侵害され、連絡会としての活動の利益も損なわれる。

（3）原告住民らとの関係

ア　原告住民らは、本件事業が実施されれば、前述の騒音、振動、粉塵飛散、大気汚染、土壌汚染、水質汚濁等の発生によって、睡眠障害、精神的障害（イライラする、怒りっぽくなる、集中力がなくなる等)、聴覚障害、頭痛、胃腸障害、疲労感、食欲不振、呼吸器の障害、有害物質摂取による身体障害等の健康被害並びに交通事故による被害を受けるおそれがある（生命・身体への危険)。

イ　また、原告住民らは、人格権の一種として平穏な生活を営む権利を有するところ（最高裁平成５年２月２５日判決、大阪高裁平成５年３月２５日判決等)、本件事業が実施されれば、少なくとも、前述の騒音、振動、粉塵飛散、大気汚染、土壌汚染、水質汚濁の発生、交通量の増大及び交通渋滞の激化によって、生命・身体の危険を感じるという不安感、会話妨害、テレビ・ラジオ等の聴取妨害、音楽鑑賞や楽器演奏等の趣味生活の妨害、家庭の団らんの妨害、交通事故の危険、学習・読書等の知的作業の妨害、職業生活の妨害、窓を開けられない、洗濯物が汚れる等の被害を受けることは必須であって、その平穏な生活を営む権利は確実に妨害されることになる。

6　本件事業が差し止められねばならないこと

（1）原告北川湿地との関係

原告北川湿地は、前述のとおり、開発等から保全されるべき自然の権利を有するところ、本件事業が実施されればその存在自体が消失してしまうのであるから、本件事業は差し止められねばならない。

（２）原告連絡会との関係

原告連絡会は、前述のとおり、構成員の環境権・自然享有権あるいは学問・研究の利益といった人格的利益に基づく活動の利益を有するところ、本件事業が実施されればその利益が侵害されるのであるから、本件事業は差し止められねばならない。

（３）原告住民らとの関係

原告住民らは、前述のとおり、本件事業が遂行されればその生命・身体への危険が発生し、そうでなくとも平穏な生活を営む権利が侵害されることは必須である。よって、本件事業は差し止められねばならない。

（４）本件事業の差止めを認める判断基準・要素について

原告住民らの生命及び身体は、他との比較衡量が許されない絶対的な保護対象である。よって、生命及び身体侵害の危険は絶対的な差止基準となり、受忍限度を超えるか否かの議論をするまでもない。原告北川湿地に対する自然の権利侵害についても、完全消失という究極の侵害であることから、これに準ずるものと言うべきである。

仮に、本件事業の差止めの是非を判断するに際し、受忍限度についての比較衡量が必要ということにしても、少なくとも以下の要素を十分考慮すべきであり、以下の要素を踏まえれば、本件事業は原告らの受忍限度をはるかに超える事業であることは明らかであり、差止めが認められるべきである。

ア　本件事業の公共性の有無

本件事業は被告が営利目的で残土を埋め立てる事業であり、道路や空港や原子力発電所等のような公共性は全くない。なお、被告は本件事業につき、土地区画整理事業の基盤整備事業として位置づけているが（前記２の（２）参照）、過去はいざ知らず、今日では官民関与による三戸地区の宅地開発計画などはまったく存在しない。本件事業は、被告の単純な営利目的事業以外の何ものでもない。

イ　生物多様性に対する配慮の欠如

平成２０年６月に成立した生物多様性基本法は、生物多様性は人類存続の基盤であること、我らは生物多様性を確保しそのもたらす恵沢を将来にわたり享受できるよう次の世代に引き継いでいく責務を有することを謳う（前文・１条）。そして、種の保存とともに多様な自然環境を保全すべきこと、予防及び順応的な取組方法をすべきこと、長期的観点から行うべきこと等を基本原則とし（３条）、それにのっとった国の責務（４条）、地方公共団体の責務（５条）、事業者の責務（６条）、国民及び民間団体の責務（７条）を定め、さらに生物多様性の保全上重要な地域の保全等のための様々な施策義務まで定めている（１４条以下）。

この法律は、生物多様性の確保そのものを目的とした横断的な基本法であり、生物多様性は、各方面において最大限の尊重がされるべきものである。ここいう生物多様性は、種の多様性、生態系の多様性、遺伝子の多様性を含む概念であるが、本件事業は、数多の希少な種の生存を支える個性豊かにして極めて貴重な生態系をまるごと消失させるという、生物多様性への配慮をまったく欠如したものであり、生物多様性基本法の理念や事業者の責務に著しく反するものである。

ウ　本件事業対象地の周辺の地域性

本件事業対象地周辺は閑静な住宅地で、都市計画上も第一種低層住居専用地域に指定されている。当該用途地域は低層住宅にかかる良好な住環境を保護するためのものであることから、大規模かつ長期に及ぶ発生土処分場事業を営むには明らかに不適地である。

エ　危険への接近という事情はないこと

原告北川湿地は、本件事業の構想が浮上するよりもはるか以前から本件事業対象地に存在し、固有の生態系を育んできた。原告連絡会は、本件事業対象地内の動植物及び生態系が将来にわたって存続するものと信じて、深い関わりを持つに至った。原告住民らは、本件事業による環境破壊を予見できないまま、良好な住環境が得られると信じて本件事業対象地周辺に居住を開始した。

いずれも自ら危険に接近したという事情は認められない。

オ　被告の環境影響評価及び環境保全対策が不十分であること

被告が行った環境影響予測評価書案に示された調査結果は以下のとおり、当該地域の現況を十分に把握するに至っておらず、これに基づく予測評価、保全対策にしても不適切な内容となっている。

（ア）記載種の問題としては、フクロウ（県・繁殖期準絶滅危惧種）、ホトトギス（貴重種リスト二級種）、キセキレイ（県・繁殖期減少種）、アカハラ（県・繁殖期減少種）、オオルリ（県・繁殖期準絶滅危惧種）等、実施区域内で普通に観察される種の記録漏れがみられ、希少種を意図的に除外したかのような危惧も感じられる。哺乳類、両生爬虫類、昆虫、甲殻類、植物でも同様の不備が認められた。

予測評価では、実際は生息しているフクロウ（県・繁殖期準絶滅危惧種）やアカハラ（貴重種リスト二級種）などを「事業実施区域は本種の生活圏外であると考えられ、影響はないと考えられる」と断定し、また、三戸地区では事業実施区域だけにまとまった繁殖地があるニホンアカガエル（県・絶滅危惧Ⅱ類）やサラサヤンマ（県・絶滅危惧IB類）などを「本種の生息適地と考えられる生息環境は、実施区域周辺にも広く存在する」と断定しており、事業による環境への影響を適切に予測しておらず、事業実施による環境への影響を実際より明らかに低く見積っている。同様の問題は他の動物や植物に対しても見られる。

（イ）さらに、環境保全対策については明確に記されておらず、実効性に大きな疑問がある。特にメダカ（県・絶滅危惧ⅠＡ類）、ホタル類、カエル類を近隣のビオトープに移植する計画が予定されているが、方法、期間、予算措置、移植を裏付ける科学的根拠等は全く記されていない。また、現状では生き物の「移設」（事業者が用いる言葉であるがこの言葉ひとつ見ても生物をモノまたは設備のようにとらえており理解の低さが窺える）完了以前に残土処分場の建設が着工される計画であり、これらの環境保全対策が適切に実施されない可能性が高い。事業実施区域約２５ha に対し、事業実施区域内の生物の移植先とされる海岸に近い「蟹田沢ビオトープ」は約３ha で、量的にも質的にも明らかに不十分であり、代替地として不適であると考えられる。広大なガマーハンゲショウ群落及び安定的な湧水を有する湿地帯が北川の特徴であり、メダカやホタルの「移設」だけで代償されるものではない。

また、環境保全対策の内容に科学的根拠がない。植物を例に挙げると、本評価書では、クロムヨウラン（県・絶滅危惧Ⅱ類）、ナギラン（国・絶滅危惧Ⅱ類、県・絶滅危惧ⅠＡ類）、エビネ（国・絶滅危惧Ⅱ類、県・絶滅危惧Ⅱ類）、マヤラン（国・絶滅危惧ⅠＢ類）が「注目すべき種」として認められている。しかし、全く大雑把に代替生育地の創出、保全対象の移植を行うとされており、具体的方策すなわち移植やビオトープ創出のための環境整備が説明されておらず、その実効性がはなはだ疑わしい。特に、腐生ランの移植については、生育地（移植先）の調査なしでの移植は無謀の一語に尽きる。

チャイロカワモズク（国・準絶滅危惧種）、キンラン（国・絶滅危惧Ⅱ類、県・絶滅危惧種Ⅱ類）は明らかに「注目すべき種」である。キンランは、本調査の精度の甘さから生じた未記載種と理解できても、チャイロカワモズクのような重要な種についての記載が漏れていたことは重大であり、調査の再計画が必要であるといわざるを得ない。動物についても同様である。

（ウ）加えて、２００８年１０月に公開された「環境影響予測評価書案の意見書に対する見解書」において意見書と見解書の内容が対応しておらず、被告からの適切な見解が得られていないため、見解書には不備がある。

「絶滅危惧度の高いゴミムシ類の調査など、絶滅危惧種が記録されるのを意図的に避けるような調査手法が取られている」という指摘に対して、見解書では「適切な調査である」とのみ回答したり、調査の不備を指摘した意見に対し、評価書案での記述をそのまま再度記載するなどしており、多数の齟齬が生じている。

カ　被告の不誠実な対応

（ア）原告連絡会は、平成２１年３月９日、被告及び三浦市、神奈川県、国を相手方として、北川湿地の保全ための施策や本件事業の見直しを求めて民事調停を提起した。これに対し、被告は、話し合いの余地は一切ないとして、終始調停の不調を主張して譲らず、結局、同年７月２３日、調停は実質的な話し合いに立ち入ることなく、不調に終わった。

（イ）原告住民らは、平成２１年８月２６日に被告が初めて開催した住民説明会で、本件事業についての説明を受けた。説明はまったく一方的な工事実施の通告的内容に終始し、近隣住民から寄せられた環境保全に対する質問には何ら誠意ある回答がなされず、「本日はあくまでも工事説明会であるので，環境保全等の意見はお聞きすることは出来ない。」との対応しかなされなかった。この後、間もなく、本件事業が開始された。

（ウ）原告住民らは、被告より、上記の一方的な通告以外には本件事業について何らの説明も受けられないまま、７年半にもわたる長期かつ大規模事業が開始されたことから、健康被害や住環境の悪化に対する不安を拭いきれず、同年１１月１３日付にて、神奈川県公害審査会に被告を相手方として公害調停を提起し、第１回調停期日が平成２２年１月２５日に開かれた。しかし、被告は、驚くべきことに、原告住民らの不安除去のための話し合いすら拒否して、第１回調停期日での調停打ち切りを主張して譲らず、結果、その日に不調となった。

（エ）以上、被告は、自らの営利目的事業遂行のために原告らに少なからぬ迷惑・不利益を及ぼすことが明らかであるにもかかわらず、これまであまりに不誠実な対応に終始している。ことに本件事業対象地周辺に居住する原告住民らに対する対応は、常軌を逸したものと言わざるを得ない。

キ　被告自身の態度の矛盾

被告は言わずとしれた大企業であり、被告のホームページには以下の記載がある。

「環境の重要性が叫ばれる今日、他の輸送機関に対して鉄道が持つ環境優位性を最大限に生かしつつ、地域の環境力向上のため、沿線の皆様に対して事業活動や社会貢献などあらゆる機会を通じて働きかけることにより、地域との共創を常に心がけて地域環境を保全し、ひいては地球環境全体に資することができるよう、今までも、これからも京浜急行電鉄は走り続けます。」

また、被告のＣＳＲ報告書２００８には、京急グループ・役員及び従業員行動基準に関して以下のとおりの表明がある。

「５．環境に対して

1）私たちは、地球環境を守る担い手として、環境への負荷軽減、資源の有効活用に努めます。

2）私たちは、環境の保全に配慮し、自然環境と調和した事業活動に努めます。」

上記行動基準に照らすと、本件事業そのもの及び地域住民に対する説明会における被告の対応は、大きく矛盾している。

7　まとめ

以上、本件事業は、原告らが有する自然の権利、環境権・自然享有権あるいは学問・研究の利益に基づく活動の利益、生命・身体の安全及び平穏な生活を営む権利を違法に侵害してしまうものであって、既に事業が開始されて今後継続されようとしていることからすると、不法行為に基づく差止め請求が認められるべきであり、また、原告らの自然の権利や人格的利益の絶対性・排他性に鑑みての差止め請求も認められるべきである。

よって、原告らは、被告に対し、不法行為もしくは自然の権利や人格的利益に基づき、将来生ずべき侵害を予防するため、本件事業の差止めを求めるものである。

附　属　書　類

1	訴訟委任状	１２通
2	資格証明（原告連絡会会則及び会員名簿）	各１通
3	資格証明（被告登記事項証明書）	１通
3	訴状副本	１通

当事者目録

（原告北川湿地を除き、すべて個人情報のため省略した。被告は京浜急行電鉄株式会社社長であった。）

3. 口頭弁論　原告側陳述書(連絡会)

編集委員会により写真と個人情報等を削除し、他はほぼ原文のまま掲載した。

陳　述　書

京浜急行電鉄株式会社による三浦市三戸地区発生土処分場建設事業は、土地利用計画に沿った事業計画ではなく、また、環境保全対策が全く不十分で、神奈川県環境影響評価条例における県環境影響評価審査会の指摘を遵守していないことが明らかになりました。よって本件事業は直ちに事業を中止されるべきであることについて申し述べます。

平成 22 年 10 月 14 日

三浦・三戸自然環境保全連絡会
代表　　横山　一郎

横浜地方裁判所　御中

はじめに

神奈川県最大規模の平地性湿地である北川湿地は、小網代の森と並び、三浦半島南部の自然の中核となる重要な地域です。特に湿地環境が激減している現在、その生態系の希少性は小網代の森を上回るものであったかもしれません。私たち三浦・三戸自然環境保全連絡会は、これまで被告である事業者京浜急行株式会社（以下京急）や神奈川県、三浦市、環境省など関係各機関にこの重要性を再三にわたり指摘してきました。新聞や雑誌にも多数取り上げられたほか、日本湿地ネットワークの機関誌に取り上げられ、また、ラムサールネットワーク日本が共催した第5回日韓湿地 NGO フォーラムで採択された共同声明でも北川湿地の重要性が認識され、日本全国の湿地環境保全のホットスポットのひとつとして認められしました。ここにその共同声明の一部を抜粋し紹介します。（一部抜粋）特に、諫早湾では潮受堤防排水門の開門を早急に実施するべきであり、泡瀬干潟では、高裁判決に従い、新たな開発計画を断念し、既設の堤防の撤去など、自然再生に取り組むべきである。また、上関では中国電力の原発建設を中止し、豊かな漁業資源と生物多様性を保全するべきである。北川湿地について京浜急行電鉄は残土処分場建設計画を見直し、自然環境の持続的な活用に転換するべきである。吉野川河口域では四国横断自動車道計画を見直し、三番瀬はラムサール登録を急ぐべきである。霞ヶ浦では冬期湛水を見直し、「市民型公共事業」を支援するべきである（以上です）。

このように保全の必要性を強く認められた北川湿地ですが、残念なことに京急による無謀な開発により、現在ほぼ消滅した状況にあります。それは 8 月 25

日の現地和解期日において確認されました。ここでは、北川湿地消滅の原因が誤った計画の上に成り立つ誤った事業によるものであることを、根拠を示しながら申し述べます。なお、本陳述の内容は8月25日の現地和解に参加した当連絡会事務局との共同制作であることを予め付け加えます。

1．根拠のない計画に基づく事業

被告京急による経緯の説明では、神奈川県、三浦市、京急による「5つの土地利用計画」、すなわち宅地開発、小網代保全、農地造成、鉄道延伸、道路延伸の一環として宅地開発事業の準備工事としての発生土処分場建設事業とされています（写真1）。ところが、私たちの情報公開請求の結果、神奈川県と三浦市には「5つの土地利用計画」について合意した文書は存在せず、京急のいう合意は虚偽であることがわかっています。もし虚偽でないならば、文書にてその証拠を示すはずです。本件訴訟の第1回口頭弁論期日でも裁判長より計画の根拠を示すよう指摘がありましたが何も示されず、やむを得ず第3回期日で求釈明を行った次第です。このように、合意文書が不存在ですから、「5つの土地利用計画」は存在しないと認識されるべきです。したがって、本件事業は土地利用計画としての根拠がなく、公共性のない事業であります。

なお、被告は本件中で「5つの土地利用計画」について「調整」という表現を用い、神奈川県と三浦市もそれぞれのホームページの中で同様に「調整」という表現を用いていますが、調整内容については不明です。

2．矛盾した論理

しかし、仮に「5つの土地利用計画」が存在するものとしても、本件事業は論理的に多くの矛盾を含むものであると思われます。

仮定①　本件事業が「5つの土地利用計画」の一部である場合

ア．本件事業が「宅地開発事業」である場合

都市計画法による手続きがとられておらず、事業は無効であります。

また、環境保全対策については、宅地開発に関する事業区域 50ha に蟹田沢や小網代は含まれないので、この事業による代償措置は事業区域内に設置すべきか、区域外であれば新たに設置すべきです。蟹田沢はそもそも農地造成事業自然環境保全エリア（農地造成事業の一部）であり、また、小網代の森は小網代近郊緑地保全区域（県）として既に整備計画がなされています。すなわち、本件事業における環境保全対策は、区域が矛盾しており、全く無効です。

イ．本件事業が「宅地開発事業の準備工事」である場合

そもそも宅地開発事業計画そのものが現在存在していないので、それにかかる準備工事はあり得ません。将来宅地ができる保証はどこにも存在しません。平成18年の三浦市議会でも「宅地化は大変厳しい」との発言が被告（当時の地域開発本部部長）からなされました。当たり前ですが、計画もないのに準備をするという論理は成立しません。環境保全対策については上記ア．に同じです。

仮定②　本件事業が「5つの土地利用計画」の一部でない場合

本件事業「発生土処分場建設事業」は神奈川県や三浦市の都市マスタープランに無い事業であり、神奈川県や三浦市との「5つの土地利用計画」の合意を根拠とすることはできません（合意の違反）。地域に発生土処分場が必要であることは客観的あるいは具体的に示されておらず、事業者の都合のよい主張であります。環境保全対策については、上記仮定①ア．に同じです。

そして、そもそも「5つの土地利用計画」は実効性が乏しいことを付け加えます。それは、平成4年に最初の「5つの土地利用計画」ができたとされていますが（情報公開により文書は不存在）、その内容は「小網代の森の保全」ではなく「ゴルフ場建設」でした。それが叶わなかったので、平成7年、やむなく「保全」の方向となったのでしょう。また、京急は自ら5つの計画のひとつである「鉄道の延伸」について鉄道免許を返上するという形で無いものとしています。自ら「5つの土地利用計画」の一部を無くしておきながら、発生土処分場建設の根拠として「5つの土地利用計画」を掲げるのはおかしな話です。

3．環境保全区域の誤り

蟹田沢や小網代での保全対策はこの事業の環境保全対策とはなり得ないことは既に述べました。すなわち、蟹田沢は農地造成事業自然環境保全エリア（農地造成事業の一部）であり、小網代の森は小網代近郊緑地保全区域です。被告は再三にわたり小網代の森の保全を行っていることと、蟹田沢ビオトープの整備を環境保全対策として説明していますが、別事業の環境保全をもって本件事業の環境保全対策と論ずるのは無理であり、本件事業の環境保全対策は全くなされていないと言えます。

さらに、8月25日に説明のあったストックエリアも事業実施区域外であり、本件事業の環境保全区域としては不適切であります。被告は環境保全対策として、発生土処分場建設区域外に一時的な生物の避難または移植区域「ストックエリア」を作り、希少な生物の移植を行うとしています。発生土処分場建設の

実施区域は25haで、土地区画整理事業予定区域は50haです。ストックエリアは本件事業実施区域外かつ土地区画整理事業予定区域内ですから、区域の設定として先に述べたことと同様の矛盾があります。区域のことを無視できた場合、このストックエリアが環境保全策として有効かどうかという議論は後述します。

4．実施されなかった環境保全対策

そもそも代償（ミティゲーション）とは、「環境破壊事業の回避、低減、縮小を検討し、できない際にやむを得ず実施する手法」であります。代償の順序として、

①失う環境と同等の規模の代償地を選定し

②失う環境と同等の環境の質を確保し

③代償の事後評価を実施後に環境破壊事業を着手する

となりますが、本件事業ではこれが全く無視されています。保全生態学的観点のない無謀な事業計画であり、とうてい許されるものではありません。

次に、前述の1．と2．および3．にある問題点を無視できた場合、すなわち、発生土処分場建設事業計画の有効性を前提として、本件事業における環境影響評価（環境アセス）の視点から環境保全策の評価をします。

(1)代償地とされる蟹田沢ビオトープの評価

農地造成前の写真2をみれば、北川湿地を含む北川の水系と農地造成事業自然環境保全エリア「蟹田沢」は、生態系として異なっていることが推測できます。実際、北川湿地は22haを占めヨシ・ガマ・ミゾソバ・セリが優占する群落を有する湿潤な湿地で、北川は湿地内を緩やかに蛇行し、海風が直接湿地に影響しないという特徴があります。それに対して、蟹田沢は面積3haと狭小で、セイタカアワダチソウ・カサスゲ・ヨシが優占する乾燥気味の湿地です（写真3）。谷が海に向かって開き、海風が直接影響するため、チャイロカワモズクをはじめとする淡水への依存度が高い種には生息不可能であると推測されます。このように、規模と本来の生態系が全く異なるので、蟹田沢は北川湿地の代償地として不適です。

(2)ストックエリアの評価

ストックエリア（写真4）は北川水系ですので基本的には生態系として北川湿地と同質でした。しかし、事業者の環境管理能力の欠如により、湿地生態系に必須である水位維持機能を失っている状況で、ストックエリアの中に水没した箇所が多く見られたのは8月25日現地和解の際に確認されたと思います。たとえば、写真5は北川湿地に見られた本来のハンゲショウ群落であり茎頂は水没しません。ところが、写真6は8月25日のストックエリア内のハンゲシ

ョウ群落です。このように茎頂まで水没した状況では群落として定着するかどうか危惧されます。ハンゲショウの定着は、環境アセスの審査会によっても「注目すべき種」として指摘され、事業者自身も保全を謳っていたのですが、ハンゲショウひとつとっても環境保全策は失敗しています。

加えて、ストックエリアの有効性について議論します。ストックエリアは一時的な生物の避難場所であり、将来的には埋め立てられる可能性が高い場所です。ストックエリアの設定は、生物の移植・移動と定着確認の計画の中で実施されるべきものであり、湿地環境として適切に維持管理されないまま埋め立てられる可能性さえあります。ストックエリアを設定した場合、生物の移動または移植後の定着の確認を計画的に行い、定着確認後にもとの生息地である北川湿地を埋めるのであれば方法論として理解できます。定着の確認には少なくとも1年を要します。なぜなら、特定の季節にしか定着が確認できない生物、たとえば、カエル類、チャイロカワモズクなどが存在するからです。しかし、現在北川湿地はほぼ埋められました。これでは定着が見られなかった時既に生物は消滅しているわけで、環境保全策として完全に無効です。

(3)小網代の森への稀少植物の移植計画の虚偽

環境影響予測評価書では、エビネ、ナギラン、クロムヨウラン、マヤラン等稀少植物を小網代の森へ移植するとされています。ところが、7月16日の初声市民センターにおける「小網代の森の保全に関する説明会」では、神奈川県環境農政局水・緑部自然環境保全課担当者により小網代の森への移植は実施されていないことが明らかとなりました。小網代の森への移植計画は虚偽であったとしか考えられません。この時点で、北川湿地の斜面林は伐採が始まっており、今後の移植は不可能だからです。

(4)見解書における虚偽の記載

「意見書に対する見解書」p.7には、「受け入れに当たっては下流側から順次埋立を行っていくことになっており、工程計画としても着手後2年経過すると現況の谷戸部は埋立てられることになります」とされています。また、p.83には、「工事は北川の下流域から着工し、上流域の谷戸の環境は工程計画から見ても着手後2年程度は保全されることになり、実施区域に生息する動物が工事により移動する期間や繁殖期の確保が出来るよう可能な限り配慮いたします」ともされていますが、これが虚偽記載であることが8月25日に明らかとなりました。着手後1年で最上流部の谷戸底まで埋めていたからです。「上流域の谷戸の環境は着手後2年程度は保全」とされていましたが、実際は着手後6が月で埋没しており、また、「下流側から順次埋立を行っていく」とされていた部分は、実際は全面を平均的に埋立てられていました。これ以上のデタラメはありません。神奈川県環境影響評価条例に罰則規定がないとしても、こんな暴挙が許されることはあってはなりません。

(5) 環境保全対策が実施できない工期・工法

加えて、被告第1準備書面乙第6号証の「注目すべき植物種（または群落）・種（動物）への影響予測評価及び評価の検討手順」において、環境保全対策の効果が発揮されない場合でも「事後調査を検討」し、「評価」するだけとなっています。これでは具体性に全く欠けており環境保全対策が実行できるはずがありません。

おわりに

このように、本件事業では代償地は不適切であり、環境保全対策が実施されず、工期・工法の設定もあまりにもずさんです。仮に被告の言う代償地が代償地と認められるとしても、代償地の生物の定着を確認後に事業着手する手順を踏んでいないのでは、環境保全などできるわけがありません。ストックエリアについても前述の通りです。このままでは、YRP水辺公園や佐島の丘の環境保全対策のように明らかな失敗となるでしょう。

被告は環境影響評価手続きを順当に行っていることを事業の正当性の根拠としているようですが（被告第1準備書面）、審査会の指摘、すなわち、「実施区域は、『小網代の森』のように海に接していないものの、自然が残された谷戸地形で、斜面は主に二次林で覆われ、底部には小川(北川)が流れ、ハンゲショウやアズマヒキガエルなどの貴重な植物や動物が生育及び生息する豊かな生態系が形成されている。本件事業は、このような実施区域において発生土処分場を建設するものであり、樹木の伐採や谷戸の埋立てにより、この豊かな生態系の大部分を喪失することとなるため、実施区域のみならず『小網代の森』を含めた周辺地域の植物や動物の生育及び生息環境などに影響を及ぼすことが懸念される。このため、本件事業によるこれらの環境影響について適切に予測及び評価を行った上で、環境保全対策を確実に実施する必要がある」に対して、前述のように有効な環境保全対策が実行されていません。そもそも条例によるアセスは罰則規定がないばかりか、ザルのようにゆるいものであり、許認可権者の裁量の質さえ問題になっていません。許認可権者である神奈川県は、環境影響審査会の指摘が遵守されているかどうかを精査するしくみさえもっていないのです。正に、事業アセス、すなわち事業を実施するためのアセスと呼ばれるゆえんです。ましてやその事業アセスを是としたとしても、提出した環境影響評価書通りにさえ事業がなされていない事実は、事業者の環境保全対策が論外な状況であることの証明であります。

また、生物多様性基本法（平成二十年六月六日法律第五十八号）第三条の３には、次のように述べられています。

「生物の多様性の保全及び持続可能な利用は、生物の多様性が微妙な均衡を保つことによって成り立っており、科学的に解明されていない事象が多いこと及び一度損なわれた生物の多様性を再生することが困難であることにかんがみ、科学的知見の充実に努めつつ生物の多様性を保全する予防的な取組方法及び事業等の着手後においても生物の多様性の状況を監視し、その監視の結果に科学的な評価を加え、これを当該事業等に反映させる順応的な取組方法により対応することを旨として行われなければならない。」

本件事業は、前述４．の(1)～(4)の通り、生物の多様性を保全する予防的な取組方法がとられておらず、事業等の着手後においても生物の多様性の状況を監視できていません。また、前述４．の(5)の通り、その監視の結果に科学的な評価を加えこれを当該事業等に反映させる順応的な取組方法が示されていません。したがって、本件事業は明らかに生物多様性基本法に違反した事業といえます。

さらに、今年 2010 年は国際生物多様性年であり、我が国が議長国となる国際会議「第 10 回生物多様性条約締約国会議（CBD COP10）が名古屋で開催される記念すべき年でした。この記念すべき年に、首都圏に残された貴重な湿地が、必要性が定かでない残土処分場になろうとしていることは、歴史的汚点以外の何ものでもなく、後世に禍根を残すものです。豊かな生物多様性をもつ湿地の価値が軽視されるようなことが司法の場でも認められれば、我が国の司法の質さえ問われるでしょう。

被告は直ちに本件事業を中止し、企業の社会的責任において湿地環境を復元すべきと考えます。写真７はゲンジボタルの乱舞が見られた区域です。失われた生物多様性はすべて復元することはできませんが、可能な限り復元すべきだと考えます。

これで陳述を終わります。

4. 北川湿地の保全上重要な生物種リスト

神奈川県三浦市 北川湿地 保全上重要な生物種リスト 2009年5月11日版 三浦・三戸自然環境保全連絡会

	環境影響予測評価書案記載種（北川湿地生息種以外を除外）					
分類群	種名	環境省ランク	神奈川県ランク	種の保存法	自然環境基礎調査報告書	貴重種リスト
昆虫	ヤマサナエ		要注意種			
	オニヤンマ				特定種	
	コシボソヤンマ		要注意種			二級種
	サラサヤンマ		絶滅危惧IB類			一級種
	コノシメトンボ					二級種
	シオヤトンボ		要注意種			
	ナツアカネ		要注意種			
	クマゼミ				特定種	二級種
	トゲナナフシ				特定種	
	ケラ		要注意種			
	クチキコオロギ				特定種	
	アカスジキンカメムシ				特定種	
	ウシカメムシ				特定種	
	コミズムシ		情報不足			
	シマゲンゴロウ		絶滅危惧IB類			
	アオドウガネ					二級種
	ゲンジボタル				指標種	二級種
	ヘイケボタル		準絶滅危惧種			
	ハイイロカミキリモドキ					二級種
	トゲヒゲトビイロカミキリ		希少種			
	シロスジカミキリ		要注意種			
	オオスズメバチ				特定種	
	ウシアブ		情報不足			
	モンキアゲハ				特定種	
	オナガアゲハ				特定種	二級種
	アカシジミ					二級種
	ウラナミアカシジミ					二級種
	オオミドリシジミ					二級種
	ムラサキシジミ					二級種
	ヒオドシチョウ					二級種
	シンジュサン				特定種	
昆虫合計	31	0	12	0	11	13

左に加え、当会が新たに北川湿地で確認した種				備考
種名	環境省ランク	神奈川県ランク	貴重種リスト	
				水生種
				水生種
				水生種
				湿地性種
				水生種
				水生種
				水生種
				水生種
				水生種
				水生種、保護・増殖をしていない自然発生地
				水生種、保護・増殖をしていない自然発生地
				神奈川県2例目（1976年の天神島以来）
				三浦市では特に希少種
				三浦市では特に希少種
				三浦市では特に希少種
アサヒナカワトンボ		準絶滅危惧種		水生種、県RDBではオオカワトンボの名で掲載
ナカグロキバネクビナガゴミムシ		絶滅危惧II類	二級種	湿地性種
2	0	2	1	

	環境影響予測評価書案記載種（北川湿地生息種以外を除外）					
分類群	種名	環境省ランク	神奈川県ランク	種の保存法	自然環境基礎調査報告書	貴重種リスト
植物	カワヂシャ	準絶滅危惧種				
	マツバスゲ		絶滅危惧IB類			二級種
	エビネ	準絶滅危惧種	絶滅危惧II類			
	ナギラン	絶滅危惧II類	絶滅危惧IA類			一級種
	マヤラン	絶滅危惧II類				一級種
	クロムヨウラン		絶滅危惧II類			
	ツクシハギ					二級種
	ヌマダイコン					二級種
植物合計	8	4	4	0	0	5
哺乳類	イタチ		準絶滅危惧種			
	タヌキ				指標種	
哺乳類合計	2	0	1	0	1	0
鳥類	チュウサギ	準絶滅危惧種				二級種
	オオタカ	準絶滅危惧種	繁殖期絶滅危惧II類、非繁殖期希少種	国内希少野生動植物種		一級種
	ハイタカ	準絶滅危惧種	繁殖期情報不足、非繁殖期希少種			一級種
	ノスリ		繁殖期要注意種			一級種
	コチドリ		非繁殖期絶滅危惧II類			
	ヒバリ		繁殖期減少種			
	ツバメ		繁殖期減少種			
	キセキレイ		繁殖期減少種			
	モズ		繁殖期減少種			
	センダイムシクイ		繁殖期準絶滅危惧種			二級種
	セッカ		減少種			
	キビタキ		繁殖期減少種			一級種
	コサメビタキ		絶滅危惧I類			二級種
	アオジ		繁殖期絶滅危惧II類			
	カワラヒワ		繁殖期減少種			

左に加え、当会が新たに北川湿地で確認した種				備考
種名	環境省ランク	神奈川県ランク	貴重種リスト	
キンラン	絶滅危惧II類	絶滅危惧II類		
チャイロカワモズク	準絶滅危惧種			三浦半島唯一の生育地
タコノアシ	絶滅危惧II類			
ホシナシゴウソ			一級種	
オオイタビ			一級種	
5	3	1	2	
0	0	0	0	

	環境影響予測評価書案記載種 （北川湿地生息種以外を除外）					
分類群	種名	環境省 ランク	神奈川県 ランク	種の保存法	自然環境 基礎調査 報告書	貴重種 リスト
鳥類	シロハラ					二級種
	コゲラ					二級種
	エナガ					二級種
鳥類合計	18	3	14	1	0	10
両生 爬虫類	アズマヒキガエル		要注意種			
	ニホンアカガエル		絶滅危惧II類			
	シュレーゲルアオガエル		要注意種			二級種
	トカゲ		要注意種			二級種
	クサガメ					一級種
	シマヘビ		要注意種			
	マムシ		要注意種			二級種
	ジムグリ					二級種
両生爬虫類合計	8	0	6	0	0	5

左に加え、当会が新たに北川湿地で確認した種				備考
種名	環境省ランク	神奈川県ランク	貴重種リスト	
ヤマシギ		希少種		
ミサゴ	準絶滅危惧種	繁殖期絶滅危惧II類、非繁殖期準絶滅危惧種		
ハヤブサ		絶滅危惧I類		
フクロウ		繁殖期準絶滅危惧種	一級種	
ホトトギス			二級種	
カワセミ			二級種	
アオゲラ			一級種	
オオヨシキリ		繁殖期絶滅危惧II類		
キセキレイ		繁殖期減少種		
ルリビタキ		繁殖期絶滅危惧II類	二級種	
アカハラ		繁殖期減少種	二級種	
アオバズク		絶滅危惧II類		
オオルリ		繁殖期準絶滅危惧種	一級種	
クロジ		絶滅危惧I類		
ツミ		絶滅危惧II類		
トラツグミ		減少種		
16	1	13	7	
アオダイショウ		要注意種		
ヒバカリ		準絶滅危惧種	二級種	
ヤマカガシ		要注意種		
3	0	3	0	

	環境影響予測評価書案記載種 (北川湿地生息種以外を除外)					
分類群	種名	環境省ランク	神奈川県ランク	種の保存法	自然環境基礎調査報告書	貴重種リスト
汽水・淡水魚類	ウナギ	情報不足				
	メダカ(南日本集団)	絶滅危惧II類	絶滅危惧IA類			
	クロヨシノボリ		準絶滅危惧種			
魚類合計	3	2	2	0	0	0
ランク別合計	70	9	39	1	12	33
総計	**96種**					

調査者所属

植物　：三浦の自然を学ぶ会
鳥類　：三浦半島渡り鳥連絡会
両生爬虫類　：三浦半島自然保護の会
哺乳類　：三浦半島自然保護の会
魚類　：三浦メダカの会
昆虫　：三浦半島昆虫研究会

選定基準

環境省ランク　：絶滅の恐れがある動植物のリスト、2007年、環境省
神奈川県ランク　：神奈川県レッドデータブック2006、2006年、神奈川県
種の保存法　：絶滅の恐れのある野生動植物種の保存に関する法律、1992年、環境省
自然環境基礎調査報告書：1976年、1982年、環境庁
貴重種リスト　：地域環境評価書・三浦半島南部地域貴重種リスト、1990年、神奈川県

北川湿地における保全上重要な生物種は、合計96種、保全上重要な植物群落は7群落であった。群落および、昆虫の詳細は別表参照。
種類と種名は本表公表時のもの。

左に加え、当会が新たに北川湿地で確認した種				備考
種名	環境省ランク	神奈川県ランク	貴重種リスト	
				東日本型B-I地域亜群。三浦半島唯一の生息地
0	0	0	0	
26	4	19	10	

5. 北川湿地年表

平成	年	月	日	できごと
昭60	1985			三浦市が鉄道延伸とゴルフ場計画を含む「５つの土地利用計画」策定
2	1990			神奈川県地域環境評価書において北川流域を「小網代とも連担して谷戸を保全すべき」
4	1992			神奈川県知事の土地利用計画への表明によりゴルフ場計画が中止
4	1992			農地法改正により市街化区域内の生産緑地を除く農地の増税
11	1999	10	16	神奈川新聞「三浦の三戸小網代地区 開発が本格始動 地主が土地改良区設立 農地造成スタートへ」
12	2000	8	20	神奈川新聞「三浦メダカ後世に 市民ら『育てる』会を結成 行政の支援で繁殖 小学生の教材に提供も」農地造成で埋められる北川のメダカの記事
16	2004			三戸地区でオオセッカの越冬がはじめて確認される
16	2004			三浦の自然を学ぶ会によるミニ尾瀬観察会
17	2005	9	22	小網代の森が「小網代近郊緑地保全区域」に指定される（国土交通省）
17	2005			京急の鉄道延伸計画の廃止
17	2005			京急による発生土処分場計画
18	2006	3		「神奈川県の希少淡水魚生息状況－III（平成11～16年度）」（勝呂尚之・蓑宮 敦・中川 研、神奈川県水産技術センター研究報告第１号）により造成以前の北川産魚類が報告される
18	2006	7	15	「神奈川県レッドデータ生物調査報告書2006」が発行され、北川が県内2ヵ所目となる在来メダカの残存地であることが指摘される
18	2006	9	25	三浦市議会経済対策特別委員会にて京急地域開発本部部長が「宅地化は大変厳しい」と明言
18	2006	10	6	京急から知事に環境影響予測評価実施計画書を提出（アセスの開始）
18	2006	11	7	実施計画意見書の提出期間（12月21日まで、意見書提出なし）
19	2007	12	15	「初声町三戸地区の谷戸の重要性」（瀬能 宏，自然科学のとびら，13巻4号）により北川の保全上の重要性が指摘される
20	2008	5	13	三浦市三戸地区発生土処分場建設事業環境影響評価書（案）が提出される
20	2008	6	3	知事から県環境影響評価審査会に諮問
20	2008	6	3	意見書の提出期間（7月17日まで、提出意見書50通）
20	2008	7	11	京急から地元市民団体（三浦の自然を学ぶ会など）への非公式説明と意見交換
20	2008	10	10	環境影響予測評価書案の意見書に対する見解書が出される
20	2008	10	15	「カワモズク（絶滅危惧種）を発見」（大森雄治，学ぶ会だよりNo.296）三浦の自然を学ぶ会会報に寄稿 注：「カワモズクまたはその近縁種」と記載
20	2008	11	8	三浦・三戸自然環境保全連絡会発足
20	2008	11	18	連絡会より北川流域の保全要望書を神奈川県に提出（後日県議会に陳情書も提出）
20	2008	11	30	公聴会（潮風アリーナ、公述人８人）
20	2008	12	4	神奈川新聞「景観保全など意見続出 発生土処分場建設事業 県、三浦で公聴会」
20	2008	12	10	油壺マリンパークから「三浦自然館」設置についての協議依頼がある
20	2008	12	12	三浦市議会への陳情が継続審議
20	2008	12	15	神奈川県議会への陳情が継続審議
20	2008	12	18	連絡会より横浜弁護士会公害環境委員会へ相談
20	2008	12		「三浦市初声町三戸・北川源流域の昆虫の記録」（鈴木 裕，かまくらちょうNo.72）

平成	年	月	日	できごと
21	2009	1	10	横浜弁護士会公害環境委員会有志による現地視察
21	2009	1	18	横浜弁護士会公害環境委員会定例会における北川湿地の報告（天白牧夫）
21	2009	2	1	連絡会ホームページの立ち上げ
21	2009	2	2	弁護団の結成（弁護団長：岩橋宣之、事務局長：小倉孝之）
21	2009	2	9	「北川問題に関与しないように」とのメールが某MLに流れる
21	2009	2	21	第1回公開シンポジウム「首都圏の奇跡の谷戸 三浦市三戸『北川』の湿地を残したい！」（三浦・三戸自然環境保全連絡会主催、横浜弁護士会館）
21	2009	2	22	赤旗「希少な生物の宝庫 北川湿地残したい 横浜でシンポ」
21	2009	2	26	京急は小網代の森内の社有地1.6 haを神奈川県に寄付し、知事から感謝状（県記者発表資料）
21	2009	3	2	神奈川昆虫談話会2009年度第2回例会（パシフィコ横浜）での講演「神奈川県最大・最良の湿地が埋め立ての危機！」（高桑正敏・苅部治紀・瀬能 宏）
21	2009	3	5	日刊三崎港報「初声町三戸「北川の湿地を後世まで残そう」主旨に 20日公開シンポジウム 総合体育館で 「県下最大規模で貴重な動植物多く生息」
21	2009	3	6	神奈川新聞・自由の声「北川の湿地開発見直しを」（中垣善彦）
21	2009	3	7	朝日新聞（湘南）「三浦の『豊かな自然、公園で保全』『北川の湿地帯』学生らが調停申し立てへ 京急が埋め立て計画」
21	2009	3	7	朝日新聞（横浜）「三浦の『北川の湿地帯』京急が埋め立て計画『自然の宝箱、保全を』学生ら調停申し立てへ」
21	2009	3	7	読売新聞「三浦の湿地保全求め学生４人調停申請へ」
21	2009	3	7	読売新聞（横須賀）「三浦の湿地保全調停申請 学生ら9日に 京急が処分場計画」
21	2009	3	7	神奈川新聞「三浦の発生土処分場建設 民事調停申し立てへ 大学生ら４人『希少種が生息』」
21	2009	3	7	神奈川新聞「発生土処分場建設 湿地保全求め調停申し立て 三浦の大学生ら」
21	2009	3	8	神奈川新聞・自由の声「京急は北川の湿地保全を」（芦澤一郎）
21	2009	3	9	本件に関して民事調停申し立て（相手方：京急・三浦市・神奈川県・環境省）
21	2009	3	10	東京新聞「三浦の湿地帯『貴重な北川守って』大学院生ら保全求め申し立て」
21	2009	3	10	読売新聞「残土処分場予定の湿地保全 大学生ら４人調停申請」
21	2009	3	10	毎日新聞「京急・三浦の湿地埋め立て 見直し調停申し立て 研究学生ら」
21	2009	3	10	朝日新聞「『北川の湿地帯』京急処分場計画 調停を申し立て 学生ら『希少生物残して』」
21	2009	3	10	神奈川新聞「発生土処分場建設 湿地保全求め調停申し立て 三浦の大学生ら」
21	2009	3	19	日刊三崎港報「問題点多い評価書案 小林議員 京急残土処分場計画の不備指摘」３月定例市議会一般質問での小林直樹議員の記事
21	2009	3	20	第2回公開シンポジウム「首都圏の奇跡の谷戸 三浦市三戸『北川』の湿地を残したい！」（三浦・三戸自然環境保全連絡会主催、三浦市潮風アリーナ）
21	2009	3	21	毎日新聞「湿地生態系テーマにシンポ 三浦・京急残土処分場建設めぐり 絶滅危惧種のメダカ、昆虫など紹介」
21	2009	3	25	公図の確認の結果、北川流域の湿地がほぼすべて京急により2008年夏頃までに買収が完了していたことが判明
21	2009	4	3	環境影響評価審査会による審査書が提出される「保全対策は不十分」
21	2009	4	4	朝日新聞「三浦の湿地 残土処分場の環境影響予測 県、不十分と指摘 京急に評価審査書」
21	2009	4	4	神奈川新聞「三浦・発生土処分場建設 保全対策に課題『計画再検討を』京急に県の環境アセス」
21	2009	4	6	赤旗「"首都圏の奇跡の湿地"保全運動まとめ役は大学院生」ひと欄に天白牧夫が紹介される
21	2009	4	6	三浦市役所へ北川湿地保全の要望書（芦澤一郎ほか４名）

平成	年	月	日	できごと
21	2009	4	6	日刊三崎港報「6日三浦・三戸自然環境保全連絡会 北川湿地の保全求め三浦市に要望書」
21	2009	4	18	アースデイ出展(代々木公園)「首都圏の奇跡の谷戸 三浦市三戸『北川』の湿地を残すには」(橋本慎太郎、天白牧夫)
21	2009	4	23	民事調停第1回期日(相手方はすべて出頭)
21	2009	4	24	毎日新聞(神奈川)「奇跡の谷に危機迫る 県内最大三浦の北川湿地 ニホンアカガエル、エビネ…希少種の宝庫 処分場計画で生態系破壊も」ほぼ1ページを割き写真を多数掲載した大きな記事が出る
21	2009	4	26	横須賀市自然・人文博物館での講演「メダカからみた北川湿地の重要性」(瀬能 宏)
21	2009	4	28	市道472号線が封鎖「立ち入り禁止(地権者)」の看板
21	2009	4	28	京急より弁護団宛に立ち入り禁止申入書が届く
21	2009	5	26	日刊三崎港報「三浦商工会議所 初声・三戸発生土処分場建設推進意見書採択 希少動物等の保護にも言及 95年"4者合意"の土地区画整理の準備工事」
21	2009	5	26	日刊三崎港報「環境保護団体は公開シンポ 30日南下浦市民センターで」
21	2009	5	27	神奈川新聞「発生土処分場建設で商工会議所が市長に推進意見書提出」(原文では「商議所」)
21	2009	5	27	三浦市商工会議所が三浦市長に処分場建設事業の推進意見書を提出
21	2009	5	29	京急が環境影響評価書を県に提出
21	2009	5	29	タウンニュース(三浦)「市民公開シンポジウム 北川の湿地を残したい」5月30日(土)南下浦市民センターで午後5時
21	2009	5	29	神奈川新聞「三戸の湿地を残せ 発生土処分場建設でシンポ あす三浦」
21	2009	5	30	第3回公開シンポジウム「首都圏の奇跡の谷戸 三浦市三戸『北川』の湿地を残したい!」(三浦・三戸自然環境保全連絡会主催、三浦市南下浦市民センター)
21	2009	6	2	日刊三崎港報「『理想的開発めざし湿地を守り続けた』地権者が悲痛な訴え」北川湿地保全シンポ 環境保全連絡会 会場交えてホットな議論展開 150人参加
21	2009	6	4	審査会からの指摘をほぼ無視した形の環境影響評価書を提出
21	2009	6	5	赤旗「北川の湿地残したい 神奈川・三浦で公開シンポ エコパークの夢を提案」
21	2009	6	5	朝日新聞(湘南)「貴重種の保全策 京急が県に提示 三浦の残土処分場事業」
21	2009	6	11	民事調停第2回期日(相手方はすべて出頭)
21	2009	6	12	朝日新聞(湘南)「県内最大級『北川の湿地帯』の残土処分場計画『計画は見直さず』民事調停で京急側『ヘイケボタル乱舞/保護団体『変更できる立場にない』/三浦市・県・国」
21	2009	6	12	神奈川新聞「三浦・発生土処分場建設 民事調停平行線に」
21	2009	6	13	日刊三崎港報「三戸・発生残土処分場建設事業 環境影響評価審査1」
21	2009	6	15	日刊三崎港報「三戸・発生残土処分場建設事業 環境影響評価審査2」
21	2009	6	20	「三浦市三戸北川湿地の保全 中学校理科第二分野と高等学校生物IIの授業における身近な環境問題の教材化」(横山一郎、神奈川県生物教育研究会研究発表会)
21	2009	7	2	市に対し道路法24条に基づく市道472号線の道路自費施工承認申請を行う
21	2009	7	7	県議会への陳情が否決される
21	2009	7	8	県土砂条例により埋め立てが許可される
21	2009	7	10	市道472号線の道路自費施工について京急の申請を承認し、連絡会の申請を不承認
21	2009	7	12	第4回公開シンポジウム「首都圏の奇跡の谷戸 三浦市三戸『北川』の湿地を残したい!」(三浦・三戸自然環境保全連絡会主催、三崎フィッシャリーナうらり)
21	2009	7	14	日刊三崎港報「市議会一般質問 京急・発生土処分場建設事業に期待感 吉田市長 蟹田沢ビオトープ構想に注目 草間議員 定住人口確保のために必要不可欠と強調」

平成	年	月	日	できごと
21	2009	7	14	日刊三崎港報「京急に公開質問状 三戸保全連絡会」
21	2009	7	17	参議院議員ツルネン・マルテイ議員会館内事務所を訪ねる
21	2009	7	17	AERA「三浦半島に残る自然 窮地に立つ奇跡の湿地」2009.7.27号 北川湿地問題がはじめて全国規模のメディアに取り上げられる
21	2009	7	23	民事調停第3回期日（相手方はすべて出頭）事業変更の余地がないとして調停は不調
21	2009	7	24	朝日新聞（湘南）「湿地保全、調停不調に 三浦 京急、事業見直し拒否」
21	2009	7	25	神奈川新聞「残土処分場計画 民事調停不調に 三浦・三戸地区」
21	2009	7	29	参議院議員ツルネン・マルテイが連絡会横山一郎とともに神奈川県庁を訪ね松沢茂文県知事と会談を要求するが環境農政部が対応
21	2009	8	3	日本湿地ネットワーク（代表：辻敦夫・事務局長：伊藤昌尚）が連絡会中垣善彦とともに京急本社を訪ね担当課長と会談・要望書を渡す
21	2009	8	9	「市民の協働による地域の環境保全と学校における環境教育 －三浦市三戸北川湿地の事例－」（横山一郎、第48回科学教育研究会小田原大会）
21	2009	8	9	ラムサールネットワーク日本例会にて北川湿地問題を報告
21	2009	8	12	ツルネン・マルテイ参議院議員と北川湿地・小網代の森を訪ねる
21	2009	8	26	京急による住民説明会（第2回）京急地域事業所事務所
21	2009	8	28	市道473号線の道路自費施工について京急の承認と、連絡会の不承認について異議申し立て
21	2009	8	30	「三浦半島『北川湿地』が危ない！－京浜急行電鉄が残土処分と宅地開発－」自然通信ちば No.111
21	2009	9	1	「生物多様性の基本単位である地域個体群の保全を企業に求む！」（瀬能 宏，自然保護 No.511，日本自然保護協会）
21	2009	9	4	県に対し土砂条例許可処分不服審査請求を申し立て
21	2009	9	7	赤旗「湿地埋め立ての危機 多様な生き物の楽園 若者が声あげる"時代に逆行"」
21	2009	9	15	市は市道472号線の道路自費施工についての異議申し立てについて審査基準に触れることなく異議を棄却および却下
21	2009	9	16	日刊三崎港報「北川湿地保全陳情を賛成少数で不了承 土地基盤整備を後押し 三戸自然環境保全連絡会に"門前払い"」
21	2009	9	25	「奇跡の自然をなぜつぶす」（横山一郎）日本湿地ネットワーク・JAWAN通信No.94号
21	2009	9	27	公開緊急シンポジウム「生物多様性と企業の社会的責任～北川湿地問題を例として～」（三浦・三戸自然環境保全連絡会主催、横浜開港記念会館）
21	2009	10	1	雑誌 子どもと教育「湿地をめぐる環境と教育 第一話ホタル観察会のこと」（横山一郎）2009年10月号に連載開始
21	2009	10	1	「三浦・北川の谷戸を残そう」（天白牧夫、岩橋宣隆）かながわグリーンネット43、神奈川の自然と環境を守る連絡会
21	2009	10	8	日経エコロジー 第1特集 本気で向き合う生物多様性「里山開発 高まるCSRの圧力」に北川湿地問題が取り上げられる 2009年11月号
21	2009	10	13	「首都圏の奇跡の谷戸 三浦・北川湿地を残そう」（岩橋宣隆，住民と自治，2009年11月号）
21	2009	10	14	県に対し市道472号線の道路自費施工についての異議申し立てについて、異議を棄却および却下したことについて不服審査請求の申し立て
21	2009	10	23	土砂条例許可処分不服審査請求は不服申し立てをする法律上の利益がないという理由で審査請求が不適法として却下される
21	2009	10	31	「三浦市三戸におけるオオセッカの越冬生態」（宮脇佳郎，BINOS Vol.16）

平成	年	月	日	できごと
21	2009	11	1	雑誌 子どもと教育「湿地をめぐる環境と教育 第二話湿地に入った大学生」(横山一郎)2009年11月号
21	2009	11	1	環境ビジネス「大特集 生物多様性超入門 企業に迫るリスク 北川湿地開発に揺れる神奈川・三浦 本年10月、工事着工へ」2009年11月号
21	2009	11	13	近隣住民5家族10名が県公害審査会へ公害調停の申し立て
21	2009	11	14	朝日新聞「事業見直し求め住民が調停申請 三浦の湿地に残土処分場」
21	2009	11	16	進学情報誌さぴあ「子育てインタビュー 本物に触れ、自分の目で観察し、自然環境保全の大切さを考えよう」横山一郎へのインタビュー記事、2009年12月号
21	2009	11	25	「首都圏の奇跡の谷戸 窮地に立つ三浦・北川湿地を残そう」(岩橋宣隆, 環境と正義, 2009年12月)
21	2009	11	29	第9回野生動植物保全フォーラムにて報告「三浦三戸・北川湿地から」(横山一郎)
21	2009	12	1	雑誌 子どもと教育「湿地をめぐる環境と教育 第三話遠くの小さな命」(横山一郎)2009年12月号雑誌休刊により連載休止
21	2009	12	27	北川湿地の残土処分事業による生活被害を考える会(住民有志主催) 三浦市引橋会館
21	2009	12	28	エコパーク構想策定会議
22	2010	1	24	エコパーク構想冊子の完成(連絡会)
22	2010	1	25	住民による公害調停が不調(県公害審査会)
22	2010	1	26	朝日新聞「三浦・北川湿地の処分場計画 公害調停不調に 住民側提訴も視野」
22	2010	1	26	毎日新聞「三浦の湿地埋め立てで『環境被害』京急応じず調停不調」
22	2010	1	26	神奈川新聞「三浦・発生土処分場建設 県審査会調停が不調 住民、工事差し止め訴訟へ」
22	2010	2	28	京急による工事説明会(引橋区からの要望による) 引橋会館
22	2010	3	6	神奈川新聞「『湿地』を裁判原告に加えて提訴へ、処分場整備工事の差し止めを求める」
22	2010	3	6	神奈川新聞「処分場工事差し止め訴訟へ 原告は『北川湿地』小網代の森隣接地 生態系保護訴え」
22	2010	3	19	三浦市三戸地区発生土処分場建設事業差し止めを提訴(横浜地方裁判所)
22	2010	3	26	スウェーデン環境教育と北川湿地環境保全を考える会 衆議院第1議員会館第2会議室
22	2010	3	27	持続可能なスウェーデン協会一行(日本代表レーナ・リンダル)が北川湿地周辺を視察 同日キャンドルナイト
22	2010	3	28	第3回日韓NGO湿地フォーラム 北川湿地問題を口頭発表 共同声明の中に事業見直しの要請が採択される
22	2010	3	30	県は市道472号線の道路自費施工について不服審査請求について棄却および却下
22	2010	4	2	スウェーデン自然学校の訪日団が小沢環境大臣を訪問 北川湿地について問う
22	2010	4	11	横粂勝仁衆議院議員が北川湿地の視察
22	2010	4	15	逗子のカフェCOYAにて北川湿地お話会(横山一郎)
22	2010	4	17	連絡会がアースデイ出展(代々木公園)アウトドアトークステージ「北川湿地を未来に残そう」
22	2010	4	18	朝日新聞「工事進む三浦・北川湿地 駅近く光る水辺 ホタルの谷へ搬入路 構想40年譲れぬ京急、市も同調
22	2010	4	20	週間ＳＰＡ！「大バカ開発破壊計画を告発！ 北川湿地(神奈川県)"奇跡的"に残された神奈川県最大の湿地が残土処分で埋められる！」4月27日号
22	2010	4	21	北川湿地を残したいー社長にお願いのハガキを書こう！プロジェクト(北川湿地も守りたいひとびとの輪主催)開始

平成	年	月	日	できごと
22	2010	4	27	北川湿地フォトギャラリー（和風レストラン小網代の森）
22	2010	4	29	署名総数１万人を超える（紙媒体：8561名・署名ＴＶ（国内オンライン署名サイト）：878名・CARE2（海外オンライン署名サイト）：764名 総計：10203名）
22	2010	4	29	鎌倉ソンベカフェで北川湿地説明会（横山一郎）
22	2010	5	1	イベント「北川湿地の周りを歩こう！」（連絡会主催）が開催 5月5日まで
22	2010	5	1	三浦市により市道472号線が封鎖される
22	2010	5	5	事業者により市道472号線の工事区域以外の部分が違法封鎖される
22	2010	5	5	イベント「2000人で手つなぎ＊北川湿地の生き物たちのために」（北川湿地を守りたいひとびとの輪主催）が実施され約300人が参加
22	2010	5	12	葉山町森戸海岸レインボーカフェでワークショップ（トランジション葉山主催）（横山一郎）
22	2010	5	14	北川湿地への土砂搬入が本格化
22	2010	5	14	三浦市による市道472号線の違法封鎖が途中まで解除される
22	2010	5	18	三浦市三戸地区発生土処分場建設事業差し止め訴訟第１回口頭弁論期日 横浜地方裁判所502号法廷
22	2010	5	21	三浦市の土木課長から、「市道472号線の封鎖を解除するよう京急に連絡した」との電話あったが解除されず
22	2010	5	28	ホタルを観るために谷戸底に下りた三浦市在住の若者から谷戸底が既に埋め立てられている事実が伝わる
22	2010	5	29	逗子のカフェCOYAにて行われた上関問題についてのワークショップの場で北川湿地問題の緊急会議がもたれる
22	2010	5	30	「鎌人いち場」に連絡会がブース出展・野外ライブ（鎌倉市由比ガ浜）
22	2010	6	3	マイニュースジャパン（web）「京急電鉄が蛍が舞う神奈川最大の湿地を残土処分場に 住民反対」朝倉 創
22	2010	6	9	神奈川県による小網代の森保全に関する用地買収が完了
22	2010	6	12	神奈川新聞・自由の声「北川湿地の宅地化中止を」（上田義男）
22	2010	6	25	三浦市による市道472号線の違法封鎖が途中まで解除される 湿地に入る部分は封鎖されたまま
22	2010	6	29	京急は株主総会にて北川湿地問題の質問に対して「宅地にする」と回答
22	2010	7	1	横浜地方裁判所に北川湿地の自然環境や生態系の状況を証明すべき事実として証拠保全の申し立てをするが採用されず
22	2010	7	1	月刊誌Actio「ちいさないのちの大きな輪⑦京浜急行に乗りたくなくなっちゃった－三浦半島北川湿地に残土をぶちこむ？？－」（坂田昌子）2010年7月号
22	2010	7	1	神奈川新聞「かながわ環境新時代第４部自然再生４ 両立 緑地保全揺れる責任」
22	2010	7	3	「北川湿地を未来に残そう」のブース出展（鎌倉パタゴニア店前）署名120名
22	2010	7	6	京急本社にて10870名分の署名を提出 広報課課長補佐は社長に渡すと明言
22	2010	7	6	三浦市三戸地区発生土処分場建設事業差し止め訴訟第２回口頭弁論期日 横浜地方裁判所502号法廷
22	2010	7	9	三浦市副市長の決裁で市道472号線の通行止め解除が不支持
22	2010	7	12	北川最上流部の工事が着工される
22	2010	7	16	小網代の森の保全に関する説明会（神奈川県環境農政局水・緑部自然環境保全課・三浦市環境部環境課主催）

平成	年	月	日	できごと
22	2010	7	20	「いのちのつながりギャザリング〜命のキーワード"生物多様性"をちゃんと知ろう〜」(世田谷区三軒茶屋 ふろむあーすカフェ・オハナ)にて講演(横山一郎)
22	2010	7	22	横浜地方裁判所に北川湿地の残された部分について事業差し止めの仮処分命令を申し立て
22	2010	8	8	日経エコロジー「生物多様性 三浦半島で『自然の権利』訴訟 北川湿地の工事差し止め求める」2010年9月号
22	2010	8	12	三浦市三戸地区発生土処分場建設事業差し止め訴訟第3回口頭弁論期日 横浜地方裁判所502号法廷
22	2010	8	18	神奈川新聞「三浦の京急・処分場整備 工事差し止め仮処分を請求 湿地消失と住民側」
22	2010	8	25	三浦市三戸地区発生土処分場建設事業差し止め訴訟第4回期日進行協議(裁判官現地視察)
22	2010	9	1	雑誌 生活と自治「時のかたち 第3回 北川湿地」9月号No.497
22	2010	9	1	商工情報みうら「三戸地区発生土処分場建設事業の概要について」2010年9月
22	2010	9	30	三浦市三戸地区発生土処分場建設事業差し止め訴訟第5回口頭弁論期日 横浜地方裁判所502号法廷
22	2010	10	15	横浜地方裁判所に北川湿地の残された部分について事業差し止めの仮処分命令を取り下げ(埋め立てられた事実が判明したため)
22	2010	10	17	パタゴニア鎌倉ストア「グラスルーツテーブル」に出展、北川湿地の広報と署名活動
22	2010	11	4	三浦市三戸地区発生土処分場建設事業差し止め訴訟第6回口頭弁論期日 横浜地方裁判所502号法廷
22	2010	11	14	パタゴニア鎌倉ストア ボイス・ユア・チョイスで連絡会の活動が1位を獲得
22	2010	12	14	三浦市三戸地区発生土処分場建設事業差し止め訴訟証人尋問 横浜地方裁判所502号法廷 原告側3名、被告側2名についてそれぞれ主尋問と反対尋問
23	2011	2	6	東京新聞「結論待たず進む開発 三浦・『北川湿地』保全問題 来月31日一審判決 湿地は既に消失」
23	2011	3	23	神奈川県知事宛に署名提出
23	2011	3	31	三浦市三戸地区発生土処分場建設事業差し止め訴訟 判決 原告の請求を棄却「原告北川湿地」は却下
23	2011	4	1	朝日新聞「三浦市の北川湿地訴訟判決『京急の保全策、疑問』原告の訴えは棄却 提訴後も土砂搬入 判決前に湿地消失」
23	2011	4	1	神奈川新聞「『北川湿地』事業差し止め訴訟 住民側の請求棄却 地裁 保全不十分も進む工事」
23	2011	4	1	東京新聞「北川湿地工事 差し止め請求を棄却 地裁 環境配慮は不十分と指摘」
23	2011	4	1	毎日新聞「北川湿地埋め立て訴訟で地裁 差し止め請求棄却」
23	2011	4	1	読売新聞「北川湿地訴訟 住民側請求棄却」
23	2011	5	14	「環境訴訟の現場から」(花澤俊之)上智大学法科大学院環境法政策プログラム第8回環境法セミナーにおける北川湿地訴訟事件の報告
23	2011	6	11	「三浦市北川湿地自然の権利訴訟」(小倉孝之、横山一郎)人間環境問題研究会6月定例研究会における報告
23	2011	6	30	「環境行政訴訟の課題と可能性 横浜地判平成23年3月31日判決」(越智敏裕)産業と環境。2011年6月号 北川湿地訴訟事件についての論考
23	2011	8	11	判例時報2115(8/11号)に三浦市三戸地区発生土処分場建設事業差し止め訴訟が取り上げられる
23	2011	9	30	「最近の不動産関係判例の動き 横浜地判平成23年3月31日判決」(大杉麻美)日本不動産学会誌(日本不動産学会編)第25巻第3号 北川湿地訴訟事件についての論考

平成	年	月	日	できごと
23	2011	10	18	小網代の森のうち65haが三浦市都市計画の変更で市街化区域から市街化調整区域へ逆線引き・近郊緑地特別保全地区の指定(三浦市)
23	2011	11	25	「北川湿地事件報告～身近な自然を守ることの難しさ～」(小倉孝之)環境と正義(日本環境法律家連盟編)143号
24	2012	3	20	「貴重な生き物たちの宝庫 北川湿地が残土処分場に」(横山一郎，かながわの自然No.66)
24	2012	3	30	「北川湿地事件報告－身近な自然を守ることの難しさー」(小倉孝之，専門実務研究第6号，横浜弁護士会)
24	2012	3	30	「北川湿地の当事者能力および周辺住民らの差止請求が否定された事例」(久末弥生)『TKCローライブラリー速報判例解説』環境法No.28
24	2012	5	7	京急による住民説明会(引橋会館)
24	2012	6	5	横須賀「水と環境」研究会が蟹田沢の水質調査を行う(CODが7 mg/L)
24	2012	9	30	「北川湿地の当事者能力および周辺住民らの差止請求が否定された事例」(久末弥生)『新・判例解説Watch』10月号 環境法No.1
24	2012	10	31	「神奈川県におけるオオセッカの初標識記録と越冬個体数」(小田谷嘉弥，田仲謙介，清水武彦，宮脇佳郎，BINOS Vol.19)北川湿地に隣接する神田川流域の研究論文
25	2013	2	17	第9回チョウ類の保全を考える集い(品川区立総合区民会館)での講演「三浦市北川の開発問題～失われた神奈川県最大の谷戸湿地～」(高桑正敏)
25	2013	10	30	「自然の権利等侵害による建設工事差止請求事件」(奥田進一)『環境法研究』(人間環境問題研究会編)第38号
25	2013	11	6	京急による住民説明会(引橋会館)
26	2014	3	18	「自然の権利～北川湿地訴訟事件を例として～」奥田進一、三浦学苑での出張講義
27	2015	11	25	「失われた北川湿地」が発行される

あとがき

北川湿地を守りたいという運動が、これ以上どうにもできない状況となってから4年余りが過ぎ去った。私たちは、市民のために、環境保全のために、何を残せたのだろうか。

連絡会のメンバーの中には未来に希望を失った者もいて、ごく一部は音信不通になった。あれだけ守りたいと熱望した北川湿地の消失を受けて、せめて記憶を記録として残したいと思う気持ちではじめた本書の執筆・編集作業さえも、かなりの活性化エネルギーがないと前へ進まない状況となった。私もそうだったと振り返る。これまで活動に参画して支えてくださった皆さんや、この本の出版をお待ち頂いていた皆さんにお詫びしたい。

ここからはまったくの私見だが、私の思いを述べさせて頂き、あとがきに代えたい。

学校で勉強して、できればよい高校や大学へ入学して、できるだけよい会社に入社したいという気持ちは、おそらく多くの日本人の中に普通にあるであろう。人は社会で生きていくために、多くは就職活動を行う。大学を出て企業へ就職するとき、収入や社会的なステータスを重視するのはごく普通の流れである。この収入や社会的ステータスは、否定できない価値観であり、学校の勉強を努力したことの引き換えに得られるご褒美として捉えることに無理はないだろう。安定性や将来の可能性が企業選びの指針のひとつとなり、就職後は企業で収益を上げ資産を増やし、安定や発展を求め、敵の排除を求める。そして企業の収益は社員に多かれ少なかれ分配される。つまり、安定や発展により多くの資産、すなわち、金銭に置き換えることのできる価値を求めることに社会のベクトルが向いているのが現状であり、社会の価値観や教育の目的もその方向に向いていたといわざるを得ない。人々に対する社会の作用、すなわち、教育を含めたいろいろな社会活動のゴールが、このような金銭的資産形成を前提としているならば、企業の資産は重要であり、たとえ森林や湿地であったとしても企業の所有権は優先して保護されてしかるべきとなる。

また、国に仕える官僚や自治体の公務員の中で、「安定は不要だ」と考える者は少ないだろうし、大学の最高峰といわれる東京大学へ入って官僚になる人々は、社会的地位や収入を気にしない人は少ないだろう。

ところで、戦後から高度経済成長期を経てバブル崩壊まで、こうして綿々と流れてきた現在までの社会は、これからの地球の持続可能性を保証できる状況を作り出せているだろうか。これは、全くできていないと考えられる。経済社会の発展と安定を優先する政治・行政や、企業の成果主義、経済成長と開発行為をイコールと捉える経済活動が、当たり前のように社会を支配してきた。そして、この社会を形成してきたのが官僚と大企業だとすれば、その中の安定的な経済成長や資産形成を是とする価値観に沿って働くことは模範的人生の姿であり、教育および社会における個人の目標に他ならなかったと感じざるを得ない。この結果が、現在の地球の姿となったのである。

持続可能性の重要さが改めて説かれる現在、社会の価値観と教育は、本来ならば持続可能な地球環境や地域環境が保たれることを前提とした範囲の中で「発展」を考えなくてはならなかったのではないだろうか。今、私たちの社会は、「発展とは本来そのような発展だった」と気づいたのだろうか。そして、現在のような持続不可能な社会の中で、これまでの価値観は持続していくのだろうか。

法律や条例は、本来公正で、いろいろな立場や価値観に対して平等であるべきではなかったのか。開発と保全が互いに譲れない価値観として対峙したとき、法律や条例さえもが開発に偏ったベクトルを修正することができないのでは、何のための公正か。私たちは、持続可能な環境の利用（ワイズユース）を提案し、開発に偏ったベクトルに修正を求めた。私たちの活動がベクトルであったならば、相手とするベクトルの座標上でベクトルを修正しなければならない。しかし、私たちの環境保全運動は同じ座標上で戦ったのだろうか。

話を転じて、北川湿地の消失後、国内で解決を見ていない環境の問題について触れてみたい。沖縄の辺野古では「基地はいらない」という地元の強い意志と、国の強引な推進がある。諫早では、潮受け堤防を開門にしても開門しなくても国は責任を問われ賠償が生じるようだ。どこまでもねじれて、一向に解決に向けた動きが感じられない。八ッ場ダムでは政権が元に戻ったことにより180°方向が変わり、一気に開発が加速している。自然環境に対する問題なのに、政治が違うだけでこんなにも方向が変わってよいものだろうか。千葉県印西市の「奇跡の原っぱ」は、北川湿地の構図と似ていて、不毛な造成が始まっているようだ。神奈川県内では、渋沢丘陵において、県の環境影響評価書にA1ランクとされた自然が、同じ県の許認可により開発が進められようとしている（北川湿地は小網代の森とともにA2ランクに位置づけられていた）。どうしてこのようなことがくり返し続くのか。私たちは、立場や価値観の違いを超えて、よく考えなければならない。

これから私たちは何をしなければならないのか。社会の価値観が、地球や社会の持続可能性のための正しい価値観となる必要がある。社会の次世代を育てる教育の目的がこれをきちんと認識し、また、正しい価値観を多くの市民で共有し、世論を作り、社会に反映させることができるようにならなければ、持続可能な地球や地域にはならないだろう。

最後に、本書の出版にあたっては、サイエンティスト社の方々にたいへんにお世話になった。中山昌子氏および添田かをり氏には、全体を精読して頂いた。複数の著者による表現の違いの調整や、図版の構成を手がけて頂くなど、大きなご助力を頂いた。また、添田氏には、現地に足を運び、カバー裏に現在の北川湿地跡の写真を提供して頂くなど、たくさんの時間と労力を費やして頂いた。ここに記して、心からの感謝を申し上げる。

2015年晩秋

著者を代表して　　横山一郎

●著者一覧

［本　文］横山一郎／金田正人／奥田進一／天白牧夫／瀬能　宏／蛯子貞二／川島逸郎／高桑正敏／小田谷嘉弥／宮脇佳郎／鈴木茂也

［コラム］芦澤　淳／金田正人／中垣善彦・中垣浩子／下社　学／天白麻衣／瀬能　宏

●責任編集・著者紹介

責任編集

横山　一郎：三浦・三戸自然環境保全連絡会代表

高桑　正敏：神奈川県立生命の星・地球博物館名誉館員／農学博士／神奈川昆虫談話会世話人

瀬能　　宏：神奈川県立生命の星・地球博物館／農学博士／日本魚類学会

著者（責任編集者を除く）：五十音順

芦澤　　淳：三浦メダカの会／（公財）宮城県伊豆沼・内沼環境保全財団

蛯子　貞二：日本自然保護協会神奈川県連絡会運営委員／日本地質学会

奥田　進一：拓殖大学政経学部教授

小田谷嘉弥：三浦半島渡り鳥連絡会／我孫子市鳥の博物館学芸員

金田　正人：三浦半島自然誌研究会

川島　逸郎：川崎市青少年科学館（かわさき宙（そら）と緑の科学館）自然担当係長／日本トンボ学会

下社　　学：三浦市在住

鈴木　茂也：日本野鳥の会神奈川支部　支部長／三浦半島自然保護の会会長／横須賀市在住

天白（旧姓　宇田川）麻衣：横須賀市在住

天白　牧夫：NPO法人三浦半島生物多様性保全　理事長／博士（生物資源科学）

中垣　浩子：三浦の自然を学ぶ会

中垣　善彦：三浦の自然を学ぶ会

宮脇　佳郎：三浦半島渡り鳥連絡会代表

●写真について

写真提供者が明記されていないものは、連絡会会員または著者が提供したものです。

失われた北川湿地 なぜ奇跡の谷戸は埋められたのか？　ISBN 978-4-86079-079-0

2015年11月25日　初版第1刷

編　集　三浦・三戸自然環境保全連絡会

発行者　中山　昌子

発行元　サイエンティスト社

〒150-0051 東京都渋谷区千駄ヶ谷5-8-10-605

Tel. 03(3354)2004　Fax. 03(3354)2017

Email: info@scientist-press.com

印刷・製本　シナノ印刷株式会社